生态学研究

城市景观生态功能优化的理论与实践

张小飞 王仰麟 吴健生 宋治清 李卫锋 著

科学出版社

北京

内 容 简 介

本书从景观生态学视角，探讨当前城市发展和保育的冲突矛盾与城市景观功能需求，借由对近年海峡两岸城市发展进行评价与比较，阐明城市景观功能协调需要景观格局、过程与不同空间尺度间的联系与整合。主要内容包括海峡两岸及典型城市功能评价、城市功能的空间优化方法及保障措施。

理论方面归纳了城市景观格局与功能特征及城市景观生态学研究方向，构建了城市复合生态系统评价体系与城市生态风险评价方法，并对城市景观格局优化提出了基于景观功能网络的方法。在海峡两岸城市功能评价与优化的案例研究中，涉及海峡两岸城市发展的社会经济背景与资源环境变化，评价指标构建及区域、流域及小尺度等跨尺度空间优化案例。同时选择大陆地区深圳市，分析其城市发展过程中的景观格局变化与生态影响，配合景观功能网络优化方案，提出城市功能保障措施。

本书可供地理学、景观生态学、城市生态学及环境科学等领域的科研人员和相关高等院校师生阅读参考。

图书在版编目（CIP）数据

城市景观生态功能优化的理论与实践 / 张小飞等著.—北京：科学出版社，2015.3

ISBN 978-7-03-043630-6

Ⅰ.城… Ⅱ.①张… Ⅲ.①城市空间–景观生态建设–中国 Ⅳ.①IX171.4

中国版本图书馆 CIP 数据核字（2015）第 045605 号

责任编辑：李秀伟　夏　梁 / 责任校对：李　影
责任印制：徐晓晨 / 封面设计：北京铭轩堂广告设计有限公司

科 学 出 版 社 出版
北京东黄城根北街16号
邮政编码：100717
http://www.sciencep.com
北京厚诚则铭印刷科技有限公司 印刷
科学出版社发行 各地新华书店经销

*

2015 年 3 月第 一 版　　开本：720 × 1000　1/16
2017 年 1 月第三次印刷　　印张：17 1/8
字数：329 000
定价：98.00 元

丛　书　序

生态学是当代发展最快的学科之一，其研究理论不断深入、研究领域不断扩大、研究技术手段不断更新，在推动学科研究进程的同时也在改善人类生产生活和保护环境等方面发挥着越来越重要的作用。生态学在其发展历程中，日益体现出系统性、综合性、多层次性和定量化的特点，形成了以多学科交叉为基础，以系统整合和分析并重、微观与宏观相结合的研究体系，为揭露包括人类在内的生物与生物、生物与环境之间的相互关系提供了广阔空间和必要条件。

目前，生态系统的可持续发展、生态系统管理、全球生态变化、生物多样性和生物入侵等领域的研究成为生态学研究的热点和前沿。在生态系统的理论和技术中，受损生态系统的恢复、重建和补偿机制已成为生态系统可持续发展的重要研究内容；在全球生态变化日益明显的现状下，其驱动因素和作用方式的研究备受关注；生物多样性的研究则更加重视生物多样性的功能，重视遗传、物种和生境多样性格局的自然变化和对人为干扰的反应；在生物入侵对生态系统的影响方面，注重稀有和濒危物种的保护、恢复、发展和全球变化对生物多样性影响的机制和过程。《国家中长期科学和技术发展规划纲要（2006－2020 年）》将生态脆弱区域生态系统功能的恢复重建、海洋生态与环境保护、全球环境变化监测与对策、农林生物质综合开发利用等列为生态学的重点发展方向。而生态文明、绿色生态、生态经济等成为我国当前生态学发展的重要主题。党的十八大报告把生态文明建设放在了突出的地位。如何发展环境友好型产业，降低能耗和物耗，保护和修复生态环境；如何发展循环经济和低碳技术，使经济社会发展与自然相协调，将成为未来很长时间内生态学研究的重要课题。

当前，生态学进入历史上最好的发展时期。2011 年，生态学提升为一级学科，其在国家科研战略和资源的布局中正在发生重大改变。在生态学领域中涌现出越来越多的重要科研成果。为了及时总结这些成果，科学出版社决定陆续出版一批学术质量高、创新性强的学术著作，以更好地为广大生态学领域的从业者服务，为我国的生态建设服务，《生态学研究》丛书应运而生。丛书成立了专家委员会，以协助出版社对丛书的质量进行咨询和把关。担任委员会成员的同行都是各自研究领域的领军专家或知名学者。专家委员会与出版社共同遴选出版物，主导丛书发展方向，以保证出版物的学术质量和出版质量。

　　我荣幸地受邀担任丛书专家委员会主任，将和委员会的同事们共同努力，与出版社紧密合作，并广泛征求生态学界朋友们的意见，争取把丛书办好。希望国内同行向丛书踊跃投稿或提出建议，共同推动生态学研究的蓬勃发展！

丛书专家委员会主任
2014 年春

前　　言

　　城市承载全球主要人口，其功能的健全关系着人类的生存、健康与未来发展。随着全球化市场的竞争压力不断增加，气候变化、资源匮乏及不当利用、自然灾害与环境保护等问题也日益严峻，对城市生态系统在经济、社会与生态功能要求逐步提高，城市功能的具体内涵也日趋复杂。由于功能的分化，结构的异质性与多样性不断增加，不同功能单元间的关系更难平衡，其空间关系也更为紧张，因而城市生态系统在维持与发展上，更应强调自身功能的提升，同时必须依据外在环境，具有不断调整自身结构与功能定位的能力。

　　城市景观单元是城市功能的主要载体之一，结构与功能具有相互依存的关系。景观组分的存在，关系到功能的有无，而景观组分的面积比例、形状及空间分布则影响到景观功能的强度与影响范围。目前在物种保护与改善城市问题等相关领域中，大量的成果皆验证了通过城市景观结构的优化可有效完善城市整体功能，在保障社会经济发展上，同时减轻资源耗竭、环境恶化、温室效应等负面环境影响。

　　在快速城市化的过程中，大陆地区由于早先城市规模的迅速扩张，城市面临着内部结构及相关基础设施完善的压力；相对于台湾地区地狭人稠的背景条件，城市发展相对稳定，但空间位置独立且资源有限，如何在生态保护的前提下就台湾岛进行合理的资源空间分配与利用，使生态保护与经济建设协调发展，是当前可持续发展的重要议题。海峡两岸城市对于生态建设皆相当重视，长期以来投入了大量资金和人力物力，通过海峡两岸城市生态功能比较与空间优化案例研究，有助于相互借鉴取长补短。

　　本书以景观生态学角度、城市景观功能为主线，主要分为三篇。第一篇为城市景观生态学研究理论探讨，内容包括相关背景与研究方向、城市景观格局与功能特征、功能评价、空间格局优化方法及城市功能保障措施。第二篇为海峡两岸城市生态功能评价与优化，基于近年来海峡两岸城市社会经济发展、资源利用与环境管理等情况，构建城市复合生态系统功能评价指标体系；同时针对中国台湾地区自然环境特性，提出基于氮排放的风险评价方法，尝试定量评价人为活动对生态系统的影响；在整体功能最优化的空间格局策略方面，本书从景观功能网络角度，分别对台湾全岛尺度、流域尺度及典型区进行评估，提出跨尺度的空间优化方案。第三篇选择深圳市为研究区，从植被覆盖、微气候等角度探讨土地利用变化衍生的市域尺度景观生态特性变化，结合功能网络方法提出空间优化策略。

本书为北京大学城市与环境学院地表过程与模拟教育部重点实验室在城市景观生态学方向研究与探讨过程中的阶段成果，书中引用的遥感、土地利用及统计数据，部分涉及前期研究成果，未做全面更新，特在此说明。本书得以出版由衷感谢国家自然科学基金委员会重点项目（41330747）资助。

在本书写作过程中，首先感谢中国科学院生态环境研究中心城市与区域生态国家重点实验室王如松院士在城市社会-经济-自然复合生态系统理论和方法上的细心指导，胡聃研究员、李锋副研究员、刘晶茹副研究员在城市生态系统调控方向上解答疑惑，台湾台南大学薛怡珍副教授在台湾地区生态城市经验的传授，中国农业科学院农业资源与农业区划研究所李正国副研究员协助数据处理。同时感谢李贵才教授、曾辉教授对实证案例的指正，研究室蔡运龙教授、陈效逑教授、李双成教授、王红亚教授、许学工教授、蒙吉军副教授、彭建副教授在城市景观生态学研究方向上给予的建议。感谢刘焱序同学协助校稿。

著者

2015 年 3 月 10 月

目　　录

第三篇　深圳市景观生态分析评价与优化

第一篇　城市景观生态学研究

第1章　城市发展的背景与现状问题

　　城市的历史可追溯到距今约 6000 年前,但全球城市人口数量和比例不可逆转地持续增加则开始于工业革命,其带来了人类聚落与生活方式的改变。这种变化首先出现在以英国为代表的欧洲国家,然后在其他发达国家中蔓延。直至 20 世纪 20~30 年代后,大多数的发展中国家才开始进入城市化,尽管其发展速度在第二次世界大战后显着加快,但这并不能改变起始时间所导致的进程上的差异(毛爱华等,2008)。

　　1800 年,全世界只有 1.7% 的人口居住在城市,18 世纪世界城市化水平也仅为 3% 左右。欧洲 18 世纪和 19 世纪早期工业革命造就了现代世界城市化格局,快速、规则、准确的标准化生产代替了人的技能和体力,改变了人类利用资源的方式,工业经济由此克服了土地和动力能源的束缚,新生产组织形式的出现使城市由过去的商业中心变为生产中心,并由此引发城市人口的快速膨胀。与此同时,工业化也带来了食品保鲜技术、交通和通信技术,使人们有可能在拥挤的城市里生活(成德宁,2004)。工业革命首先从英国起源,英国成为人类历史上第一个实现城市转型的国家,也是 19 世纪全世界唯一以城市人口为主的国家。随着工业化在欧洲和北美的扩展,城市化进程也很快扩展到欧洲其他地区和北美地区,及除俄罗斯以外的整个欧洲。1900 年城市人口比例上升到 37.9%(成德宁,2004),这种快速增长的势头一直保持到 20 世纪 80 年代初期,之后增速有所减小。

　　根据联合国 2001 年针对全球城市进行统计,结果指出,全球人口多分布于具有卫星城市的大都市(United Nations,2001)。于 1940 年全球约有 1/8 的人口居住于城市,至 1980 年已升至 1/3(World Commission on Environment and Development,1987),依此发展趋势至 2025 年,世界人口将多数居住于大型城市(ÓMeara,1999;United Nations,1999),因此城市的功能与结构将关系着人类的生存健康与文化发展,人口的增长及城市化所带来的城市生态课题,已成为城市生态学、经济学、社会学及景观生态学等相关领域的研究重心之一。

　　城市发生需基于地理上的两项特性,一是自身区位优势,如位于海港等重要交通节点,二是源于人类对环境的影响,使其向预期状态演进(Cronon,1991;Berliant and Konishi,2000)。城市为人类物资、能量、信息交流与活动提供了场所,是人类有计划、有目的构建出的人工环境,同时受到自然与社会因素的影响。城市环境与自然或半自然环境相比具有高度人工化,且具有一定的空间结构与形态、地域间的层次性及污染发生率高等特性(刘耀林等,1999)。城市的形成是社会生产力逐步集聚与高度集中的显著标志,是工商业、服务业、交通、金融及信息的中心(姚士谋等,2001),同时也是一个与外界高度联系的开放系统。城市的发展速度、性质、规模、空间组织受区域历史背景、社会经济发展水平和人口等方面因素的影响(许学强等,1996;吴兵和王铮,2003)。

在 20 世纪以前,城市研究的重点集中于城市的位置、规模与形态理论,1960 年以来,形态学家将进化论的本体思想引入地理学领域,研究城市建成环境的组成与结构(史津,1998)。目前大量的城市研究开展了对城市内部空间格局、不同城市功能系统作用与相互关系等研究,分析城市发展机制、功能结构的动态变化与面临的问题,以寻求城市功能健全、格局完善的理论定义与优化途径。

1.1　区域城市概况

在城市化进程中存在集聚与扩散两种空间相互作用。通常情况下,城市形成与发展在地理空间上的表现,早期主要是集聚过程,吸引各种资源要素向城市集中,引起城市人口密度的增加。而发展到一定程度后,经济辐射能力不断增强,经济辐射范围不断扩大,其扩散效应将上升到主导地位,城市范围得到扩展,逐步形成了城市区域(周振华,2007)。

整个 19 世纪,城市化过程主要集中于欧洲大陆,到 1900 年,世界 10 万人口以上的城市共 301 个,欧洲就占了 148 个(周一星,1999)。随着工业革命在世界范围内的扩展,这种局面在 20 世纪发生了改变,人口聚集和城市化现象开始波及全球,首先是拉美,然后是亚洲和非洲。其中以阿根廷为代表的几个为数不多的拉美国家早在 19 世纪末就开始了较明显的城市化,其他多数国家则始于 20 世纪的 20~30 年代(毛爱华等,2008)。截至目前,全球及亚洲主要城市的发展已具一定规模,为探讨其现况及近期变化,本研究选择上海、台北、香港、首尔、大阪及相对成熟的生态城市西雅图,分别就 2006 年及 2009 年各城市基本情况、人口结构、生活水平、社会安全、教育文化、医疗卫生、政府服务等方面进行比较。

首先,在基本情况方面(表 1-1),土地面积最大的为上海市(6340.5km²)、最小为西雅图(217km²),人口数最高为上海(2006 年为 1368.08 万人及 2009 年为 1400.70 万人)、最低为西雅图(2006 年为 56.21 万人及 2009 年为 59.4 万人),人口密度最高为首尔(2006 年为 17 108 人/km² 及 2009 年为 17 289 人/km²)。综合土地面积、人口数、人口密度 3 个方面,城市基本情况最为相似的城市为中国台北和日本大阪,在台北、香港及上海 3 地的城市比较中,上海明显具有土地资源优势。此外 6 个主要城市中,2006~2009 年唯台北市人数及人口密度处在下降的趋势。

表 1-1　2006 年及 2009 年主要城市基本情况

2006 年	单位	台北	上海	香港	首尔	大阪	西雅图
土地面积	km²	271.80	6 340.50	1 104.00	605.33	222.11	217.00
人口数	万人	263.22	1 368.08	690.95	1 035.62	263.63	56.21
人口密度	人/km²	9 684	2 158	6 259	17 108	11 869	2 590
2009 年	单位	台北	上海	香港	首尔	大阪	西雅图
土地面积	km²	271.80	6 340.50	1 104.00	605.33	222.4	217.00
人口数	万人	260.74	1 400.70	703.35	1 046.41	266.34	59.40
人口密度	人/km²	9 593	2 209	6 369	17 289	11 974	2 737

资料来源：台北市年鉴编辑工作小组，2007，2010。

在人口结构特征方面（表 1-2），台北、上海及大阪于 2006 年维持正向的社会增加率，于 2009 年台北市的社会增加率则明显下降呈现负增长，人口密度超过 1 万人／km² 的城市仅大阪维持正向增长的社会增加率，显示其城市对于人口的承载能力相对较高。在性别比例上，2006 年及 2009 年多数城市女性多于男性，香港更几乎达到女性与男性 10∶9 的比例。在非劳动年龄人口对劳动年龄人口数的依赖程度上，多数城市保持近 2/3 的劳动人口维持 1/3 非劳动人口，但大阪则出现近 1/2 的非劳动人口，显示其劳动人口的生活压力较大。在老化指数上，大阪 65 岁以上人口明显多于 0~14 岁人口，显示其城市人口趋向老年化发展；香港则趋向于二者相似的比例，人口结构较为稳定；其余城市 0~14 岁人口较 65 岁以上人口高。

表 1-2　2006 年及 2009 年主要城市人口结构

2006 年	单位	台北	上海	香港	首尔	大阪	西雅图
社会增加率	‰	3.33	6.86	—	−3.54	2.94	—
性比例	男/百女	95.05	100.77	90.76	98.75	94.77	98.24
扶养比[1]	%	39.17	—	35.27	30.94	49.67	25.74
老化指数[2]	%	70.55	—	92.41	47.37	175.27	46.63
2009 年	单位	台北	上海	香港	首尔	大阪	西雅图
社会增加率	‰	−7.51	7.84	0.38	−5.00	4.27	—
性比例	男/百女	93.58	99.69	88.54	98.08	95.25	99.33
扶养比	%	38.30	—	33.59	30.47	53.11	31.73
老化指数	%	83.43	—	105.06	62.83	192.20	84.50

注：1. 非劳动年龄人口对劳动年龄人口数之比，为依赖人口对工作年龄人口扶养负担的一种简略测度（又称为依赖人口指数）=[（0~14 岁人口 + 65 岁以上人口）÷15~64 岁人口]×100；

2. 为衡量一地区人口老化程度之指标，为（65 岁以上人口÷0~14 岁人口）×100。

资料来源：台北市年鉴编辑工作小组，2007，2010。

在生活水平上（表 1-3），2006 年多数城市已达近 100%的自来水普及率，在人

均居住面积上，2006 年与 2009 年台北市(31.86m^2 及 31.75m^2)皆高于上海市
(22.25m^2)。2006 年在平均每人拥有公园绿地面积上，西雅图较高为 44.64m^2，首
尔和上海居次，虽与西雅图差距较大，仍维持 15.92m^2 及 10.5m^2，台北则于 2006～
2009 年人均公园绿地面积增长较大。在交通方面，2006～2009 年各城市每千人拥
有汽车数量皆维持稳定，其中以香港的每千人拥有汽车数量居末，可推知其城市
交通以公众交通为主，每千人拥有机车数则以台北最高(2006 年每千人 397 辆而
2009 年为 419 辆)，其次为上海市(2006 年每千人 179 辆而 2009 年为 92 辆)，其
他城市皆不足每千人 50 辆，具有显著差距，可推知台北市居民生活交通多为短距
离，且在这方面的公众交通，仍有待提升；在每汽车享有道路面积上，上海领先
其他多数城市(2006 年 136.03m^2 而 2009 年为 166.78m^2)。在消费结构中，食品支
出总额占个人消费支出总额比例以上海市较高(2006 年为 35.74% 及 2009 年为
35.24%)，约占个人总消费支出的 1/3，台北市约为 1/5，而西雅图占 1/8～1/7，由
此推知上海市的生活成本相对较高。在近 3 年平均每年消费者物价指数上，大阪
物价指数相对稳定，首尔增长相对较高。

表 1-3　2006 年及 2009 年主要城市生活水平

2006 年	单位	台北	上海	香港	首尔	大阪	西雅图
自来水普及率	%	99.51	99.99	99.90	99.99	100	100
平均每人居住面积	m^2	31.86	22.25	—	—	—	—
平均每人拥有公园绿地面积	m^2	5.03	10.5		15.92	3.52	44.64
每汽车享有道路面积	m^2	28.52	136.03	—	28.55	45.33	—
每千人拥有汽车数	辆	278	115	80	276	338	
每千人拥有机车数	辆	397	179	5	38	19	
恩格尔系数	%	21.05	35.74	—	25.35	29.86	12.94
近三年平均每年消费者物价指数上升率	%	1.83	1.46	0.87	2.95	−0.36	5.1
2009 年	单位	台北	上海	香港	首尔	大阪	西雅图
自来水普及率	%	99.62	99.99	99.90	100.00	100.00	100.00
平均每人居住面积	m^2	31.75	22.25	—	—	—	—
平均每人拥有公园绿地面积	m^2	52.84	12.8		16.16	3.52	42.24
每汽车享有道路面积	m^2	28.97	166.78	—	28.14	47.58	—
每千人拥有汽车数	辆	277	105	78	282	319	
每千人拥有机车数	辆	419	92	5	39	19	
恩格尔系数	%	21.33	35.24	—	—	30.04	12.24
近三年平均每年消费者物价指数上升率 物价提数上升率	%	1.45	2.90	2.42	3.33	−0.03	2.57

资料来源：台北市年鉴编辑工作小组，2007，2010。

从社会安全角度(表 1-4)，2006 年及 2009 年刑案发生件数皆以上海市最低，

窃案发生件数以首尔相对较低；在火灾发生次数上台北及上海皆较低不达每千户 1 次，车辆肇事率也以上海较低。在城市安全的维护上，消防人员所占比例以西雅图最高，为 2006 年 18.32 员/万人及 2009 年 17.17 员/万人；警察人数所占比例以香港最高约为 46 员/万人，可见其政府对社会安全的重视。传统观念中，离婚率与失业率为影响城市社会安全的重要因素，在离婚率方面以上海市相对较高，2006 年及 2009 年分别为 3.45‰ 及 3.46‰，其他城市的离婚率则较为相近；在失业率上，台北、上海、香港及西雅图皆处在上升趋势，可推知与外部经济环境有相对较大的关系。

表 1-4　2006 年及 2009 年主要城市社会安全

2006 年	单位	台北	上海	香港	首尔	大阪	西雅图
刑案发生件数	件/十万人	2 121.32	1 019.37	1 169.34	3 358.41	3 755.35	7 699.55
窃案发生件数	件/十万人	881.95	746.37	596.18	283.36	2 984.24	4 213.00
火灾发生次数	次/千户	0.38	0.91	14.77	—	1.06	—
车辆肇事率	件/万辆	—	16.98	255.21	118.79	208.01	—
消防人数	员/万人	11.36	—	13.39	9.35	13.14	18.32
警察人数	员/万人	28.32	—	46.69	24.1	24.63	32.68
粗离婚率*	‰	2.64	3.45	—	2.36	2.66	—
失业率	%	3.7	4.4	4.4	4.5	—	4.5
劳动力参与率	%	55.2	—	61.3	63	—	—
2009 年	单位	台北	上海	香港	首尔	大阪	西雅图
刑案发生件数	件/十万人	2 009.20	948.23	1 105.65	3 876.01	2 710.99	—
窃案发生件数	件/十万人	595.87	654.02	556.07	355.40	2135.75	—
火灾发生次数	次/千户	0.26	1.20	15.59	1.54	0.97	276.83
车辆肇事率	件/万辆	84.84	10.57	247.04	131.68	178.27	—
消防人数	员/万人	11.29	—	13.63	9.86	13.11	17.17
警察人数	员/万人	29.98	—	45.95	23.46	24.47	21.51
粗离婚率	‰	2.30	3.46	—	2.29	2.75	—
失业率	%	5.8	4.3	5.4	4.5	—	5.9
劳动力参与率	%	56.5	—	59.6	60.8	—	72.3

*指每 1000 人中离婚的数目。

资料来源：台北市年鉴编辑工作小组，2007，2010。

在教育文化方面(表 1-5)，多数城市维持 90% 以上的 15 岁以上人口识字率，并具有接近 100% 的学龄儿童就学率，可知各城市的基础教育已相对完备。对教学资源而言，初中、小学师生比以西雅图最低，每 8 位学生即有一名教师。

表 1-5　2006 年及 2009 年主要城市教育文化

2006 年	单位	台北	上海	香港	首尔	大阪	西雅图
15 岁以上人口识字率	%	98.88	—	92.86	—	—	—
学龄儿童就学率	%	99.96	99.9	—	97.81	100	—
国中小师生人数比	人	15	14	13	23	16	8
国中小平均每班学生人数	人	30	—	—	33	29	—
2009 年	单位	台北	上海	香港	首尔	大阪	西雅图
15 岁以上人口识字率	%	99.09	—	—	—	—	—
学龄儿童就学率	%	99.97	99.90	—	98.66	100.00	—
国中师生人数比	人	13.96	12.68	8.01	18.78	13.68	—
国中平均每班学生人数	人	33.42	—	—	34.35	31.25	—

资料来源：台北市年鉴编辑工作小组，2007，2010。

在医疗卫生上（表 1-6），2006 年以西雅图的生育率最低而 2009 年则最高，而台北、香港、首尔及大阪皆维持相对稳定的生育率；新生儿的死亡率以西雅图较高，2006 年为 5.5‰而 2009 年为 4.4‰，除台北外其他城市 2006～2009 年婴儿死亡率皆有不同程度的降低。在医疗资源分配上，就现有数据分析，2006 年每万人的病床数以西雅图较高，为 93.35 床/万人，2009 年则以台北相对较高，为 91.2 床/万人；医护人员则以大阪最高 2006 年达 251.32 人/万人，其次西雅图为每万人 208.66 人，综合病床与医护人员分配可知，西雅图的医疗资源相对较为充沛。基于 2006 年数据，在环境方面多数城市垃圾皆妥善处理，但上海的二氧化硫污染相对较为严重，在未来城市环境工作上，应着重空气污染的降低与防治。

表 1-6　2006 年及 2009 年主要城市医疗卫生

2006 年	单位	台北	上海	香港	首尔	大阪	西雅图
婴儿死亡率	‰	3.26	4.01	1.8	—	2.7	5.5
一般生育率	‰	29	—	—	30.68	38	12.6
每万人病床数	病床数	82.78	68.99	72.36	63.95	—	93.35
每万人医护人员数	医护人数	117	64.12	120.12	55.2	251.32	208.66
二氧化硫含量	ppm①	0.003	0.019		0.006	0.006	
垃圾妥善处理率	%	99.98	—	100	100		
2009 年	单位	台北	上海	香港	首尔	大阪	西雅图
婴儿死亡率	‰	3.56	2.89	1.70	2.88	2.59	4.40
一般生育率	‰	28	—	39.2	30.57	37.41	42.00
每万人病床数	病床数	91.20	71.18	44.77	69.71	—	41.67
每万人医护人员数	医护人数	130.42	73.79	112.22	65.18	—	—

①1ppm=10^{-6}。

资料来源：台北市年鉴编辑工作小组，2007，2010。

在政府服务方面(表 1-7),每一政府员工服务市民数以首尔最高,2006 年为 250.65 人而 2009 年为 253.35 人;每一市民享有社会福利支出及教育科学文化支出皆以大阪相对较高。

表 1-7　2006 年及 2009 年主要城市政府服务

2006 年	单位	台北	上海	香港	首尔	大阪	西雅图
每一政府员工服务市民数	人	36.76	—	44.72	250.65	61.82	54.2
每一市民享有社会福利支出	美元	252.83	—	617.18	165.63	1 502.87	180.86
每一市民享有教育科学文化支出	美元	605.45	—	—	237.88	436.77	26.02
2009 年	单位	台北	上海	香港	首尔	大阪	西雅图
每一政府员工服务市民数	人	37.28	—	44.92	253.35	68.33	53.07
每一市民享有社会福利支出	美元	282.78	492.16	724.80	268.21	2 021.29	222.45
每一市民享有教育科学文化支出	美元	694.52	364.14	936.02	240.88	412.98	131.45

资料来源:台北市年鉴编辑工作小组,2007,2010。

1.2　城市发展面临的问题

当前两岸的城市发展同样面临外部环境的约束与自身条件的限制,其中全球化的市场竞争、气候变化的影响、社会关系的不和谐与资源的匮乏是两岸城市共同面临的问题,另外台湾的城市受自然灾害的影响相对较大,而大陆地区的城市则面临相对较严峻的环境保护问题。

1. 全球化的市场分工与竞争压力

全球化是目前景观变化的重要驱动力之一,其不仅影响区域发展的决策,并改变社会与土地的关系。在经济全球化的过程中全球尺度成为关键,不同尺度中经济全球化的建构、竞争与协调,皆必须基于全球尺度运作的趋势,整合跨疆界和区域的密集连接与流动(Yeung,2002)。因此在区域尺度通常会将环绕在主要城市间的中小型城市吸纳并集中起来,逐渐形成内部城市网络。在功能上,这些节点作为分散的商业、工业活动集中地,扮演着为城市人口提供服务的角色(Scott,1992;Hall,1998;Castells,1999)。全球化市场对于生态系统亦有相当大的影响。城市发展不再依赖其周边资源与能源,其所需的物质、能源、信息甚至资金通过全球市场流通,使一个城市的"生态足迹"或生态占用不再局限于自然或行政界线(杨沛儒,2001)。

面临全球化的竞争,农业、工业与文化产业的相关产品皆需要提高自身的市场价值与竞争力,产业发展必须确立在全球产业分工的基础上,通过区域的联盟保障自身权益,提高资源利用效益。对应台湾经济再重组的过程,台湾的城市及区域空间结构也显现了某些新的趋势和变迁,即台湾北部地区(或称为北部城市区域)为主的空间单元逐渐进入全球城际网络(周志龙,2000;金家禾,1999,2000,2001;林德福,2003),而大陆的京津冀、长三角等地区也逐渐体现出对全球经济、文化的影响。

2007 年年底出现的金融危机由美国蔓延至区域、全球,海峡两岸的股市、房地产及与外贸相关的各项产业皆受到打击,更近一步揭示全球经济联系的紧密性,两岸城市除积极进行产业转型与升级外,也应思考如何利用区位相邻的优势加强合作,在接下来的全球经济体系中争取更大的效益,共同抵御全球化市场带来的冲击。

2. 气候变化的影响

气候变化是指气候平均状态统计学意义上的巨大改变或者持续较长一段时间(典型的为 10 年或更长)的气候变动。气候变化的原因可能是自然的内部进程,或是外部强迫,或者是人为地持续对大气组成成分和土地利用的改变(中国气象局,2009)。相关研究指出气候变化对不同区域分别产生不同的正负效应,对脆弱的人类生态系统带来相对严峻的影响,在亚太地区出现干热缺水、海平面上升、洪灾和干旱等现象,降低了农业生产率并对生物多样性产生危害,部分沿海地区由于海平面上升,海岸带出现侵蚀,严重时将造成土地和财产的损失、人口迁徙(张迎新,2002)。

对海峡两岸近期的城市发展而言,沿海地区由于具有区位、交通及空间优势成为重点城市分布的主要区域,台湾岛的西部城市带与大陆的东部沿海地区,成为人口集中的社会、经济、文化中心,其中,大陆东部沿海的 12 个省(直辖市)共拥有 297 个城市,占大陆城市总数的 44.7%(袁俊等,2007),并逐步整合为大型的城市带。面临气候变化的影响,两岸沿海地区面临更大的城市安全隐患,海岸侵蚀导致了沿海公路、建筑物及设施受损,湿地、珊瑚礁、红树林等脆弱生态系统逐渐退化,海水入侵加重地震、海啸的影响(刘锐,2008),地下水与河口区域的盐渍化,近一步破坏沿海地区的饮用水水质(丁一汇,2008)。在上海市受到海水入侵的影响,崇明岛侵蚀岸线达 8.14km,咸潮对城市供水带来破坏;另外,咸潮对珠江三角洲地区、长江三角洲地区的影响也在加重,珠江三角洲地区历史上最大的三次咸水上溯均发生在近 5 年,一次性受灾人数曾达 1000 余万,使得珠江沿岸许多城市连续 48 天无法正常取水(郑淑英,2007)。而对于台湾岛而言,西部的沙岸与部分存在地层下陷的地区也将面临更大的环境问题。因此气候变化所带来的影响,将对海峡两岸沿海城市的未来发展造成较大的限制。

3. 社会阶层间的矛盾

城市的发展需要积累资源与金钱,资源相对的集中会造成利益分配的不均衡,进而在社会各阶层间产生矛盾。相对的贫困与利益的冲突是社会矛盾爆发的原因，而其历史背景则可能来自于经济体制改变、社会结构调整的过程中，部分人群既有的经济秩序受到冲击，经济增长的安全性和社会发展的稳定性受到影响（黄爱芳和周精灵，2008），收入分配差距的扩大以及社会保障制度的滞后（杨冬民等，2008）。

社会复杂性也是矛盾产生的原因之一（Funtowicz and Ravetz, 1994；Funtowicz et al.，1997；Wittmer et al.，2006），不同利益团体间也会因为自身的权益受到影响产生冲突。城市的转变与替换须经过综合效益的评价，城市发展的整体考虑，学者专家对生态环境、开发可行性及经济利益的不同看法，及部分居民获利与受影响程度皆须列入综合评价体系之中，以较好地协调社会冲突。

以城市的经济发展与环境保护议题为例，环境限制或环保抗争不同程度地影响了城市总体发展。随着人类发现自然环境因现代化而受到破坏，而工业不再是人类文明的全部，目前传统以经济为主轴的思维受到严重的挑战。以台湾岛的核能电厂大型开发案为例，环境保护的思维与环保团体在其中的力量，已足以左右城市建设与区域发展（郭承天，2000）。由于当地居民对于核能安全的忧虑与核废料处理的争议，核电厂兴建的抗争运动持续了 20 余年，从兴建、停建至复工，效益尚未体现已带来庞大的经济损失。相关研究有强调环评制度与居民认知的差异来探讨问题根源（萧新煌，1999），或提出以资源共管、议价、税制来解决纠纷（萧代基，1991，1998），及对环境保护法规与制度的周延性的建议。

大陆地区由于城市快速发展，在城市空间中存留部分未经完善规划或改造的区域，城市中低收入人口或小型工厂为了降低居住与生产成本，通常选择这些廉价片区，进而引发污染与治安、整改问题，同时又限制该区域的发展。多数城中村便由于当地居民改建时缺乏良好的下水道系统及卫生配套措施，违章乱建使得空间结构相对混乱，环境问题严峻，亦成为城市当前发展必须正视的问题。

4. 资源匮乏与不当利用

城市化的过程聚集大量的人口，同时消耗大量的土地、水资源，空间紧张与水资源不足的困境是多数人口密集的大型城市面临的重要问题，其他不可再生资源的消耗，也将为未来的发展带来隐患，因此如何高效利用上述资源，亦成为城市可持续发展中的重要议题。由于台湾岛地小人稠，川短流急，水资源有限，水利设施的建设与节约水资源的使用方法必须同时并行；加上缺乏天然矿产，大部分（将近 96%）的能源仰赖进口，因此如何稳定供应能源，便成为台湾维持经济发展的关键因素，因此核能发电厂的兴建与产业结构调整成为解决能源问题的最佳方案；在土地资源方面，由于城市土地权属较为复杂，空间规划需要对用地的功能进行权衡，有些绿地仅能实现于规划中的畸零地，这也使得部分老城区缺乏大型或完整的开放空间。

在大陆地区,随着城市发展,人口剧增,水资源与能源的供给量日益增加,
使得大多数城市面临不同程度的水资源匮乏问题;对电、煤、石油、燃气等能源
需求也不断增长,每生产 1 万元的 GDP 其能耗比发达国家高出 10～12 倍,如
何节约利用资源,成为当前的重要议题(李双成等,2009)。由于大陆地区资源相
对较丰富,因此利用不当的问题较为突出,由于快速城市化与缺乏完善的城市规
划论证过程,使得大陆城市土地利用出现结构不合理、效益低下的问题。由于先
前政策强调工业发展,大陆城市工业用地比例偏大,住宅、交通、环境绿化和第
三产业用地偏少;另外,城市形象工程占地面积过大,相邻区域机场、公路及港
口的重复建设也影响区域协调发展,同时降低经济效益。因此大陆城市土地管理
更强调集约利用的措施与监督机制。

5. 自然灾害的限制

城市为人口集中的区域,自然灾害的潜在危害与威胁程度也相对较高。由于
台湾岛 70%的面积属于 100～3000m 以上的丘陵和高山等山地地形,先天不安定
的地质环境,加上梅雨与台风季节暴雨集中等不利的气象条件,近数十年来,人
口的增长及社会环境的变迁,促使开发行为沿着河谷向山地进行,亦加剧了崩塌、
地滑、冲蚀及淘刷等地质灾害的危险(吴铭志,2000)。在地质条件的脆弱性上,
由于台湾岛位于菲律宾海洋板块与欧亚大陆板块相互挤压形成的板块碰撞活动带
上,使其具有下述两项特性,一是造山运动活跃,主要的碰撞作用约从 500 万年
前开始,且至今仍持续进行;二是衍生的地壳变动,地层垂直起伏从海拔 1000m
抬升至 3000 余米高,而水平面上每年约有 7cm 的缩短量,并伴随着极频繁的地
震(李建成,1999;逢甲大学地理信息研究中心,1999)。台湾地区主要的天然灾
害来自地震和台风,自从经历 1999 年的"921"震灾与 2001 的桃芝台风之后,台
湾地区的景观建设更强调水土保持、森林维护和灾地复旧等问题的重要性。

大陆地区的自然灾害也为城市的发展带来破坏,长江流域、珠江流域一直是
洪灾防范的重点区域,而气象灾害包括台风、暴雨、冰雹、大雾、高温高湿、雪
灾、沙尘暴等也对不同的区域造成经济损失,另外因为人为活动的作用,也加剧
了地质灾害、气候变化带来的风险。

6. 环境质量问题

环境污染是城市发展中难以避免的问题,由于人口过度集中与大量交通超过
了区域的可承载量,工商业快速发展,加上缺乏对生态环境的重视,不仅破坏了
自然生境同时也对居民健康带来负面影响。城市工农业生产产生的废弃物对城市
环境的影响最为严重,工业油污、化学及金属物质将造成空气、土壤与水源污染,
当这些污染随着空气、饮水与食物进入人体后,将引发急性或慢性中毒同时具有
致畸、致癌和突变作用,对人体产生长期影响并危害后代健康(王振刚,2001)。

　　近年我国城市环境污染事故发生情况相对严重，水污染及大气污染仍时有所闻，重工业的发展、汽车尾气的排放，降低城市空气质量，水污染易随水系蔓延，防治上皆相当困难。2005 年 11 月吉林石化双苯厂发生爆炸事故，污染松花江水体，导致沿江 1000 多万居民生产、生活受到影响；2007 年 5 月太湖水质因富营养化与气候影响，蓝藻大量繁殖，影响外围自来水水质，严重影响江苏省无锡市城区居民生活，目前水污染问题已对城市紧张的用水造成威胁，加重水资源匮乏问题。

　　台湾地区近年虽未暴发大型环境污染事件，但先前的城市化过程已对岛上的生态系统带来难以逆转的影响，珍稀的动植物资源受到威胁，生物多样性的丧失造成的冲击更是长远。

第 2 章　城市景观生态

城市发展的过程虽因城市自身特性与外在条件限制有所差异，但仍遵循着生态系统的特性，通过各种机制与作用不断反馈、调整达到动态稳定的状态，如同自然生态系统在演替过程中的自我组织机制。随着城市范围或影响范围的定义扩及城郊及周围自然地区，城市更必须遵循生态系统自组织、自调节的特性。Odum(1971)提出城市生态经济系统观念，将人类经济视为生态系统之一部分，进而分析城市在整个生态系统中的角色与功能。

2.1　城市生态系统

完整的城市生态系统包括以太阳能驱动的生态系(自然地区)、以太阳能驱动但尚有其他能量来源的生态系(如雨林、河口地带)、以太阳能驱动但有人类辅助的生态系(如农业地区)以及靠化石燃料驱动的生态系(如建成区)4 种功能性分区(陈子纯，2000)。城市生态系统包含自然生态系统，但在系统的维持与发展上，更强调功能的提升，自然生态系统追求"平衡"、"稳定"或"动态稳定"的状态，并采用"恒定"、"弹性"或"回复力"来说明系统的成熟或健康程度，但处于不断变化当中的城市生态系统，不仅是多项功能的综合体，同时必须不断依据外在环境，调整自身的结构与功能定位。因此，各项服务功能的完善与相互间的协调更符合其发展需要。

马世骏和王如松(1984)在总结了以整体、协调、循环、自生为核心的生态控制论原理的基础上，提出了社会-经济-自然复合生态系统的理论和时、空、量、构、序的生态关联及调控方法，指出城市可持续发展问题的实质是以人为主体的生命与其栖息劳作环境、物质生产环境及社会文化环境间关系的协调发展。它们在一起构成社会-经济-自然复合生态系统，3 个子系统间通过生态流、生态场在一定的时空尺度上耦合，形成一定的生态格局和生态秩序(李锋和王如松，2006)。

城市发展过程与结构虽然因为各个城市自身特性与外在条件限制有所差异，但仍遵循着生态系统的特性，通过过程中的回馈不断检讨、调整，达到最佳的发展型态。其中自然子系统提供社会子系统各种基础需求，社会子系统决定自然子系统的开发利用，经济子系统的运作则由自然与社会子系统之互动下产生；反之，经济子系统将由于其外部性对自然子系统产生负面冲击，亦对社会子系统产生正面或负面的诱因与影响。因此，城市生态系统整体运作方向，将以社会子系统为自然与经济子系统之重要界面，亦即以人类的观念、价值、认知及制度，决定对环境利用与经济发展方式(陈子纯，2000)。

　　城市职能或功能(urban function)的定义依据学科领域不同而有所不同。在城市地理学中,是指城市对城市本身以外的区域在经济、政治、文化等方面的作用(孙盘寿和杨廷秀, 1984),是从整体上看一个城市的作用和特点,指的是城市与区域的关系、城市与城市的分工(周一星, 1999);城市经济学界倾向于使用"城市功能",是指在一定区域范围内城市发挥功效和作用的能力(李耀武, 1997);城市规划学将"城市功能"置于"城市职能"的范畴内(韩延星等, 2005),《中华人民共和国国家标准城市规划基本术语标准》(1999)中, 城市职能(urban function)是指城市在一定地域内的经济、社会发展中所发挥的作用和承担的分工,城市功能则体现在土地利用功能分区(functional districts)中, 将城市所须具备的生活、生产、社会、文化、环境保护等功能转化为各种土地利用方式,通过住宅、工厂、公共设施、道路、绿地等利用方式,将城市中的各个功能单元组成相互联系的有机体。

　　从城市形成的历史来看,早期城市的发生主要具备精神上的认同、提供生活保障和完善的经济体系 3 个方面的特征。其中精神上的认同来自宗教和政治影响;生活保障则涉及社会、经济状态以及免于战争的危害;随着资本主义的兴起,经济的影响力成为近代城市兴起的重要因素(乔尔·科特金, 2006)。其他人为的影响、资源的发现虽然也会为城市的发生带来新的契机,但若缺乏前述的 3 项特征,城市的安定与发展将受到相当大的局限。

　　由复合生态系统观点来看,系统的整体功能是由其内部子系统各自与相互作用、物质能量流动产生,同时对系统内部起到维系稳定的作用,并对系统外部产生影响。功能的内部作用与外部影响息息相关,不易区隔,因此本研究仅就城市生态系统自身功能的健全进行讨论。无论全球或区域尺度,城市朝向巨型、带状发展皆面临由于空间有限与人口高密度集中带来的拥挤与污染等问题;科技的发展缩短了空间距离,未来的城市需要更明确、更多元的职能定位与更为完善的社会、经济与环境功能保障。

　　鉴于当前城市发展所面临的问题,相关研究分别从城市可持续发展、城市竞争力、城市生态系统健康等相关角度,对未来城市的理想状态进行探讨,其中有将工业化程度或国家、个人收入作为可持续评价单位(Pearce and Atkinson, 1993);其他亦有将资源消费视为不可持续的指标(Chambers et al., 2001; Wackernagel and Rees, 1996);而城市发展评价指标中,其内容不仅包括经济成长,更包含其他经济社会特质。由此可知,理想的城市状态需涉及经济、社会及生态等各方面的内容,而理想的城市则必须符合人类对环境、社会、经济与科技等层面的需求(徐享昆, 2000)。

　　城市可持续发展的主要原则为功能与自调节成长(the principle of functional and self regulatory growth)及最少废弃物原则(the principle of minimum waste)(Organization for Economic Cooperation and Development, OECD, 1990)。其中,前者将城市系统视为一个整体,重新评价各部门经济成长的净贡献价值,借由回

馈系统的建立，调节城市的成长；后者强调将物质回收机制纳归自然生态系统的运作。可持续城市观念绝非仅止于环境保护，而是一种社会经济利益与环境及能源的利益关系相调和，以确保城市的可持续性(Nijkamp and Perrels，1994)。

　　城市是人类赖以生存的环境，其功能可归类为环境、经济发展、社会安全与福利、文化等层面。其中，环境功能涉及环境服务与环境质量两类，目前评价多以环境质量的优劣为主；经济发展功能可通过实际的经济效益进行分析，另有依据商业投资环境、技术、空间等指标说明城市未来经济发展潜力；社会安全与文化则包括治安、医疗、地方居民的教育程度与文化建设等。从城市生态系统角度，城市的功能评价应涉及环境、经济、社会等方面，并具备稳定、协调社会、经济发展与生态保护三者所面临的冲突的能力。

　　1) 支持社会经济发展。城市的发展首重社会经济功能的健全，具体的展现则为经济效益，城市发展的经济效益是指城市经济活动中，其劳动投入与其劳动成果之间的关系。反映于城市生态系统中，则呈现为城市经济子系统运营所需的物质循环、能量流动、信息传递等流的状态及价值形成过程(沈清基，2001)；社会子系统提供的教育、就业、医疗等保障的健全。

　　2) 满足城市居民对自然环境的身心需求。在城市的自然子系统中须注重改善公共健康和提高城市居民生活质量的功能，包括改善空气质量、消减噪声、提供游憩机会等(Bolund and Hunluammar，1999；宋治清和王仰麟，2004)。目前城市中生态功能景观存续的重要性已不等同于其他区域对于自然生产的依赖，更大程度上在于满足城市居民的生理及心理需求。在生理上，生态功能景观可有效地降低由于工业化、城市化造成的大气、水及土壤等污染，提高城市生活环境的质量；在心理上，相关研究也证明生态功能景观可刺激因为长期室内生活所弱化的感官功能，并进一步产生许多正面的情感(董全和陈吉泉，2002)。

　　3) 冲突协调。城市发展受人类的目的、愿望和区域经济水平控制，必须在一定的空间范围内聚集大量的物质和能量，以推动人口、交通、信息及资金的流动，同时也产生了大量的污染物，对原本的生态环境带来冲击(Forman and Alexander，1998)，如何在发展经济的同时，维护城市区的环境，成为城市规划中面临的重要议题。另外，城市发展的冲突与矛盾也会出现在社会与经济系统之间，随着城市的发展，有限的资源、利益与机会引发了由区域到全球的政治、种族问题。两者皆突显出城市系统稳定协调功能的重要性。

　　除上述功能，面对当前全球化的市场竞争、气候变化的影响、社会关系的不和谐、资源的匮乏、自然灾害限制与环境保护等城市发展面临的问题，城市系统也必须具备相应的处理与适应能力。首先，产业结构必须健全，产品具有市场竞争力，足以适应全球化的经济环境；节能减碳，降低温室气体排放，减少对大气环境的影响，对针对海平面上升所产生的问题，尽早构建监测系统、修订应急处理预案；提高公众参与的比例，完善社会保障体系，维护社会与经济系统的公平性，避免少数利益团体利用宗教、政治方法，破坏城市稳定；节约能源，提高资源利用效益，同时开发新能源，降低对特定能源的依赖；严格控制污染源，实时监测，并保护环境质量。

2.2　生态城市相关理念

不同研究分别由相关的学科对理想的城市进行定义，包括可持续的城市、生态城市、健康城市、绿色城市、紧密城市。

1. 可持续的城市(sustainable city)

有关可持续城市的定义，Nijkamp(1990)认为可持续的城市是一个可长期增进其系统功能的城市，具有提升社会经济、人口、技术产出质量水平的潜力，虽然在演进中展现多变、安定或不安定，以及无常的跳动，但可确保城市系统的长期运作。可持续的西雅图(Sustainable Seattle，1994)则定义一个可持续城市必须是有效率地利用资源，不断在使用、再循环中，尽可能地利用当地资源，在最小的环境破坏下开发利用，并提供一个物质和经济安全公平地分配资源及利益，平衡发展和复原的需求，并谨慎使用现有资源。黄书礼(1996)则提出可持续城市应以其环境与资源基础为条件，以及该城市在整体大环境之角色，发展具有独特风格的永续城市。

2. 生态城市(eco-city)

生态城市(eco-city)，又称为 ecopolis，ecovillev，或 ecological city，这个概念是在 1971 年开始的联合国"人与生物圈计划"(MAB)研究过程中提出的，认为城市是一个以人类活动为中心的人类生态系统(董宪军，2002)。1991 年荷兰国家自然规划署(National Physical Planning Agency，NPPA)基于生态健康的城市发展(ESUD)研究，出版的 *Ecopolis：Strategies for Ecologically Sound Urban Development* 一书，则强调生态城市应当是负责的城市(responsible city)、充满活力的城市(living city)以及参与性的城市(participating city)。

一般认为，现代生态城市思想的直接起源为霍华德(Edward Howard)的田园城市理论。这一理论着重于城市与自然的平衡。而现代生态城市理论成熟于 20世纪 80 年代。理论的核心在于，认为城市发展存在生态极限。最初的理论主要是在城市中运用生态学原理。基于生态学原则的生态城市理论从其诞生之时，就得到广泛的重视，被认为是能够实现可持续发展的未来城市模式。随着生态学的发展，生态城市理论横向地与社会学、经济学等人文科学进行相互渗透和融合，成为一门研究人类与自然的综合学科。生态城市理论包括城市自然生态观、城市经济生态观、城市社会生态观和复合生态观等的综合城市生态理论，并从生态学角度提出了解决城市弊病的一系列对策。尽管生态城市之理论与实践已经历了一段时间的发展与探讨，但至目前为止，全球还没有一个公认的生态城市的真正意义，甚至对生态城市也还没有一个公认的定义和清晰的概念。

3. 健康城市（healthy city）

世界卫生组织（World Healthy Organization， WHO）所推动的健康城市计划概念始于 1986 年于里斯本召开的欧洲二十一国会议,其概念主要受 1978 年 Alma Ata 全民健康（*Health for All*）宣言及 1986 年渥太华宪章的影响，而全民健康的原则强调健康公平性（equityin health）、小区参与、健康促进、跨部门合作、基层保健与国际合作（胡淑贞和蔡诗薏，2004）。而营造一个适合于市民健康生活的环境，举凡舒适的生活空间、完善的医疗设施、小区的总体营造，乃至市民对于居住城市的归属感及荣誉感，均是健康城市推动发展的重要评估依据（洪荣宏等，2004）。

1986 年，Hancock 和 Duhl 对健康城市进行了定义：健康城市是一个能持续创新改善城市物理和社会环境，同时能强化及扩展小区资源，让小区民众彼此互动、相互支持，实践所有的生活机能，进而发挥彼此最大潜能的城市；而世界卫生组织（WHO）则认为：健康的城市是健康的人群、健康的环境和健康的社会有机结合的一个整体，应该能不断地改善环境、扩大小区资源，使城市居民互相支持，以发挥最大的潜能（孔宪法等，2004）。此外，Duhl（1996）也指出健康城市可依个人、团体、小区，及全球等不同层次而有不同的解释。

由此可看出，健康城市也是综合考虑城市的环境、社会、经济等各方面发展的一种城市发展模式，其基本内容与生态城市具有很强的一致性，因为生态城市实际上也是追求城市生态系统的"健康"（董宪军，2002）。

4. 绿色城市（green city）

绿色城市是以可持续发展为目标，通过绿色城市组织的成立与民众自动自发的参与，提出一套适合城市发展的纲领。地区民众借由纲领拟定与参与计划建构理想的发展模式，以唤起全民与执政者的环保意识（Berg et al.，1990）。其强调城市间绿带、绿地空间营造与景观意象的改善。但绿色城市不只是环境美化与绿化工作的推动，而是侧重于强调一个自发性环境管理与组织的健康生活区域（赖奕铮，2003）。Beatley（2000）认为成为一个绿色城市的要项包括：城市居民的生活必须基于生态限制，减少生态足迹，并且深刻认识个人的生活与其他城市及整个地球都息息相关；城市机能与型态设计都类似于自然界；努力达成一个循环性的新陈代谢城市，它培育与发展正向的流域之间的共生关系（无论是区域、国家或国际）；朝向地方与区域的资源利用的自己自足，如食物生产、经济、能源，和永续支持人口的其他活动；促进（和鼓励）更永续的、有益健康生活形态；强调高质量的生活，并创造适宜居住的邻里和小区。

5. 紧密城市(compact city)

　　紧密城市(compact city)，又称为紧凑城市、密集城市、紧缩城市、高密精巧城市,它是与分散化思想相对的一种集中化思想(centralization)(张俊军等,1999),是指密集且具社会多样化的城市，在这个城市中，经济及社会活动互相重叠，而且小区的发展集中在邻里；若从密度来定义，是指居住、业务等城市活动密度高的地区；通常还包括城市活动密度高的核心地区，或铁路交通轴线走廊地带等(黄若男和陈冠位，2003)。

　　紧凑城市的城市形态强调紧密的发展模式,城市中的经济及社会需集中发展,居住、工作、购物区域彼此邻近，混合的土地使用，使城市居民能够以步行、自行车及大众运输系统来行动，降低私人机动车辆的使用次数，以减缓城市的交通问题，以及因车辆的使用而造成的环境破坏与资源、能源的浪费，并提高城市人们相互交流的机会(李永展，2000)。

　　基于生态学、社会学及城市规划相关领域对城市的定义，未来理想的城市应实现在不破坏或最小影响环境基础上，对资源最高效益的利用与对不可更新资源的最低程度依赖，城市功能健全、结构高效，文化特色鲜明，经济结构稳定，社会和谐并展现公平、包容特性。

　　1) 经济、社会及环境相协调。城市功能的协调是指城市经济、社会及环境等各个方面的发展要相互适应、共同发展，包括城乡、区域等不同方面和群体的利益皆能稳定成长，获得整体景观功能最大化。随着城市功能的日益复杂，其空间关系也更为紧张，为保障各项功能的正常发挥，功能间的相互协调及如何协调将成为解决城市问题、促进城市可持续发展面临的重要课题。

　　2) 重视人类经济系统与生态系统的合作关系。城市生态系统是由生态系统与人类经济系统结合而成，随着城市发展，具有经济、社会、生态、文化等不同功能单元间的关系可分为合作、无影响乃至于相互竞争。为了使人类的生活可以无限期地延续，个体可以繁衍而文化可以发展(Norton，1992)，人类经济系统必须与生态系统建立长期的合作关系，即社会、经济利益及生态的完整性皆必须随着时间增加而增强(互利共生或合作)(Troyer，2002)。

　　3) 资源的节约与可持续利用。人类的欲望无穷而资源的数量有限,资源的数量不能无限度地满足人类经济发展的需求，因此如何最适当地节约与可持续地利用，成为当前城市发展的重要议题。同时，随着城市人口和产业的高度聚集和城市土地资源的高强度开发，引发了土地资源稀缺、环境污染、生态破坏等一系列城市问题，又需要从城市资源利用与外部依赖性、不稳定性和难以逆转性的角度，采取保护措施，进而保障城市资源的可持续利用。

2.3 城市景观格局与功能特征

依据尺度的不同，城市的空间界线可分为下述 3 类(Miller and Small，2003)：一是城市的建成区域，是指人口与建筑物密集且与周边环境孑然不同的区域；二是城市区，包括建成区及支持城市发展的腹地，主要包括建成区及其周边农地、林地及发展相对落后的乡镇，是明显受城市发展影响的区域；三是全球或区域尺度下的城市网络连接区域，包括交通运输、贸易及居住等内部活动，空间表现为城市群或城市连绵带。城市范围的判定，传统以建成区作为边界，但随着人类对城市功能要求的日益多样且复杂，及城市自身自组织、自调节能力的需要，一个完整的城市区域，应当扩及其功能影响范围，甚至是支持城市功能运转的范围(王如松，1991)。

基于广义的城市范围定义，城市景观主要包含了自然景观和社会经济景观两类。城市景观与单纯自然景观间具有组成单元、发生背景及功能上的差异(表2-1)。自然景观受气候、地形地貌等环境因素影响，内部生态系统借由物质循环、能量转换与信息传递等作用的发挥，朝向最大生物量的稳定状态；相对地，由于城市生态系统是一个人口高度集中，以人类为中心的社会、经济、自然复合生态系统，因此城市景观的维系高度依赖外界资源与能源，使城市具有高度的开放性与不稳定性。

表 2-1 自然景观与城市景观的差异

		自然景观	城市景观
发生背景或动态机制		自然因子——地貌、气候、土壤及生物作用	人为活动——法令政策、经济发展、社会需求
动态变化		演替	更新
结构单元		森林、灌草、水体等类型	建成区、交通用地等类型
景观流	能量	太阳能、自然界能量	太阳能、自然界能量、化石燃料
	物质	养分、矿物质	资源、资金
	信息	基因、化学信息	基因、信息
景观功能		生态稳定、环境保护	支持社会经济发展
景观维护		复育、生物替换	修复、重建、更新
生态系统组成	生产者	绿色植物	各级产业
	消费者	动物、微生物	政府、产业、居民

资料来源：Zucchetto，1975；陈子淳，2000。

自然景观是由森林、灌草或其他具有生态稳定及环境保护功能的景观类型组成，其发生主要受地貌、气候及土壤因子长时间作用，动态变化则强调系统各单元自身的演替及系统间动态平衡；城市景观则主要由建成区及交通用地组成，其中建成区内部的居住、商业、工业及文教区的比例、分布，不仅标志着城市综合功能的强弱，更影响着整个城市发展。

从景观的空间构成看，景观包括基质、斑块、廊道三大要素（肖笃宁等，2001）。城市是典型的人工景观，建筑物群体和硬铺装地面构成了景观的主体，街区和街道是城市景观的基质；城市廊道即城市中的线性景观，通常包括交通干线、河流和植被带，廊道在很大程度上决定城市景观结构与人口空间分布模式（宋治清和王仰麟，2004）。

城市关系着区域甚至全球尺度多数人类的生存与发展，城市景观的功能与格局亦决定了城市的综合实力，通过格局的优化可强化城市的空间组织，提高城市社会、经济与环境效益。虽然理想的城市景观目前仍未有定论，但通过对当前城市景观生态研究的整理可知，未来的城市景观优化必须立足于社会经济成长与生态需求满足这两项主要功能的协调发展之上，不切实际的环境限制与盲目工程开发皆违背城市可持续发展。由于城市发展必须同时兼顾经济与生态需求，当前的城市景观生态优化，已由早先的环境限制等消极态度，提升为与自然景观稳定协调的新思路，借由互利、合作等正面关系的确立，结合数量、结构分析及相关评价，构建更臻理想的城市景观生态功能与结构。

城市景观的组分结构和时空分布格局与其他景观相比，有明显的差异。城市景观的组分类型中，担负生物生产功能的组分类型比较单调，且其生物种类构成中，适应高密度人为活动干扰的种类数量较多；城市景观组分虽然受到自然环境特征的约束，但人类有目的的规划建设活动对不同组分的数量比例、空间分布构型具有决定性的影响；随着人类社会生产规模的扩大和城市人口的不断膨胀，城市景观组分的内涵性重组和外延性扩张行为非常频繁；城市景观组分的镶嵌性分布特征十分突出，各种不同组分类型之间无明显的过渡区间，组分之间的功能联系一般通过城市发达交通系统中的能流、物流和人流来实现（Swenson and Franklin，2000；Huang et al.，2001；曾辉等，2003）。

城市景观中的不同组分通过物质和能量代谢、生物地球化学循环，以及物质供应和废物处理等过程，相互联系在一起，具有一定组成、结构、空间格局和动态变化特征。基于以上所述可知，城市发展过程中，景观格局呈现出结构组分单一、网格化及不稳定性等特性（李秀珍和肖笃宁，1995；宗跃光，1996；曾辉等，2003；郭晋平和张芸香，2004；李伟峰等，2005），但这些特征亦随着城市发展的成熟、政策引导或城市规划约束发生变化。

1）结构组分单一。受开发建设影响，城市景观结构组分相对单一，若不参照功能分区，仅依据空间形态，城市景观主要可分为带状的交通廊道和几何形街区两类。由于多数时候，人类已能完全克服地形、气候等自然环境限制，人为活动对自然环境造成或多或少的影响，甚至完全改变原先的地貌与景观，相对于自然景观中顺应环境而生的森林、灌草、湖泊等不同类型，城市景观的多样性较低。

2）结构网格化。由于交通廊道为城市景观中物质、能量流通以及信息交换的主要路径，交通基础设施的建设，不仅标志着城市的范围，也指示未来的城市空间发展方向。基于对交通的依赖，城市景观内密布着大小不同的交通网络，促使城市景观更趋向于网格化。若城市出现过度的格网化将导致自然生境的隔离与分隔，引起自然生境的破碎化，使之失去承载较多物种的能力，同时导致全面、过度连接使城市作为居住地的质量下降，造成开放空间的退化，交叉路口增多、过境交通增多，一些交通节点由于车流量过大，成为城市大气污染的中心(李卫锋，2004)。

3) 结构不稳定性。城市为开放的系统，周边环境的改变与社会经济活动的强度皆是重要的影响因素，受城市发展的历程与定位影响，城市不断地向外进行扩张或发生内部结构的转变。城市景观的不稳定性在其边缘区表现得尤为明显，随着城市的发展，其边缘区域随时有可能因为区位或资源优势转变为城市景观的一部分，进而与相邻的城市连接成为"城市带"或"城市群"。另外，随着城市更新，内部老城区改造的必要性亦成为结构变化的驱动机制。

城市景观格局特征是城市景观生态研究的主要议题之一。近年来，城市景观与城郊景观的整体格局研究受到越来越多的关注。城市景观辐射和渗透能力不但决定着自身的结构和格局特征，还对其周围的其他景观类型的结构具有显著的约束作用(Kline et al.，2001)。因此，相当多的城市景观格局案例研究工作，将城市景观和周围其他景观类型，特别是一些对城市景观影响敏感的景观类型(如农业、自然、河流、湿地等)视为一个整体来研究(Antrop，2000；Meeus，2000)。

在景观生态学研究中最常用景观指数方法来定量描述景观格局，建立格局与景观过程之间的联系。景观指数是指能够高度浓缩景观格局信息，反映其结构组成和空间配置某些方面特征的简单定量指标(邬建国，2000)，其重要作用在于：它可以用来描述景观格局，进而建立景观结构与过程或现象的联系，更好地解释与理解景观功能。另外，遥感技术的应用促进了景观结构与格局在数量分析方法上的发展，现有的大多数景观空间特征的描述几乎都与遥感技术的应用联系在一起。大量的景观指数中，蔓延度、优势度以及分形指数为目前应用最为广泛的景观格局分析手段(李书娟和曾辉，2002)。

城市景观是地表景观动态变化最快的类型之一，因此城市景观格局及其动态变化研究成为目前最受瞩目的景观生态学研究领域之一。景观格局变化主要表现为土地利用/土地覆被变化。城市土地利用/土地覆被变化通常以两种方式进行：一是城市周边的非城市景观组分向城市景观组分的转变；二是城市内部不同土地利用方式的局部调整。第一种方式是城市建设用地的主要来源，是目前城市景观研究的重点(曾辉和姜传明，2000)。

以深圳市为例进行景观格局指数计算，可知不同城市发展过程中，城市景观整体格局的变化情况。以下通过景观多样性、均匀度和优势度指数，说明全市景观水平的格局变化(图 2-1)。

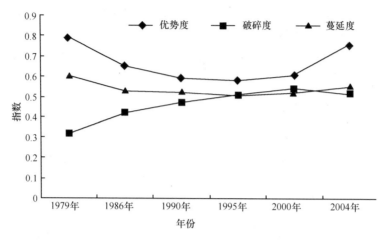

图 2-1　深圳市景观格局指数变化

　　1979 年深圳市于罗湖和蛇口首先形成了聚落核心，也就是原有的渔村规模，此时的城市形态尚未成形，人口规模仅 3 万人，建成区面积仅 3km²。1980 年成立特区后，随着经济建设步伐的不断加快以及特区建设的要求，深圳特区的建设使得城市形态呈"带状组团式"发展布局。在景观优势度方面，从 1979 年以来明显降低，直至城市连绵带初步形成后，2000 年景观优势度出现小幅回升。这是由于在城市化开始前和初期阶段，深圳为典型的农业区，景观以耕地和林地占绝对优势地位，1979 年二者合计占全市景观面积的 85% 以上，随着城市化开发进程，城市建设用地占用了大量耕地，人类活动使景观中各组分类型的面积比例趋于均衡；而当城市化发展到一定阶段时，城市建设用地完全取代了耕地先前的优势地位，使得景观优势度又略有回升。

　　从整体破碎化指数的变化可以看出，于 2000 年之前，深圳市景观破碎化程度随城市化过程推进有所增加。这是由于 1986 年之后，城市中心区的建设已经出现饱和，来自空间需求的压力促使城市发展开始进行空间的扩张和结构的转型，城市沿国道向外串珠式扩展并呈现不均匀分布。由于道路切割、城镇用地斑块出现和扩展等因素增加景观整体的破碎程度，这一过程与景观蔓延度的减小也密切相关。

　　在 2000 年之后，随着城市化发展日趋成熟，建成区面积扩大、连通性增强，加上城市生态资源保护的议题为各界所重视，城市绿化管理办法、环境保护办法及自然保护区管理规定等政策的落实，配合对采矿地、水土流失治理，城市景观生态获得相当程度的提升，此时景观破碎度变化趋于稳定，乃至略有下降，而蔓延度则相应出现回升。

　　城市土地利用/土地覆被变化研究绝大多数都使用了多时段遥感资料，利用转移矩阵法计算特定研究区内不同土地覆被类型的转移概率(Turner，1987；徐岚和赵羿，1993)。由于许多城市土地利用在类型上的改变并不显著，所以一些地理学家认为在城市土地利用/土地覆被变化监测中，也应该更加重视土地利用变化强度，并且在分析评价政府提出的城镇规划时应成为主要指标(陈百明等，2003)。另外，在景观指数的应用上，许多时候需结合对研究区的认识，以求更科学客观地解释指数的变化。

　　生态系统具有完备的生产、消费及调节功能，在景观生态系统中则体现为生物生产、环境服务及文化支持功能景观(傅伯杰等，2001)。传统的景观功能定义中，生产性功能主要仰赖农业景观，文化支持功能则体现于城镇、工矿景观，而环境服务的功能则是由自然景观所体现。随着人类对于社会经济、生态环境、文化等各个层面发展的需求，城市景观生态系统已由单一的功能定位发展为多目标的功能复合体。

　　整理相关城市发展评价研究(表 2-2)，可知城市景观须具备的功能类型。其主要内容大致可归类为生态环境、经济发展、社会安全与福利、文化 4 个层面。其中，生态环境分为自然环境与生活质量两类，以环境质量的优劣为主；经济发展包括政府财政及私人收入支出等内容，可通过实际的经济效益进行分析，另有依据商业投资环境、技术、空间等指标说明城市未来经济发展潜力；社会安全与福利则包括治安、医疗等；而文化则主要反映地方居民的教育程度与文化建设等。

表 2-2　城市发展评价指标

指标系统	指标	来源
西雅图永续指标	环境：野生动物种类与数量、生活环境品质等 文化与社会：教育程度、犯罪防治等	Sustainable Seattle，1993
台南市都市发展及生活品质评估指标	生活环境：地区发展、家庭环境、交通运输 社会：社会福利、文化休闲 经济：财务收支	姜渝生，1993
UNCHS 指标	社会经济发展、基础设施、交通运输、环境管理、政府职能、购屋能力、房屋供给	UNCHS，1995
台北市永续发展指标	自然系统、农业系统、水资源、都市系统、维生服务系统、资源输入、都市生产、都市废弃物产出及处理、资源回收循环、环境管理	黄书礼，1996
地区永续发展指标	都市——都市自然环境、都市生产与活动、都市废弃物、都市环境管理	李公哲，1998
台中都会区永续发展指标	全球环境变迁与永续能源、永续资源保育、永续环境技术、永续社会、城乡永续发展、永续经济发展、永续产业经营	李永展和张晓婷，1999
都市永续发展指标	生产资源、生活品质、生态环境	罗登旭，1999
都市永续性指标	自然资源、人口部门、土地部门、农业使用、都市生产、经济活动差异度、生活服务、废弃物产出及处理、环境管理、住宅状况、社会福利	洪于婷，1999
城市竞争力策度指标体系	综合竞争力、产业竞争力、企业竞争力、科学技术竞争力、对内对外开放程度、基础设施、国民素质、政府作用、金融环境、环境质量	宁越敏和唐礼智，2001

续表

指标系统	指标	来源
高雄市永续指标评量系统	生产：单位产值、产值增加率、失业率等 生活：人口密度、都市面积比、汽车持有率等 生态：绿覆率、农地面积、CO_2排放比等	谢政勋，2002
地区竞争优势指标体系	生活：健康、文化、交通、居住、安全 生产：投资环境、法令体制、生产体系 生态：自然、社会、经济、环境管理	陈冠位，2002
都市竞争力指标	经济活力：工资、产业、国际化 政府效率：财政、公共建设、行政程序 生活品质：居住环境、知识程度、公共安全等	张乔峰，2004

　　资料来源：谢政勋，2002；张乔峰，2004。

　　将上述城市发展相关需求与现状评价指标转化为城市景观功能的分析与评价的内容，首先必须确立不同景观类型为人类社会提供的效益。除了具有直接市场价值的经济利益外，亦包括自然、半自然景观的生态、社会文化与经济价值（Costanza et al.，1998；de Groot et al.，2002）。在城市景观的生态功能研究中，自然与半自然景观为人类提供了不同的产品和服务，对城市的可持续发展具有重要的影响。通过生态学相关研究可知，在城市范围内或周边的自然与半自然景观除了维系城市生态系统的内部机能，包括维持能量流、物质循环、食物网的交互作用，同时也维系了人类的社会文化资产及系统自身的循环过程，如食物生产与废弃物处理等。因此，健全的城市景观功能，不仅包括可以金钱量化的社会经济效益，更需兼顾无法在常规的、市场基础的经济分析中表现重要性的生态与文化效益（de Groot，2006）。

2.3.1　城市景观功能分类

　　在不同的定义中，城市是城市居民与其周围环境相互作用形成的经济活动及生活空间；也可以是人类在改造和适应自然环境的过程中，建立起来的人工生态系统；或是综合自然、经济及社会功能的复合空间（郭晋平和张芸香，2004）。因此随着城市的发展，扩大了人类影响范围，使得城市景观的概念被用来泛指城市区域内的各种景观类型。

　　景观分类的体系相当复杂，一般是基于形态与发生两个层面（傅伯杰等，2001），其他有依据人为干扰程度，分为自然景观、半自然景观及人为景观 3 类；或从人类需求角度进行功能分类，主要可分为具有维持生态稳定、调节及保护环境等功能的生态功能景观及具有产业发展及物资、劳动力及信息交流功能的经济功能景观。

　　城市景观结构与土地利用方式息息相关，不同的城市景观类型可由一种以上的土地利用造成。就城市景观而言，其主要的景观过程表现为建成区扩张，及相应的生态环境变化。据此,在城市、生态及协调功能的分类体系之下,可初步划出建设、农业、环境、水体和城市发展五大类景观,其中城市发展景观主要由填海或推平自然山体而成,为远景城市建设备用地(表 2-3)。

表 2-3　城市景观分类

一级分类	二级分类	三级分类	土地利用方式	与城市建设的关系
城市功能景观	建设景观	经济生产景观	商业、工业经营	为城市社会经济活动的载体,为完全正向关系
		居住生活景观	居住、教育、医疗	
		交通景观	铁、公路及码头、机场	
	发展景观	推平地景观	大型工程建设进行	支持城市的未来发展,但具有难以逆转的环境影响
		填海景观(滨海地区)		
协调功能景观	农业景观	水田景观	耕作	与其他景观相比属低经济与低生态效益景观,发展弹性较大
		旱作景观	种植各类经济作物	
		渔业景观	养殖、捕捞	
生态功能景观	环境景观	环境保护景观	与城市环境质量及安全相关的景观类型,限制人类活动	高度生态服务价值,同时也高度限制开发建设行为的空间发展
		生态稳定景观	森林、灌木等未受人为干扰的类型,阻碍人为活动	
	水体景观	淡水景观	河流、湖泊	支持城市部分功能运转,多数时候不会限制城市发展
		海洋景观(滨海地区)		

资料来源:韩荡,2003。

1. 城市功能景观

　　城市范围内的城市功能景观主要包括建设景观及发展景观两类,其中建设景观为当前支持城市社会经济活动的主体,而发展景观则为未来的城市空间扩展提供了一定的基础,是维护城市功能健全不可或缺的景观类型。

　　建设景观:城市建设活动使城市功能和经济结构日趋完善,抵抗外界的干扰能力极大增强。依据社会、经济等人为活动差异,可将城市的经济景观细分为生产景观、生活景观、交通景观。

　　发展景观:城市建设活动尚未进行或已暂时停止,对环境的干扰主要表现为推平地严重的水土流失和填海区明显的海洋生态环境变化,而生态系统对这种干扰自身难以恢复,景观的抗干扰能力最弱。

2. 协调功能景观

　　协调功能景观可作为物质、能量、物种流通的渠道,亦是屏蔽、过滤特定物质、能量、物种的屏障,并同时扮演源与汇的角色,是景观中不可被忽视的重要景观类型(高洪文，1994)。在城市范围内，由于景观类型间的相互作用存在相互抵触的状态，因此更需要具有缓解冲突的协调型景观作为缓冲及过度的功能转接点。

协调功能景观的组分为人为修饰的自然景观或依赖自然景观所衍生的半自然景观类型，城市景观中以农业景观为主，其不仅受自然生态规律支配，还受社会经济规律调节，故同时具有地区特征(邹冬生，1996)。依据经济活动的差异，农业景观又可进一步分为水田景观、旱作景观及渔业景观，相对于城市的其他经济活动而言其经济效益较低，但通过相关的经营措施可提升其经济与生态效益。城市建设活动对其构成最大威胁，而目前的农田保护政策法规在事实上不得不让位于高新技术等产业发展带来的土地开发冲动，也就是说景观受到的干扰最大而抵抗能力不大。

3. 生态功能景观

自然景观发挥多种生态功能，为城市社会经济的发展和提高居民生活水平提供环境质量保证。以森林为例其包括了固碳释氧、调节气候、保持水土、净化环境、减弱噪声等功能。以深圳市为例，主要包括水体景观及环境景观两类，二者对于城市的开发建设均产生一定的限制。

水体景观：可缓解城市热岛效应，提供居民休闲娱乐场所，但建设或农业生产活动会减少或改变一定的水面，亦会造成一定程度的污染，而多数情况水体的自净能力远远不能抵消所受的污染，景观的抗干扰能力弱。

环境景观：具有环境保护与稳定自然生态系统的功能，往往因地形条件而较少受到城市建设活动干扰,景观亦因其完整性和较好的水热条件抗干扰能力较大。

2.3.2 城市景观功能特征

不论城市可持续发展或城市竞争力的体现，城市景观功能皆是影响关键，反映于区域尺度中，强调个别城市的功能定位，而进行城市规划时，亦着重讨论不同功能区的空间布局。基于对功能的重视，城市景观展现出明显的功能导向。在空间特性上，依据不同的功能强度景观单元间展现明确的等级性(曾辉等，2003)，同时在自身资源优势的基础上进行分工，较自然景观更具有清楚的空间界线。

1) 功能等级分明。景观是等级系统(傅伯杰等，2001；Naveh，2002；陈波和包志毅，2003)，城市景观的功能等级更是明确，不同城市依据其功能影响的强度，分别在全球、区域乃至地方扮演着不同等级的功能中心，并依据功能等级的差异与发展优势，相互搭配调整。

2) 系统分工明确。在全球化及市场化的竞争压力下，不同城市间的协调合作需仰赖系统分工，同时随着技术及产业的专业化，空间结构也出现"专业集中"

的现象(林德福，2003)。因此，应城市发展及人类生活需要，呈现不同产业功能的经济区、居住区及交通转运站等。

3）空间界线清晰。在城市规划的规范和引导下，为求城市功能健全，协调城市整体发展，城市功能区在空间上界线分明，并具有截然不同的空间结构，政治及商业区由于信息交流量大，多位于城市中心，工业区则因为对城市安全及环境影响较大，则位于城市近郊，并基于环境考虑，配置一定的过渡带。

2.3.3　城市景观格局与功能

景观结构和功能，格局与过程之间的联系与反馈是景观生态学的基本命题，景观功能的表征参数主要有：景观的生物生产力、景观能值指标、景观水分与养分、景观经济密度和景观的信息流等，景观的空间格局与景观功能流动密切相关(Forman，1995；Farina，1998)。景观格局对景观流产生影响，使得不同景观格局或景观格局的动态演变导致区域景观功能发生变化，产生斑块的出现、持续与消失，进而影响区域生态生产力、土壤养分与水分、二氧化碳储存量以及物种多样性等，引起区域景观功能变化(王根绪等，2002)。

景观空间结构决定了景观功能(傅伯杰等，2001；龙绍双，2001)。景观的功能定位需基于自身格局，景观格局是各种要素综合作用的结果，也是一种动态平衡的状态，具有相对稳定性，而景观功能与区域发展间存在相互制约与协同的关系。传统的城市景观功能作用强度的判断，主要依据其承载的人为活动与产生的效益。由于景观功能受格局影响，具有随距离衰减、阻隔、增强等不同的空间作用，且构成城市景观的各个组分单元间，仰赖不同的"景观流"相互联系(肖笃宁等，2001)。因此在景观功能空间作用的讨论中，不仅需涉及城市景观类型，亦须同时分析其对景观功能流的影响。

不同的景观流与不同的景观类型兼具有不同的相互作用。在城市范围内主要的功能流可以分为支持生态环境稳定的生态功能流，与承载社会经济活动的经济功能流。其中生态功能流依据组成景观类型与环境效应可进一步细分为绿带功能流与水体功能流两类，其中绿带的功能实现必须通过森林景观；经济功能流则主要通过人流与车流构成的交通功能流体现。以下依据城市范围内6类主要景观类型及3种景观流间的关系相互说明如下(表2-4)。

表 2-4　景观类型与景观流间的关系

景观类型	景观流		交通功能流
	绿带功能流	水体功能流	
林地	是绿带功能流的主体，可作为生物栖息地，提供繁衍、迁徙的场所，同时净化环境，提供居民休闲活动空间	具有涵养水源、保持土壤及净化水质的作用，有助于水体功能流的功能实现	严重阻碍人流及车流的行进，除提供居民休闲游憩场所外，甚少发生其他社会经济活动

景观类型	景观流		交通功能流
	绿带功能流	水体功能流	
灌草地	通常位于林地外围,起着缓冲的作用,避免外界干扰直接冲击绿带功能区	与林地相同,有助于景观功能的实现	中度阻碍交通功能流
农地	是人为的大面积绿地,具有低度的绿带功能	仰赖水体功能流,但因为生产需要,化学物质的施用对水环境的承载造成负担	是为社会经济活动的基础,轻度阻碍交通功能流
建成区	迫切需要绿带功能,但通常基于短期经济效益造成绿带消失或破碎	强烈威胁水体的功能发挥,硬铺面、污染物质及人类活动皆造成功能流的干扰	为居住及商业等社会经济活动发生的主要场所,亦是交通功能流产生的驱动力
道路	阻隔、切割绿带,使其自身功能及连通性降低的主要景观类型	强烈阻隔水体的功能联系,为满足交通建设的需要,水体常被置于地下	为交通功能流的主体,联系着空间上不同的社会、政治及商业中心
水体	通常伴随绿带出现,轻度阻隔绿带在空间上的联系,但不妨碍其功能	是水体功能流的主体,具有提供农业区灌溉及城市区休闲游憩空间的功能	严重阻碍人流及车流的行进,但通过桥梁的建设已可以克服

　　不同功能景观间的相互冲突,是降低景观功能、制约城市发展的重要因素,其中最显著的是城市建设与环境质量维护间的平衡。为了协调景观功能间的冲突,定义不同功能景观间最佳的关系,在此借鉴生态学对物种间关系的定义,说明城市景观中,人类经济系统与自然生态系统间的相互作用,其中,正面的关系包括互利共生、合作,而负面关系则是寄生、竞争(表 2-5)。其中,互利共生、合作与共生的关系可被视为一种可持续的关系;寄生与竞争则被视为一种负面的联系。在资源无法维持的情况下,负面的关系将对城市发展造成危害(Kates et al.,2001)。城市景观中,具经济、社会、生态、文化等不同功能的景观间关系可由互利共生、无影响至相互竞争。

表 2-5　城市系统或生态系统间的交互作用

	相互关系	说明
正面的交互作用	互利共生	二者皆获利并相互依赖
	合作	二者皆获利但不相互依赖
	共生	一者获利但另一者并未受影响或恶化
不产生影响	中立的	并不影响其他
	片害共生	一者受抑制,另一者却不受影响
负面的交互作用	掠食/寄生	一者的利益来自另一者的损失
	竞争	当资源有限时,直接或间接相互制约

　　资料来源:Odum,1983。

　　区域或个别单元内的城市化影响是跨越行政界线的,其结果也影响到邻近区域的社会、经济与环境状态。随着城市化所带来的建设与转变,多元化的功能需求，不仅提升了城市景观功能多样性与复合性，同时促使城市景观以相对快速的方式进行结构的更新，同时也对自然生态环境带来不同程度的正负影响。

1）提升景观功能多样性与复合性。在城市可持续发展理念的推动下，城市发展不仅追求经济的稳定增长，更须提升其他经济社会特质，如工作机会（Kresl，1995）、吸引人口和厂商及经济活动聚集的特性（黄文樱，2000）、制造和分配财货与劳务、改善民众生活品质的能力及兼顾自然环境（Lever and Turok，1999）。相应地，城市景观亦必须满足上述的功能要求，同时在城市资源有限的条件下，各类城市景观组分必须同时兼具多项功能。例如，工业区除了具备完善的交通基础设施以支持产业发展，同时需满足城市安全的要求；而城市绿地除了净化环境、稳定生态外，同时承担提供城市居民休闲游憩空间的角色。

2）促进景观结构更新。城市空间结构与其功能息息相关（Thinh et al.，2002），随着科技进步与产业发展，城市化的速度不断提升，老旧的城市结构已不符合城市发展对于社会、经济及环境效益的需要，亦限制城市整体竞争力的展现，因此需不断借由对城市景观结构的更新，维持城市发展和繁荣。

3）改变生态功能。城市的发展改变了景观的生态功能，随着交通建设与城市空间的扩张，不免会对生态环境造成一定的负面影响，横越的交通路线会分隔区域生态系统，成为水平生态流动过程的障碍，造成生态用地空间破碎化及生态功能衰减（肖笃宁等，1997；何念鹏等，2001；武正军和李义明，2003）。此外，道路系统对景观水平自然过程的截断作用，将根本性地改变景观原有的生态流，包括地下水流动、地表径流、生物迁徙、土壤冲蚀及沉积作用等（Brun and Band，2000；杨沛儒，2001）；而建成区的大面积覆盖亦对城市微气候产生影响。

在追求城市可持续发展的过程中，应同时兼顾生态、经济与社会的层面（Richardson，1994；孙志鸿等，2002a），互相关联不可分割，生态可持续是基础、经济可持续是条件、社会可持续是目的（张坤民等，2003）。就自然生态层面而言，主张人类与自然和谐相处、共生共荣；就社会层面而言，主张公平分配，以满足当代及后代全体人民的基本需求；就经济层面而言，主张自经济系统回馈生态系统，互利互惠（谢佩珊，2005）。

城市景观是城市功能的载体。城市的综合实力与可持续发展仰赖于城市景观功能的整体表现。个别功能的缺失或不同功能景观间的相互冲突，是降低景观功能、制约城市发展的重要因素，目前城市发展的困境最显著的就是如何寻求城市建设与环境质量维护间的平衡。

从生态环境角度来看，城市建设导致的环境问题根源于建设过程中破坏自然界物质相互作用的过程（王如松等，2000；杨东辉，2005）。城市系统自身的能量与物质不同于自然生态系统的循环利用，多余的能量与物质滞留于环境中，因而产生污染与破坏；此外，由于自然生态系统具有稳定网络结构，可进行一定的调节与自组织作用，而城市建设破坏了自然环境的关系网络与空间网络，替换的物理、经济、人工生态等结构无法达到理想的效果，因而造成生态矛盾。

　　城市景观功能在生态环境维护上出现的矛盾主要源于两个原因，一是城市中维持社会经济发展功能的景观具有高度聚集的特性，其运转于狭小的范围内，人类对于清洁的饮用水、空气、日照、土地的需求，加上区域内资源、能源不同程度的匮乏，使得环境问题无法避免；二是人们对城市环境认识仍存在一定的不足，使得城市发展、土地利用、规划等出现失误，加重了城市的生态困境(沈清基，1998)。其中对生态环境的负面影响源于城市开发建设强度过高，缺乏事前的环境影响评估与降低开发危害的配套措施，由于城市中过量的辐射、污染及空间拥挤也会影响城市居民的身心健康，造成景观破碎化、城市热岛及原始植被的破坏。另外，若是过分强调环境保护，缺乏能源、原料等维持经济发展的替代方案，亦限制了城市的成长。

2.4　城市景观生态学的研究与应用

　　城市景观为"文化景观"中的主要类型，是长时间人类作用积累的结果，在行政区划、经济类型、移民及环境等因素(陈庆德，1994)的推动与制约下，产生与自然景观截然不同的组成与结构。城市化是人类文明的基本特征之一(Antrop，2004)，其过程具有一定的阶段性，在不同阶段表现出不同的时间和空间特性，并具有一定的区域差异，使得城市景观研究必须关注其高度动态、功能复合等复杂的时空特征。

　　自19世纪末城市化的面积即展现了几近指数的增长，而其影响范围甚至到达城市外围的乡村和郊区(Van Eetvelde and Antrop，2001)，城市化的过程于城市内部、城市边缘及相邻的郊区产生了一系列复杂的空间作用(Bryant et al.，1982；Geyer and Kontuly，1993；Antrop，2000；Champion，2001；Pacione，2001；Antrop，2005)。在政策、制度及技术等人为因素的作用下，城市的发展加速了景观结构的更新，亦使得景观功能日趋完备；同时，由于城市化带来的人为干扰强度较其他自然作用密度高且强度大，因此大范围的开发建设衍生一系列环境影响，成为限制当前城市整体发展的重要问题。

　　城市景观格局与其功能息息相关。城市景观格局决定了城市景观功能，随着城市功能的多样性日益提高，城市景观的类型、结构与空间形态、分布也越显复杂。在格局的讨论中，城市景观特征分为物理性质与功能两个层面，物理性质涉及城市的空间结构，功能则是指其承载的活动密度与类型复合度，在两者的相互作用下，深刻影响城市的可持续力(Thinh et al.，2002)。近来，大量的城市问题被归因于城市的空间结构不当(理查德·瑞韦斯特，2002)，城市化的影响在世界各个地区产生了不同的环境矛盾(Vitousek et al.，1997；Marzluff et al.，2001；Alberti et al.，2003)，在荷兰，由于工商业发展与居住空间的需要，农业景观逐渐消失

(Valk，2002)；在日本东京、大阪、名古屋等主要城市影响范围内，城市建成区的向外扩张产生不同程度的环境问题(Sorensen，1999)；而俄罗斯莫斯科周围的住宅与游憩区开发，亦严重影响该区域的农业活动(Ioffe and Nefedova，2001，1998)；加拿大(Rothblatt，1994)、英国(Breheny，1995)及以色列(Razin，1998)，城市扩展也使得森林、农地及开放空间逐渐减少(Robinson et al.，2005)。

人地关系是地理学研究的核心之一。人地关系为人类和地理环境的相互关系(吴传钧，1991)，包括人对自然的依赖性和人的能动地位(郑度，1994)。由于人与自然环境的关系存在不确定性，环境为人类提供有限的、可供选择的可能性(郑度，2002)，在人类对环境的感知建构积累过程中，环境被赋予了形状、内聚力及意义，当意义建立之后，便会代代相传(Johnston，1991)。城市景观的形成往往经历一个长期的过程，它是生活在不同时代具有不同文化水准的人类与自然环境长期交互作用的结果，并随这种作用的时间长短而产生文化差异。其主要方式有：①人口居民与环境；②人口与社会组织；③人口与技术；④社会组织与技术；⑤自然环境与社会组织；⑥环境与技术(林超，1991)。

人地关系的讨论在城市研究中尤为重要。人地关系的变化是不断利用自然和自然规律的过程(2006)，通过城市发展中人地关系变化的分析，有助于提高对区域本质的认识。城市化是乡村生活方式向城市生活方式变化的复杂过程，是对自然环境占有、开拓和改造，也是对区域生命支持系统的认同、协调与适应的过程(理查德·瑞吉斯特，2002)。城市生态系统既有其自然地理属性也有其社会文化属性，是一类复合生态系统，自然及物理组分是其赖以维生的基础，城市各部门的经济活动和代谢过程是城市生存和发展的主要支撑，而其内部人类活动则为城市演替与进化的动力(王如松，1991)。城市景观不仅反映了区域资源优势、文明发展，同时也反映人类发展的需求。

景观生态学是以空间格局与生态过程及其相互作用为研究对象的学科，主要研究地表各种景观的结构、功能和动态，强调空间异质性、生态学过程和尺度以及它们相互之间的关系。从市景观生态学研究的目的是通过格局、过程及功能的切入点，分析时间空间动态特征，探讨区域生态环境效应，进而通过功能评价、空间优化的方法，寻求城市发展与自然环境相互协调的可持续关系。从城市人地关系的角度，探讨城市景观生态学研究的类型及其必要性，不仅有助于认识自然环境与社会经济活动对城市发展的空间影响，更有助于分析、预见城市未来的空间格局与最适宜的城市景观生态特征，为城市可持续发展提供有力的参考。

从人地关系的角度来看，城市作为由表征社会经济和自然环境两个系统耦合而成的结构-功能体，城市发展与自然环境之间相互联系、相互影响。一方面，城市发展对自然环境产生生态需求，同时对自然环境的格局与功能也产生巨大影响；另一方面，自然环境对城市的发展提供从资源供给到生态系统服务功能等服务，使城市的发展成为可能，同时由于资源的有限性等原因，它也对城市发展的

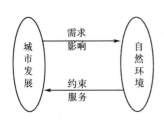

图 2-2　城市景观生态学研究内容

规模和空间都起到强有力的约束。城市景观生态系统是城市发展对于自然环境的需求、影响及自然环境的服务、约束 4 项关系的具体展现，也是当前城市景观研究的主要对象(图 2-2)。

2.4.1　城市发展的需求

当前城市发展对于资源与能源的需求，已不仅用于满足居民生活、改善自身基础建设等基本条件，同时必须在全球化的竞争压力下，寻求更高效益的城市空间结构，同时提升城市生态环境质量。

全球化是通过国家有形疆界与贸易保护主义的移除，形成大规模犹如国界开放，促进快速的金融交易、贸易、文化关系互动的过程。在经济活动中，它产生一致化的压力，其主要反映在货物、金融商品价格与利率上，同时增加全球经济的连动性，进而扩大与加速经济危机与繁荣的影响(洪佳君，2003)。但随着信息交流与科技进步，跨国的资本、技术与劳工的流动，全球化亦造成包括失业率上升、低技术劳工待业、高低技术劳工间与优弱势族群间以及技术上两极化的现象(吴泉源，1996)，进而促进产业重组。全球化反映在空间上的重要现象为人口与产业往城市集中的过程，而且有些城市规模与功能不断扩大，与其他城市的互动不断增强并且成为经济核心，有些城市则因无法与全球化接轨，被边陲化而成为边陲城市(Friedmann，1986)。

在可持续思维与全球化的压力下，城市景观生态学就城市发展的需求开展了下列方向的研究：

1. 城市发展对策研究

随着生态保护意识的兴起，生态城市成为城市可持续发展的主要实现途径之一，基于综合性、科学性与可操作性的考虑，城市规划、城市土地利用等领域广泛地接纳与应用景观生态学的研究成果。

生态城市是与生态文明与时代相适应的人类社会生活新的空间组织形式，为人与自然系统和谐与可持续发展的人类生活区域。其强调城乡融合的发展趋势，不仅促进人类自身健康，同时也注重自然生态的平衡。即融合社会、经济、技术与文化、生态等方面的内容，塑造人与自然相互适应、协同进化、共生共存的生态系统运作关系(赖奕铮，2003)。景观生态学乃是研究景观的空间结构与形态特征对生物活动、人类活动影响的科学。它以生态学的理论框架为依托，研究景观和区域尺度上的资源、环境和管理等问题，具有综合整体性和宏观区域性的特色，借鉴景观生态学的研究成果和学术思想，分析生态城市建设中的景观特点，使城市景观更符合生态学意义，可为当前的城市建设提供更全面且更具综合性的发展策略(Jala, 2000；肖笃宁等, 2003), 并有助于解决城市资源、环境和发展等问题(张林英等, 2005)。

此外, 由于城市在人类持续管理和投入的条件下, 存在许多"非自然均衡"的特征, 从景观健康角度来探讨城市的发展, 有助于追求城市地域中人类利用和生境功能相协调的状态(Costanza et al., 1998), 城市景观生态健康的概念不仅强调从生态学角度出发的生态系统结构合理、功能高效与完整, 而且更加强调生态系统对人类服务功能的维持, 以及人类自身和社会经济健康状况不受损害(宋治清, 2005)。

2. 城市景观空间结构优化途径

景观生态学的发展从一开始就与生态规划、管理和恢复等实际问题密切联系, 其原理和规律为在实际工作中通过优化景观格局, 提高生态系统稳定性提供了理论框架(邬建国, 2000；张惠远和倪晋仁, 2001), 其研究与应用结果亦可为城市景观空间结构优化, 提供更符合城市长远发展的方案。

自 20 世纪 60 年代以来, McHarg、Odum、Haber、Ruzcka、Forman 等学者便开始探索生态学与规划的结合, 发展并形成了许多各有特点和侧重点的景观生态规划方法。其中, McHarg 基于生态适宜性分析所形成的"千层饼"规划模式(Ross et al., 1979；McHarg, 1986)、Odum 以系统论思想为基础所提出的区域生态系统发展战略(Odum, 1969)、Forman 等以景观格局整体优化为核心的景观格局规划模式(Forman and Godron, 1986；Forman, 1995), 亦构成景观生态规划方法发展的主要方向(李卫锋等, 2003), 为构建理想的城市景观提供了宏观的指导策略。

而在具体的空间结构调整上, 目前以生态网络是最普遍的手段之一。生态网络的理念于 20 世纪初被引入城市规划(Jongman et al., 2004), 其强调通过构建城市内部的绿带和绿网, 满足人们在拥挤或污染的城市生活中对开放空间的需要(Cook and Lier, 1994；洪得娟, 2000；Cook, 2002)。随着近十年来理论的发展, 生态网络的功能更扩及维持生态稳定与环境质量。

3. 城市发展的空间需求与分布预测

为了提高全球化与市场化的竞争力, 城市的功能空间必须满足当前及未来城市发展的各项需求, 除了强化道路、公交、排水、供电、燃气、电信等基础设施, 同时必须满足国际金融、商贸、咨询、新兴服务业、高新技术产业的需要。土地是城市物资流、信息流和人流及其他社会经济活动的载体, 也是当前与未来城市发展的基础。由于城市化是城市建设景观取代自然或半自然景观的过程, 分析城市潜在的发展空间, 也成为掌握城市化进程的重要环节。通过城市发展的空间需求与分布预测, 可以了解城市功能与影响力的提升, 所带来的土地资源需求，同时也可以通过限制城市扩展的速度和方向，对城市土地资源利用的效益进行调整。

城市具有开放性、动态性、自组织性等特征，其演变过程具有高度的复杂性(Cronon，1991；Berliant and Konishi，2000)，使得一般静态、宏观的确定性模型预测结果，遭遇实用性的质疑(周成虎等，1999)，相关研究更广泛结合空间动态因子及社会经济发展数据，以求更准确地掌握城市景观动态变化。

19世纪以来，相关研究已经从不同角度建立了许多模型来揭示城市扩展的动态机制。目前城市扩展理论已有比较成熟的体系，包括模型本身的改善(刘慧平等，1999)、扩展机制深化(张显峰，2000；薛东前，2002)；实践上也有结合动态监测、生态环境效应分析等(徐建华和单宝艳，1996；何流和崔功豪，2000；何春阳等，2003；李晓文等，2003)，不仅掌握城市的空间需求，更近一步尝试预见可能的环境冲突，为城市规划提供了重要的参考(李正国等，2005)。

2.4.2　资源对城市发展的支持

不同的资源类型分别支持着不同城市功能的展现。资源的空间分布与数量直接影响了城市各项功能的发挥，更为未来的城市发展提供了稳定的后备支持。随着社会的发展、经济总量的扩张，对资源需求日益增加，相对而言，区域内各类自然资源依据自身的特点、稀缺性、社会经济发展的需求、开发利用的投入和可运移成本等因素，对城市发展产生了不同的影响，也直接体现了资源的价值。

资源对城市发展的支持是有限的，具有空间分布与数量上的差异，并随着城市发展定位的变化，体现不同的重要性。在此，城市景观生态学主要从城市发展驱动机制与生态系统服务功能两个角度，一方面了解自然资源与社会经济活动作用的影响；一方面结合生态经济学的度量方法，揭示自然资源的价值，为城市生态环境保护提供依据。

1. 城市发展的驱动机制分析

城市地域的可持续发展，必须以城市景观生态的合理优化为前提，因此需要对城市化过程中景观格局变化特征及其影响因素进行深入探讨。城市景观格局演变的驱动因素包括自然和人为两个方面，但人为活动无疑占据着优势地位。现有研究显示地形、地貌因素是城市景观格局演变过程中最受关注的自然影响因子。人为活动从整体上改变着城市的景观特征，人口、技术、政策及产业变化等都是重要的驱动因素。城市景观格局演变受到不同层次的多种驱动因素的综合作用，不同因素在景观格局演变过程中的重要性也随尺度不同而异。因此，对驱动机制的深入认识，需要综合考虑从微观到宏观不同层面上影响景观格局演变的不同驱动因素及其作用机制(Turner，1990；Nagaike and Kamitani，1999；Zhou，2000)。通过遥感与 GIS 技术支持，有助于结合定量与定性方法，探讨城市景观动态变化机制(李卫锋等，2004)。

2. 生态系统服务功能重要性度量

生态资源是城市发展与功能维系的基础，鉴于城市建设对生态环境的负面影响日益严重，自然资源缺乏市场价值，相关研究分别从各项服务功能的类型与民众愿意支付价格等角度进行生态系统服务功能度量。城市对资源与能源的消费更高于其他系统，单从占用的土地资源面积来看，城市所需的土地资源往往为自身数倍至数十倍以上。

城市从生态系统获得大量的效益。这些效益包括供给功能(如粮食与水的供给)、调节功能(如调节洪涝、干旱、土地退化等)、支持功能(如土壤形成与养分循环等)和文化功能(如娱乐、精神、宗教以及其他非物质方面的效益)(千年生态系统评估项目概念框架工作组报告，2003)。生态系统不仅为城市居民提供食品、医药及其他生产生活原料，并创造与维持了地球生命支持系统，形成人类生存所必需的环境条件，是人类生存与现代文明的基础。通过对城市生态系统服务功能价值评估，有助于建立区域环境-经济综合核算体系，近年来国内学者分别从城市生态系统服务功能的价值结构(宗跃光等，1999，2000)，对经济发达地区城市生态服务功能研究的意义、内容和方法(夏丽华和宋梦，2002)进行相关的理论探讨(彭建等，2005)。

2.4.3　城市发展的影响

多数情况下，城市化的过程必然带来生态资源的破坏，促使土地利用朝向更高强度、更高效益的方式，包括由林地向农地的转变，农地转为城郊、城郊成为城市区域(Sanderson et al.，2002；Geneletti，2004)。但过高的人口密度、超速发展的经济、高生产高消费的城市生活导致城市各方面的超负荷运行，使得城市总人口和环境的平衡受到影响，带来了一系列的城市问题。

1. 生态环境效应

城市景观是深受人类活动影响的景观类型，人口在城市聚集、城市景观扩张及由此造成的植被覆盖面积减少，成为近几十年全球范围内景观变化的基本特征。随着人类社会日益城市化，未来的景观将日益受到人类经济、社会活动的改造，通过城市景观格局改变区域物质能量流，进而影响区域生态过程。城市化和密集的人类社会经济活动对景观格局的改造已经导致了城市热岛效应、大气污染和种群失衡等诸多生态环境问题(宋治清和王仰麟，2004)。城市化同时也影响了水资源供给及生物栖息地的整体质量，造成残留自然区域的破碎化、退化及孤立化(Marzluff et al.，2001)，使得水土流失、污染整治及环境保护成为目前城市可持续发展的首要议题(Robinson et al.，2005)。目前研究已经广泛认识在城市景观水平上研究格局和过程的关系，对合理进行土地利用规划和管理具有至关重要的作用(Richard，1997)。

　　城市景观生态效应研究表明，在城市发展周期中，随着城市化程度日趋成熟，景观破碎度变化呈现"快速增加–增速减缓–平稳下降"的过程。上述过程在深圳(曾辉和姜传明，2000；袁艺等，2003)、上海(高峻和宋永昌，2001)、厦门(全斌等，2003)、福州(林志垒和沙晋明，2002)等多个大城市中都有比较典型的表现。随着人类活动的逐渐增强，景观的多样性指数和破碎度指数也逐渐增加；而当人类已经彻底改变自然景观，多样性指数和破碎度指数则逐渐减小(王思远等，2003)。另外，随着城市扩展和景观格局的演变，区域整体生态环境状况和生态系统物质循环与能量流动也有相应改变(邬建国，2000；Wu et al.，2000)。其对气候的影响主要通过排放温室气体(CO_2、CH_4 等)和改变下垫面性质等形式，从而引起温度、湿度、风速以及降水发生变化，导致局地与区域气候变化(周红妹等，2001；Weng，2001)。

2. 环境保护与修复

　　在城市生态系统平衡失调或遭到破坏后，通过人为恢复、重建和改建可以重新达到平衡状态，但上述措施的目的、计划与具体措施必须符合生态规律，才能最有效地达到城市环境保护与修复的目标。

　　目前的城市地域环境保护与修复策略中，因管理对策不同，主要可分为下述3 种。第一种是恢复，即恢复到系统的原来状态。例如，通过限制人类活动或引进当地原生树种，使得生态系统自然恢复。第二种是重建，通过重建，可同时反映自然环境特色并兼顾一定的发展需求，如将一些沿海滩涂改造成人工养殖场，既开发利用了滩涂资源，又改善了生态环境。第三种是改建，是将恢复与重建措施有机结合起来，重新获得一个既包括原有特性，又包括对人类有益的新特性的状态。

2.4.4　自然环境的约束

　　基于城市安全与建设成本的考虑，城市发展的自然环境制约主要来自自然灾害与地形地貌的影响，其中又以自然灾害的研究最为普遍。自然灾害对于城市发展可造成相当大的危害。其中，一部分自然灾害是自然作用造成的；另一部分是不合理、不适当的人类活动引发或加重的。在类型上，主要可划分为气象灾害及环境地质灾害，分别包括台风、寒潮、寒露、干旱及塌陷、断裂等。另外，部分滨海地区也具有潜在的海洋灾害危险，如海水入侵、地下水咸化、地基软化、淤积等。

1. 城市安全与城市防灾减灾

城市易受自然灾害、人为灾害、疾病及外来物种影响，加上人口的高度集聚，因而面临着更大的生命财产损失风险。城市安全是指城市在生态环境、经济、社会、文化、人身健康以及资源供给等方面保持的一种动态稳定与协调状态，以及对自然灾害和社会、经济异常或突发事件干扰的一种抵御能力。在城市景观生态学研究中，城市安全研究的内容主要包括涉及自然灾害防治与外来物种影响的讨论（李明阳，2004）。

世界上 80%以上的人口和多数城市集中在沿海 200km 的范围内，这也是最常受到洪水、台风、海啸、风暴潮、泥石流等自然灾害袭击的区域（李相然，1997；罗可，2000；宋俭，2000）。随着城市社会生产力的发展和科学技术的进步，城市发展对环境的冲击亦更加强烈，特别是城市由平面开发转向空间开发，城市工程建筑活动和工业生产活动对环境的影响与日俱增，由此而引起灾害频繁发生，甚至限制城市未来发展。因此，相关研究通过对发生在城市地域内的自然灾害威胁程度、频率与空间位置进行详细观察，获得灾害形成、发展和致灾的大量观察数据，分析、了解城市灾害的成因机制和变化规律，具体研究内容涵盖灾害损失指标体系（马宗晋等，1992）、灾害损失评估方法、灾害区划原则与原理、灾害综合区划方法、灾害预测预报方法、综合减灾对策等方面（赵阿兴和马宗晋，1993；Piers et al.，1994；史培军，1996；吴健生等，2004）。

2. 环境限制

在城市建设的过程中，气候、地形地貌特征与水资源分布是主要限制因素之一。其中，气候因素在直接影响城市建筑形态及城市居民社会经济活动方式；地形地貌约束城市的空间发展；而为了确保城市居民用水质量，水源保护也是城市建设必须考虑的原则。

在上述因素中，水资源保护主要体现在土地开发利用的适宜性分析中，地形地貌所造成的梯度分异与潜在威胁，则是城市景观生态研究的重要内容。在地形地貌方面，城市高强度人类活动（特别是地下水资源、地下空间资源的开发）越来越显现出城市地貌环境的脆弱性（fragility），由于城市地貌灾害的特殊性，灾害造成的经济损失巨大，也对城市发展和宏观环境改善产生制约作用（戴雪荣等，2005）。

2.4.5　基于景观生态学的城市可持续发展途径

城市可持续发展既是一种目标，也包括实现该目标的特殊城市建设实践。实现城市地域可持续发展必须体现"生态整体论–地域结构论–时序和谐论"3 个方面的结合。其中生态整体论主要体现城市建设可持续发展的本质和宏观目标及社会公正、经济高效、生态环境优美三者的统一；地域结构论，主要反映城市建设可持续发展的实施途径；时序和谐论是强调城市建设可持续发展实施的过程，可概括为近期的可操作性措施、中期的可行性论证与远期的超前性预测 3 方面（王仰麟等，1999）。

基于可持续发展要求的景观规划目标（Opdam et al.，2006）是：稳定的自然与社会状态且不危及后代需求（World Commission on Environment and Development，1987；Ahern，2002），未来景观决策须同时达到生态、文化与经济功能的平衡（Linehan and Gross，1998）。随着城市景观的无序变化日益显著，城市可持续发展被视为一个理想的目标。城市景观规划、保护及经营的决策广泛地采用了可持续的概念。为了使其具有操作性，许多新的相关及更特殊的概念被提出。目前，景观生态学对于可持续发展关注下述议题（Kates et al.，2001；Potschin and Haines- Young，2006）：①自然环境与社会经济系统如何进行动态的交互作用（包括迟滞与惯性）；②环境保护与城市发展间关系演变的长期趋势（包括消费、人口及对自然及社会相互作用的改造）；③如何判定自然–社会复合系统的弱点或弹性；④通过科学的手段对自然–社会复合系统提供风险增加或严重危险的预警；⑤有效利用市场、指标、规范等科学方法提升承载力以指导自然与社会间的相互作用；⑥整合或延伸今日的环境与社会状态监测系统，对朝向可持续发展提供更有用的指导；及⑦整合个别的规划、监测、评价及决策支持以调适目前经营管理策略与目标。

景观并非单纯的渐进变化，自然干扰和人类活动会造成突然或完全的转变（Antrop，2006），这样的情况在城市景观中更为明显，城市景观的可持续并非直观地维持城市景观的恒久不变，一味保护历史文化或自然资产，而必须着眼于城市的可持续发展的景观需求。因此，追求城市景观的可持续，不仅需要就景观类型或价值进行维系或保护，更需要就未来的城市景观的需求进行探讨，分析城市功能健全、健康状态下的景观形态。

基于上述的研究可知，在难以逆转的城市化过程中，为了达到可持续的城市景观生态，首先必须了解自然环境与城市发展间的相互作用及其间的驱动因素，预见城市可持续发展对于城市景观的需求；同时综合不同的发展需求，评价其当下的重要性，通过科学方法寻求具体的手段，协调其间的矛盾，并于过程中不断依据不同时期的城市发展需求进行修正，以创造和谐的城市人地关系。

　　当前的城市景观生态研究对于城市发展与自然环境保护已累积了丰富的经验，城市发展对资源的需求与影响已被尽可能地分析与量化，自然环境对于城市的支持与限制也可进行一定的评价。但随着城市发展的日趋成熟，资源保护与城市发展间的矛盾却日益突显，如何协调二者，使城市得以可持续发展，仍是城市景观生态研究的重点。

第3章 城市生态功能评价

3.1 城市复合生态系统功能评价

城市是个开放的系统，城市生态问题的实质是复合生态系统内部代谢、结构耦合及控制行为的失调，即资源代谢在时间、空间尺度上的滞留或耗竭，系统耦合在结构、功能关系上的破碎和板结，以及调控机制在局部和整体关系上的短见和缺损，与对外部环境变化的不适应。城市整体功能的强度涉及内部社会、经济、自然子系统各自的表现与子系统间的协调发展程度。基于生态学、社会学及城市规划相关领域对城市的定义，未来理想的城市应实现在不破坏环境或对环境最小影响的基础上，对资源的高效利用与对不可更新资源的最低程度依赖，城市功能健全、结构高效，文化特色鲜明，经济结构稳定，社会和谐并展现公平、包容特性。通过对城市的发展现状、生态系统特征、生态城市标准进行评价，可解决目前的城市问题，修正城市发展方向。

3.1.1 生态城市指标

1. 国家生态市建设指标

为深化生态县(市、省)建设，国家环境保护总局组织修订了《生态县、生态市、生态省建设指标》(环发〔2007〕195 号)。内容分为基本条件与建设指标两方面，其中建设指标包括经济发展、生态环境保护和社会进步 3 个主要内容(表3-1)。修订稿在原来的基础上，把生态市建设指标从原来的 28 项精简为 19 项，删掉了一些经济方面的指标，对环境保护方面等的指标也进行了修改完善，同时也对相关的指标值进行了调整。此外，还增加了 3 个新指标，即单位工业增加值新鲜水耗、农业灌溉水有效利用系数、环境保护投资占 GDP 的比例。

表 3-1 国家生态市建设指标

	名称	单位	指标	负责部门	说明
经济发展	农民年人均纯收入	元/人	≥8000	统计局	约束性指标
	第三产业占 GDP 比例	%	≥40	统计局	参考性指标
	单位 GDP 能耗	吨标煤/万元	≤0.9	统计局	约束性指标
	单位工业增加值新鲜水耗	m³/万元	≤20	经贸局	约束性指标
	农业灌溉水有效利用系数		≥0.55	农业局	
	应当实施强制性清洁生产企业通过验收的比例	%	100	环保局	约束性指标

续表

	名称	单位	指标	负责部门	说明
生态环境保护	森林覆盖率	%	≥15	林业局	约束性指标
	受保护地区占国土面积的比例	%	≥17	林业局	约束性指标
	空气环境质量	—	达到功能区标准	环保局	约束性指标
	水环境质量	—	达到功能区标准，且城市无劣 V 类水体	环保局	约束性指标
	近岸海域水环境质量				
	主要污染物排放强度	Kg/万元 (GDP)		环保局	约束性指标
	化学需氧量(COD)		<4.0		
	二氧化硫(SO₂)		<5.0		
			不超过国家总量控制指标		
	集中式饮用水源水质达标率	%	100	卫生局	约束性指标
	城市污水集中处理率	%	≥85	建设局	约束性指标
	工业用水重复率		≥80	经贸局	
	噪声环境质量	—	达到功能区标准	环保局	约束性指标
	城镇生活垃圾无害化处理率	%	≥90	建设局	约束性指标
	工业固体废物处置利用率		≥90 且无危险废物排放	环保局	
	城镇人均公共绿地面积	m²/人	≥11	建设局	约束性指标
	环境保护投资占 GDP 的比例	%	≥3.5	环保局	约束性指标
社会进步	城市化水平	%	≥55	统计局	参考性指标
	采暖地区集中供热普及率	%	≥65	建设局	参考性指标
	公众对环境的满意率	%	>90	环保局	参考性指标

1) 制订了《生态市建设规划》，并通过市人大审议、颁布实施。国家有关环境保护法律、法规、制度及地方颁布的各项环境保护规定、制度得到有效的贯彻执行。

2) 全市县级(含县级)以上政府(包括各类经济开发区)有独立的环境保护机构。环境保护工作纳入县(含县级市)党委、政府领导班子实绩考核内容，并建立相应的考核机制。

3) 完成上级政府下达的节能减排任务。3 年内无较大环境事件，群众反映的各类环境问题得到有效解决。外来入侵物种对生态环境未造成明显影响。

4) 生态环境质量评价指数在全省名列前茅。

5) 全市 80%的县(含县级市)达到国家生态县建设指标并获命名；中心城市通过国家环境保护模范城市考核并获命名。

由上述指标可以看出，国家环境保护总局修订的《生态市建设指标》内容涉及环境质量、资源利用、基础建设、收入等多方面内容，并从管理的角度具体落实到各个责任部门，对生态城市的建设，提供了根本性的保障与发展方向。但其订定指标的出发点，是拟定相关内容最低的标准，对两岸沿海城市而言，多数区域已超出上述水平，因而本研究在此基于上述指标，构建两岸城市生态系统功能评价指标体系，近一步对两岸城市生态系统功能差异进行分析。

2. 国内外生态城市评价指标

总结国内外相关生态城市评估系统(Sustainable Seattle，1993；Brink，1991；Anderson，1991；Liverman et al.，1988；UNDPCSD，1996；黄书礼，1996)，多以环境、社会及经济等层面进行整理，各子系统指标则参照国内外城市可持续发展及生态城市评价等相关研究(赖奕铮，2003；Sustainable Seattle，1993；OECD，1994；UK，1996；黄书礼，1996；周金柱等，1999；宋永昌等，1999；李永展，2000；盛学良等，2001；顾传辉和陈桂珠，2001；蔡勋雄等，2001；孙志鸿等，2002b；谢政勋，2002；管莉婷和李永展，2002；夏晶等，2003；袁兮等，2003；张丽平和申玉铭，2003)。基于城市可持续发展理念以及城市复合系统理念，考虑到生态城市的发展在于须兼顾环境、社会及经济的可持续性，三者间存在着相互依存、共生互惠的关系，若欲达到城市的可持续发展，则须达到三者间的平衡关系。因此将上述指标分为环境、社会及经济3个层面进行比较。

借由评估指标系统的参考与比较，以各指标的使用频率作为生态城市评估指标因子选取的依据，并通过指标选取原则的筛选，包括可行性、国际通用性、可应用或可评估性、前瞻性以及重要性5项原则，建立生态城市评估指标系统，从而将生态城市理念转化为可调查的量化指标(表 3-2)，以达到有效监测城市生态系统状况的目的。

表 3-2　生态城市评价指标

第一级	第二级	第三级	操作定义	单位
环境	城市绿化	绿地覆盖率	(城市植栽正投影面积总和/城市总面积)×100%	%
		人均公共绿地面积	城市规划范围内已完成公园绿地面积/城市总人口数	m^2
		自然地区面积比	(自然地区总面积/城市总面积)×100%	%
		湿地面积比	(湿地总面积/城市总面积)×100%	%
		水田面积比	(水田总面积/城市总面积)×100%	%
		自然性河段长度比	(自然性河段长度/城市内河川总长度)×100%	%
	城市环境	城市化程度	(城市规划范围面积/城市总面积)×100%	%
		人均日垃圾量	平均每日垃圾清运量/城市总人口数	kg
		河川中度污染以上长度比	(城市内河川中度污染以上总长度/城市内河川总长度)×100%	%
		空气污染	(PSI>100之日数/测定日数)×100%	%
		噪声污染	(不合格时段数/总时段数)×100%	%

续表

第一级	第二级	第三级	操作定义	单位
环境	环境治理	污水处理率	［(公共污水下水道接管户数+专用污水下水道接管户数+建筑物污水处理设施设置户数)/总户数］×100%	%
		环境保护支出预算占总预算比	(环境保护支出/总预算)×100%	%
		资源回收率	(堆肥量＋资源回收量)/(垃圾清运量/资源回收量)×100%	%
		城市透水面积比	(城市透水面积/城市总面积)×100%	%
		生态工法工程占总工程比	(使用生态工法工程数目/总工程数)×100%	%
社会	人口结构	人口密度	城市总人口数/城市总面积	人/km²
		人口自然增长率	(当年出生人数−当年死亡人数)÷当年年中人口数×1000	‰
		城市人口老化指数	(65岁以上人口/14岁以下人口)×100%	%
		大学以上教育程度占总人口比	(研究所毕业＋研究所肄业＋大学毕业/城市总人口数)×100%	%
	居住适宜性	人均居住面积	平均每户居住面积/户量	m²
		人均公共设施面积	城市规划公共设施用地面积/城市总人口数	m²
		大众运输易行性	大众运输乘客人次/大众运输行驶里程数	人次/km
		汽、机车拥有率	汽、机车数量/城市总人口数	辆
		自来水普及率	(实际供水人口数/行政区域人口数)×100%	%
		自来水水质不合格率	(不合格件数/检验件数)×100%	%
	社会保障	失业率	(失业人口/劳动力人口)×100%	%
		刑事案件发生率	(刑事案件发生数/城市总人口数)×100%	件/万人
		医疗区域	城市面积/医疗机构数	Km²
		社会福利工作人员比率	(社会福利工作人员数/城市总人口)×100%	人/万人
		病床数	(病床数/城市总人口数)×100%	床/万人
	资源条件	生活配水量	(每年自来水供生活用水/城市总人口数)/365日	升/每人每日
		生活用电量	(每用户全年平均用电量/户量)/365日	度/每人每日
	文化教育	户均家庭娱乐教育和文化支出比	(娱乐教育和文化支出/消费支出总计)×100%	%
		文化支出预算占总预算百分比	(文化支出/总预算)×100%	%
		社会教育机构服务范围	城市面积/社会教育机构数	km²
经济	产业结构	一级产业人口比例	(一级产业人口数/总就业人口数)×100%	%
		三级产业人口比例	(三级产业人口数/总就业人口数)×100%	%
		产业结构差异	$e=H/\log S$；$H=-\Sigma(n_i/N)\log(n_i/N)$ e 为产业结构差异度 H 为就业人口分配差异度 S 为职业类别数 N 为总就业人数 ni 为 i 职业人口数	—
	生产效益	人均经常性收入	每户每年经常性收入计计/平均每户人数	元
		通过ISO14001之工厂比例	(通过ISO14001之工厂数目/工厂总数)×100%	%
		基本消费	(食品饮料费用/消费支出)×100	%

资料来源：薛怡珍等，2008。

（1）环境指标

在环境部分，着重于城市绿化、城市环境及环境治理 3 个方面，主要目的是评估城市环境所拥有的自然生态资源及生存环境现况，借由生物栖息地保护与优化，有效提升城市生态稳定度与多样性，而其中由于生态城市的经营主体为政府部门，因此生态城市理念是否能有效宣传、政策是否能落实，尚需同时考虑政府经费预算与政策执行情况。

（2）社会指标

城市是由人类聚居发展而成，是人类生存的栖息地，生态城市为了满足生物栖息的需求，除了强调城市生态系统优化外，人类栖息地优化亦是其探索的重点，因此社会指标需包括人类居住的舒适性，故本节提出从人口结构、居住适宜性、社会保障、资源条件、文化教育 5 个部分，探讨生态城市中的社会人文功能。

（3）经济指标

经济体系是城市发展的动力，拥有完善的经济体系成为迈向生态城市的驱动力，因此本节从城市产业结构与其生产效益两方面，分别对其产业人口比、产业结构差异、人均收入以及基本消费比等加以评估，以期能有效完善生态城市系统中的经济发展功能。

3.1.2　评价指标体系

1. 指标选取原则

指标（indicator）是一可归纳特定现象或事物相关信息的度量（measure）（McQuenn and Noak，1988）。指标具备了简化与量化的功能，有助于达成沟通的任务。

1）综合性原则。城市生态系统功能评价是基于复合生态系统原理对城市所作的综合评价，要全面考虑城市经济、社会与环境 3 方面的功能，并选择适当的方法对众多因素加以有效地整合，得到城市生态系统功能的客观、全面评价。

2）层次性原则。生态系统的众多要素在时空尺度和等级结构上都具有不同的层次，尤其非生物环境和生物物理过程之间既有明显差异，又存在相互作用。对城市而言，社会经济价值、生物物理过程和非生物环境是功能评价需要考虑的因素。

3）区域性原则。城市生态系统功能评价是针对特定区域、特定生态系统进行的评价。不同区域、不同尺度上的资源环境条件、生物物理过程、社会经济、文化背景以及景观动态都存在差异。本评价是在遵从复合生态系统原理的基础上，针对沿海地区城市发展现状所构建的，目标是区分沿海主要城市生态功能差异，在其他区域需进行调整。

4）兼顾科学性和可操作性。评价涉及全面了解系统特征、建立指标体系、指标量化与标准化、指标权重的确定和结果分析。指标的选择应以成熟的科学理论为依据，各类指标在反映城市生态系统功能的目标上有明确的含义，数据来源可靠，处理方法科学，指标量化与标准化规范，指标权重的确定合理，综合评价客观全面。但城市生态系统极其复杂，目前还没有能够全面反映系统功能及其变化的数据和标准，有时不得不把这个复杂系统作为黑箱处理，利用可观测的表象指标来推断系统的功能。因此指标的设置在很大程度上依赖于数据可获取性，同时还应具有可测性和可比性，这样才能保证评价的科学性，对管理实践起到指导作用。

城市生态系统功能评价，具有生态系统功能评价的共性，需要遵循上文探讨的各种一般性原则、依据，与此同时，还需要强调与城市生态系统特征相关的特殊性。选择评价城市指标时，主要有两方面的考虑：①与评价方法有关，包括生态系统调查的手段、数据来源和资料获取方式等；②与 5 个关键因素有关：时空尺度、指标的意义和科学依据、指标的代表性、可操作性、政策制定者和公众对指标的接受程度。

2. 评价指标体系构建

城市将各种社会的、经济的、环境的、文化的和系统的冲突融为一体，形成一类社会-经济-自然复合生态系统（表 3-3）。城市生态系统功能评价的目的是基于复合生态系统理念，探讨城市对当前外部环境的适应能力与内部系统间的协调性，判断不同城市的发展现象与理想的城市生态功能间的差距。

表 3-3 城市生态子系统功能评价内容

	评价的意义	评价的内容	评价指标
自然子系统	了解自然环境承载量 确立环境保护价值	环境质量、生物量、能量、多样性、稀缺性、 恢复力、可持续性等	自然生态系统服务功能 承载力 稳定性(可恢复性)
经济子系统	确保经济发展 提升资源利用效益	能源、物质、种子、肥料及劳动力等的消耗 经济价值的产出	收益 投入产出比 投资收益比
社会子系统	确保居民基本需求 提高居民健康 延续历史文化精神	文物保护(古迹、建筑、艺术和工艺等) 健康、社会公平等	创意、稀缺性、历史价值 人均寿命

当前研究从不同角度对城市生态系统中自然子系统、经济子系统、社会子系统功能进行定义，并基于此评价系统功能值。

（1）自然子系统功能评价指标

自然环境子系统由子系统以生物结构和物理结构为主线，包括植物、动物、微生物、自然景观等，具备气候调节、水调控、控制水土流失、物质循环、污染净化、娱乐、文化等生态服务功能。建议以生态空间为基础，通过量化其提供的生态服务(ecological services)与自身系统代谢能力(metabolic capability)来量化自然子系统功能(natural subsystem function)。

生态服务：城市的发展由自然环境获得大量的效益，鉴于自然子系统功能的存续与其在城市中所占的面积息息相关。

系统代谢力：城市系统的功能运转需要消耗大量的物质与能源，同时也产生相应的废弃物，包括废气、废水及垃圾等，为城市大气、水等环境的循环自净能力带来负担，由城市物质代谢功能的运转可指示城市自然子系统功能的健康状况。

(2) 社会子系统功能评价指标

社会子系统以人口为中心，以满足城市居民的就业、居住、交通、供给、文娱、医疗、教育及生活环境等需求为目标，并为经济系统提供劳力和智力(宗跃光等，1999)。城市社会子系统功能(social subsystem function)，可通过其社会承载能力(social carrying capacity)，与安全保障相关的社会稳定性(social stability)及城市文化延续性(cultural sustainability)对其系统功能进行测定。

社会承载力：社会子系统主要承载因为城市化而集聚的人口，一个完善的社会子系统可提供居民较好的就业、生活、医疗、教育等机会，吸引外部居民进入，同时也为系统带来新的劳动力及更新的契机。

社会稳定性：社会稳定受许多因素影响，包括收入、医疗、就业、教育、治安等层面。随着经济效益的不断积累，社会系统中的贫富差距逐渐加大，进而导致社会治安问题的出现，其中失业不仅是劳动力资源的浪费，也是造成社会不稳定的重要因素。

文化持续性：人是社会的主体，人类需要通过各种形式的教育获得知识、技能，高等教育位于学校教育的顶部，高等学校的学生数量可反映城市文化教育的质量与普及性，同时说明两岸城市文化持续力的差异。

(3) 经济子系统功能评价指标

城市经济系统在能流、物流、信息流的同时还存在着资金流的循环与转移，其中又以资金流为影响城市经济发展的主导与指标性因素。城市的经济子系统功能(economic subsystem function)，其衡量需涉及当前的状态与未来的发展潜力，在此本研究分别从生活富足度(opulence level)与产业竞争力(industrial competitiveness)两方面进行探讨。

生活富足度：一个城市居民是否富足涉及一系列满足居民物质生活需要和精神生活需要的内容，人均收入、消费水平和教育医疗花费等皆可作为城市居民生活富足度的参考。

产业竞争力：在国际化与全球化力量的推动下，城市经济发展的竞争力，可由其对世界经济的影响来体现，主要涉及金融、物流、管理、服务等第三产业，因此城市第三产业的信息，可大概反映城市的性质及其对外围的影响。

(4) 系统协调度评价指标

城市复合生态系统的结构体现了人的栖息劳作环境(包括地理环境、生物环境和人工环境)、区域生态环境(包括物资供给的源、产品废物的汇以及调节缓冲的库)及文化社会环境(包括文化、组织、技术)等的耦合。自然、社会及经济子系统共同构成城市生态系统,并存在一定的内在联系。3 个子系统的功能相辅相成,连环耦合,协调发展,不可有所偏废。本研究基于 3 个子系统标准化功能值计算两两之间的系统协调度,其中自然生态系统与社会系统协调度(natural-social compatibility,NSC)、社会与经济系统协调度(social-econ- omic compatibility,SEC)以及自然生态系统与经济系统协调度(natural-economic compatibility,NEC)可分别按下式计算:

$$\text{NSC}_i = 1.0 - \left| (\text{NSF}_i - \text{SSF}_i) / (\text{NSF}_i + \text{SSF}_i + \text{ESF}_i) \right| \tag{3-1}$$

$$\text{SEC}_i = 1.0 - \left| (\text{SSF}_i - \text{ESF}_i) / (\text{NSF}_i + \text{SSF}_i + \text{ESF}_i) \right| \tag{3-2}$$

$$\text{NEC}_i = 1.0 - \left| (\text{NSF}_i - \text{ESF}_i) / (\text{NSF}_i + \text{SSF}_i + \text{ESF}_i) \right| \tag{3-3}$$

在此基础上,基于上述子系统间协调度的均值来表征综合协调度(integrated compatibility,InC),借以量化子系统的协调发展情况。计算公式可表述为

$$\text{In}\,C_i = \text{MEAN}(\text{NSC}_i, \text{SEC}_i, \text{NEC}_i) \tag{3-4}$$

式中,InC_i 为第 i 个城市生态系统的综合协调度;NSF_i 为该城市自然子系统功能值;SSF_i 为该城市社会子系统功能;ESF_i 为该城市经济子系统功能值。

(5) 评价指标标准化:在城市生态系统功能评价中,评价指标因为含义和计算方法不同,其取值范围也相差很大,往往不具有直接可比性。在综合评价的过程中,为了使相关数据转换成可以统一比较的数值,需要对原始数据进行标准化处理,消除量纲,本节采取标准化方法得到值域为[0,1]并且极性一致的数值。一般情况下,评价指标取值与评价对象之间存在 3 种关系:一是正向型关系,即指标取值越大表明城市生态系统功能越好;二是逆向型关系,即评价指标取值越大表明城市生态系统功能越差;三是适度型关系,即当评价指标为某一适度值时城市生态系统功能最好。针对上述情况,指标标准化处理公式分别为

$$f_i' = \begin{cases} f_i / f_{\max} & f_i \text{ 为正向型指标} \\ f_{\min} / f_i & f_i \text{ 为逆向型指标} \\ f / f_i & f_i \text{ 为适度型指标 } (f_i \geq f) \\ f_i / f & f_i \text{ 为适度型指标 } (f_i < f) \end{cases} \tag{3-5}$$

式中,f_i' 为指标 f_i 标准化值;$f_{\min}$ 为指标 i 标准化前的最小值;$f_{\max}$ 为指标 i 标准化前的最大值;f 为适度值。

3.1.3　功能的空间评价指标

基于目前的技术手段及城市生态系统复合特性来说，对城市区域进行空间化的功能评价具有一定的必要性也存在局限性，由于城市对外部资源、信息等强烈的依赖，且对外部环境影响深远，量化城市运转所需的支持及城市功能的影响范围，成为当前城市研究的热点，也是调整城市发展方向的重要参考依据。

城市功能评价的空间化需落脚于城市形态，土地利用类型是城市运转的基本单元，承载且支持城市功能的发挥，而其空间布局的优劣则直接影响城市整体功能的发挥，通过对格局空间特征的量化，可说明城市功能的空间差异，并定义需要进一步优化的城市空间。

本研究将城市功能分为自然、社会、经济 3 个方面及两两间的协调度进行讨论，并依据上节中研究基础及研究区特色，归纳城市生态系统功能评价指标体系（表 3-4）。

表 3-4　城市生态系统功能的空间评价指标

评价指标		影响因子	方向
自然子系统	固碳释氧	植被类型、生物量、生长年份、土壤碳储量	+
	微气候调节	植被覆盖度、斑块面积、生态连通度	+
	环境净化	土壤特性、植被类型、微生物、用地类型	+
	涵养水源	植被类型、土壤特性、水源补给点、坡度	+
	保护土壤	植被类型、植被覆盖度	+
	生物生产	降水、灌溉、土壤特性	+
	生物多样性	生态斑块面积、景观多样性、生态连通度	+
社会子系统	人口承载	人口密度	+
	文化延续	文化单位服务范围	+
	社会稳定	医疗单位服务范围	+
	商业服务	商业中心服务范围	+
经济子系统	市场产值	土地价格 地均 GDP	+
	资源投入	单位能耗 单位水耗	−
	交流运输	交通路网密度	+

1. 自然子系统功能评价指标

本研究以生态空间为基础，通过量化其提供的固碳释氧（carbon fixation and oxygen release，CFOR）、微气候调节（microclimate regulation，MR）、环境净化（environmental purification，EP）、涵养水源（water conservation，WC）、保护土壤（soil conservation，SC）、生物生产（biological production，BP）及生物多样性保护

(bio-diversity conservation，BDC)7 项主要服务，说明自然子系统功能(natural subsystem function，NSF)。

$$NSF=MEAN(CFOR，MR，EP，WC，SC，BP，BDC) \tag{3-6}$$

固碳释氧：生态系统通过光合作用和呼吸作用与大气交换，主要是二氧化碳和氧气的交换，即生态系统固定大气中的二氧化碳，同时增加大气中的氧气，这对维持大气中的二氧化碳和氧气的动态平衡、减缓温室效应以及提供人类生存的最基本的条件有着巨大的不可替代的作用。

微气候调节：绿地在减缓热岛效应和调节气候的作用方面，相关研究表明植被覆盖率与地表温度和空气湿度有显著的关系(李晶等，2002；李延明等，2004；周广胜和王玉辉，1999；程承旗等，2004；张小飞等，2006)，因而通过增加植被覆盖率可调节植物蒸腾作用，进而改变局地气候。

环境净化：生态用地中土壤、植物与土壤动物、微生物协同作用对空气污染、水污染及固体废弃物等具有污染物降解和环境净化的功能(刘玉辉等，2004)。研究表明，在辅以人工控制条件下，湿地对城市污水 CODcr 及 NH_3-N 有一定的去除率。

涵养水源：林地、草地等可调节地表径流、增加地表水下渗量、水土保持，调蓄同时减缓洪涝灾害。

保护土壤：土壤是所有陆地生态系统的基底或基础，土壤中的生物活动不仅影响着土壤本身，而且也影响着土壤上面的生物群落。植物可通过根系固定土壤，同时通过落叶的方式减低降雨对土壤表面的侵蚀。

生物生产：生物生产是指生命体在其代谢过程中合成各种含能产品(脂肪、蛋白质、碳水化合物等)的有机体生产过程，包括初级生产和次级生产。生态用地为城市生产和生活活动提供生物质生产和城市绿地，也是潜在的食物生产基地，一旦社会需要，可以立即生产农产品。农林产品除主要水稻粮食作物外，还包括油料、蔬菜瓜果、畜禽、水果、茶叶以及木材等。水产品包括鱼类和甲壳类，主要有青鱼、草鱼、鲢鱼、鲫鱼以及河蟹、鳖、珍珠等。

生物多样性：生态用地的存续对于物种传播和延续十分重要，通过于城市中构建生态廊道，不仅有利于迁移(Henein and Merriam，1990)，同时可间接获得由生物多样性增加带来的社会教育与旅游经济的价值。

2. 社会子系统功能评价指标

城市社会子系统的功能(social subsystem function，SSF)已相对成熟，对其系统功能的测定，则通过其自身基本的人口承载(population carrying capacity，PCC)、文化延续(cultural continuation，CC)、医疗保健(medical care，MC)进行判断。

$$SSF=MEAN(PCC，CC，MC) \tag{3-7}$$

人口承载力：社会子系统主要承载因为城市化而集聚的人口，一个完善的社会子系统可提供居民较好的就业、生活、医疗、教育等机会，吸引外部居民进入，同时也为系统带来新的劳动力及更新的契机。城市人口规模的合理范围很难界定，它既与城市自然条件、发展水平等客观因素有关，同时还取决于当地的消费水平、文化背景等主观因素。事实上，很多国际性大都市都对人口具有世界范围的吸引力，人口规模和密度都很高，并同时保持着正向发展的发展势头。

文化延续力：人是社会的主体，人类需要通过各种形式的教育获得知识、技能，了解社会规范，约束个人的行为，融入社会系统，并获得更全面的发展。学校教育是个体融入社会的重要方法之一，个人可通过学校教育学习基础知识、判断特长，进而评价自身价值。对城市而言，教育也是提供劳动力素质的首要方法，通过完善的教育，可为城市培养高知识、高技术人才，进而提升城市服务功能与影响范围。高等教育是学校教育的顶部，因此本研究以高等学校的学生数量反应城市文化教育的质量与普性，同时说明两岸城市文化持续力的差异。

社会稳定性：社会稳定性是社会子系统持续正向发展的能力。社会稳定受许多因素影响，包括收入、医疗、就业、教育等层面。随着经济效益的不断积累，社会系统中的资源、机会分配不均，贫富差距逐渐加大，农业人口与非农业人口的年均收入便存在差距，也导致社会医疗保障、就业、教育需要不同的配套方案。

商业服务：商业服务是指利用商业如医药、运输、食品、建筑等为媒介向他人或团体提供服务，其反映城市与外围区域的物资交流情况、生活便利程度及其对区域的影响。商业服务涉及不同的软硬件设施，以满足不同消费群体的需要。

3. 经济子系统功能评价指标

城市的经济系统的功能（economic subsystem function，ESF）衡量需涉及当前的状态与未来的发展潜力，在此本研究分别从市场产值（market value，MV）、资源投入（resources investment，RI）、交流运输（transportation exchange，TE）进行探讨。

$$ESF=MEAN(MV，RI，TE) \tag{3-8}$$

市场产值：在当前全球几近自由市场的经济体制之下，产品和服务的生产及销售多数仰赖市场的自由价格机制所引导，通过产品和服务的供给和需求产生复杂的相互作用，进而达成自我组织的效果，借由区域或城市经济系统的市场产值有助于判断其系统的生产功能。

资源投入：经济市场的产值需要仰赖金钱、能源、人力及其他物质投入，通过资金占用、成本耗费等与生产成果进行比较，可调整对经济产值的认识，达到效益的最大化。

交流运输：交通便捷程度直接影响经济市场对外的物资交换，在城市发展的过程中，便利的交通也象征人流与物流的快速运转。

3.2　城市生态风险评估

生态风险是生态系统暴露在某种危险环境状态下的可能性，是指一个种群、生态系统或整个景观的正常功能受外界胁迫，从而在目前和将来减小该系统内部某些要素或其本身的健康、生产力、遗传结构、经济价值和美学价值的可能性（周启星和王如松，1998）。生态风险评价是定量化地评估发生生态环境灾害的概率（Freedman，1998；Harwell et al.，1999；William et al.，2002a；Xu et al.，2004）。目前生态风险评价涉及层面相当广泛，有从个别产业角度，探讨农业、矿产、旅游等开发对环境的影响，如农药使用对水系及土壤的影响范围（Schriever and Liess，2007），开矿产生的重金属污染对周围土壤与植被的破坏（李泽琴等，2008），旅游开发对社会、经济及自然生态带来的冲击（Petrosillo et al.，2006）；有从规划角度，探讨不同情景方案带来景观及区域土地利用结构的改变，如不同的道路网络方案对森林、冠丛、耕地产生的影响（Liu et al.，2008）；或从城市环境角度，分析发展与建设带来的环境污染，如城市交通废气产生的重金属残留（史贵涛等，2006）。随着风险源的复杂性与在空间上的重合性，风险的分析也扩展至多风险、多受体的领域，如孙洪波等（2010）便以人类活动为切入点，建立经济快速发展地区，土地利用活动驱动下的综合生态风险评价。

由于城市生态系统的特殊性，其所面临的生态风险也与其他生态系统有所不同，一方面从城市发展角度，来自气候、地质灾害的风险，对城市建设带来一定的限制；另一方面，随着人口与产业的集聚，开发建设也对城市影响范围的环境带来冲击，进而威胁人居环境及人类健康（Najem et al.，1985；孙心亮和方创琳，2006）。在经营管理与空间规划的过程中，除了个别风险的防范，同时也须对不同的风险进行综合的分析与对策研拟（表 3-5）。

表 3-5　城市生态子系统主要生态风险类型

子系统	土地利用类型	共同风险	特殊风险
社会	居住、教育	微气候变化、水土流失、荒漠化、地质灾害、水灾、火灾、风灾、雹灾、冻灾、旱灾、虫灾、各种传染病、大气污染、水污染、重金属污染、生态退化……	噪声污染、传统文化丧失、经济效益低下……
经济	商业、工业、交通		
	养殖、农地		土壤肥力下降……
自然	林地、灌丛、草地、湖泊、河流		废弃物污染、生物多样性降低……

通过对城市生态子系统及其面临的共同风险及特殊风险的认识，基于风险来源的差异，城市生态系统所面临的风险类型分为自然灾害风险、环境污染风险及生态功能与服务退化风险。城市生态系统所遭受的自然灾害风险因所处地域不同而有所差异，在沿海地区最常受到洪水、台风、海啸、风暴潮、泥石流等自然灾害袭击（肖笃宁等，2002）。环境污染风险是城市发展中难以避免的问题，其中以

工农业产生的废物对城市环境的影响最为严重（王振刚，2001）。随着城市空间扩展与资源开发利用，人类经济、社会活动改变区域物质能量流，进而影响区域生态过程，造成生态退化的结果（宋治清和王仰麟，2004）、局地与区域气候变化等问题（Marzluff et al.，2001）。

　　鉴于城市发展对风险管理的迫切性，及目前多数生态风险缺乏实测或可空间化的数据为城市经营与规划提供参考，本研究在国内外生态风险评价研究基础上，整合自然因子、社会经济因子与土地利用特征，提出城市综合生态风险评价空间分析方法（图 3-1），尝试结合 GIS 的空间分析功能，对城市综合生态风险发生概率进行空间定量评价。

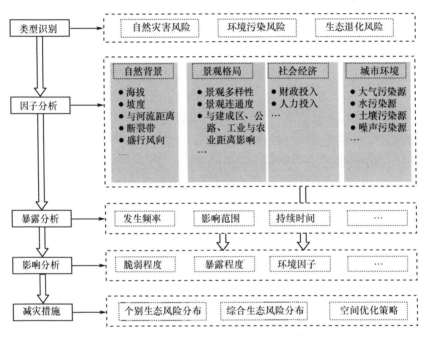

图 3-1　城市综合生态风险评价研究框架（张小飞等，2011）

　　在风险受体的选择上，由于不同的系统单元对于风险的脆弱程度各有不同，因此在风险受体的选择上，一方面须能直观反映城市受风险影响的程度，另一方面也须与城市功能有直接联系。基于城市土地利用须满足产业生产、居民生活、交通运输等各个层面的需求，同时通过改变城市的土地利用可改变城市整体功能，在此本研究选择城市土地利用单元作为生态风险受体。其中，本研究风险受体为土地利用单元，计算过程中，就当前土地利用分类体系中各类用地的功能特性，整合为高密度建成区、中密度建成区、低密度建成区、交通、水域、林地、草地、耕地、园地和未利用地等类型。

　　在风险类型识别的基础上，城市生态风险分析包括因子分析、暴露分析、影响分析。其中因子分析是对个别风险的影响因子的判别，不同的风险性质，遭遇不同自然环境、社会经济状态、景观格局、城市环境等空间特征，将造成不同的影响结果。暴露分析是通过气象、环境及其他相关报告及数据进行整理，以获得个别风险发生频率、影响范围及持续时间的信息。影响分析则是通过整合暴露分析结果与受体脆弱程度，量化不同风险在空间上的影响程度。

由于暴露分析中风险影响范围涉及整个研究区，且单一风险持续时间目前仍无数据支持，本研究单一风险影响的计算公式为

$$RISK=OF \times EF \times VD \quad (0 \leqslant EF \leqslant 1) \quad (0 \leqslant RISK \leqslant 10) \tag{3-9}$$

式中，OF 为发生频率(occurring frequency)；EF 为环境影响因子(environmental factors)；VD 为不同土地利用类型的脆弱程度(vulnerability degree)。风险发生频率(OF)可通过城市统计及环境质量报告获得；EF 为环境影响因子则是通过风险源及相关的影响因子进行空间分析所得，为使不同风险间具有一定的可对比性，EF 值经过标准化处理，在此将其值设定为 0~1。不同土地利用类型的脆弱程度(VD)则依据不同土地利用类型对风险的脆弱程度进行打分，本研究中，将土地利用分为 10 类，脆弱度最高者为 10，最低者为 1。

综合生态风险(comprehensive ecological risk, CER)发生概率则为单一生态风险发生概率的总和，计算公式为

$$CER = \sum OF \times EF \times VD \quad (0 \leqslant EF \leqslant 1) \tag{3-10}$$

风险表征是风险评价的最后一步，是计划编制、问题阐述以及分析预测或观测到的有害生态效应和评价终点之间联系的总结。整合单一风险发生概率的计算结果可获得研究区综合风险的空间分布差异分析，判断城市的高风险区域，并针对其原因制订风险防范方案与城市发展的保障措施。

1. 自然灾害风险

在分析自然风险影响因子时，除了与风险源的距离，需综合考虑坡度、海拔、降雨分布、低温分布、季节风向、断裂带等区域自然特性的影响。在风险受体脆弱程度的判定中，自然灾害主要影响居民生命财产和社会经济活动，如洪涝、干旱、冻害等主要造成农作物损失，地震、泥石流则对建筑物、交通等造成伤害，因此在进行脆弱性的判定时，需依据风险的差异进行评估。以洪涝风险为例，土地利用类型的脆弱程度由高至低依次为耕地、园地、高密度建成区、中密度建成区、低密度建成区、交通、其他、草地、林地、水域；在旱灾风险中，土地利用类型的脆弱程度依次为耕地、园地、林地、草地、水域、未利用地、高密度建成区、中密度建成区、低密度建成区、交通，但在操作上仍需考虑研究区特性。

2. 环境污染风险

在环境污染风险分析时，除了与风险源的距离，包括工业污染源、农业污染

源、大气污染源等，尚需综合考虑影响污染扩散的因素，如季节风向、水流方向。进行脆弱性的判定时，除了受污染直接影响的区域，其次则是对人体健康及人居环境的影响。以水污染为例，水体受影响程度最大，其次则是受间接影响的区域，土地利用类型的脆弱程度依次为水域、林地、草地、耕地、园地、高密度建成区、中密度建成区、低密度建成区、其他、交通；在大气污染方面，土地利用类型的脆弱程度依次为高密度建成区、中密度建成区、低密度建成区、林地、园地、耕地、草地、水域、未利用地、交通。

3. 生态退化风险

进行开发建设风险分析时，主要考虑开发行为的强度、范围和社会经济活动的影响，因子包括建成区、交通用地的密度、距离，人流、物流的空间分布。在脆弱性的判定上，则依据风险的特性有所不同，如资源开采所造成的危害中，人居环境及自然环境的影响皆较大，如在采煤塌陷风险中，土地利用类型的脆弱程度依次为高密度建成区、水域、交通、中密度建成区、低密度建成区、耕地、园地、林地、草地、其他；而生态服务的降低则主要影响自然生态系统，间接影响人居环境，因此土地利用类型的脆弱程度依次为水域、林地、草地、园地、耕地、未利用地、高密度建成区、中密度建成区、低密度建成区、交通。

第 4 章　城市景观功能优化

面对复杂的土地覆被状态，进行其特征分析时，首先需要就其构建的景观元素进行分离。由于景观是由空间中层次分明的景观组分镶嵌而成(Wu and David，2002)，不论在理论与实际经验的基础上，景观在不同的时空尺度中皆具有独特的结构与功能单元(Reynolds and Wu，1999)，利用景观不同尺度的等级结构可有效地对其进行分析及研究。

功能研究是景观生态学的核心。景观生态分析是基于景观内容的功能分析，包括系统内部与外部关系及其间相互依存的解释(Zonneveld，2003)，景观的功能需基于自身结构的基础，而功能亦是结构的体现(傅伯杰等，2001；龙绍双，2001)。由于景观结构具有组成复杂性等级、空间复杂性等级及关系优势性等级(Zonneveld，2003)，在不同的等级尺度下，不同的景观空间格局皆有独特的关系网络并决定了景观功能，为了解决景观等级问题，网络概念的提出有助于系统的整合景观的格局与功能。

网络同时具有有形的空间结构与无形可感知的相互关系的意义，具有整合复杂现象的优势，本研究拟由网络的角度切入，借由强化空间组织，厘清相互关系，构建功能协调的景观结构。通过对目前景观网络研究与区域可持续发展、景观生态学及生态经济学等相关研究的理解，确立经济及生态两类主要的景观功能网络的组成、结构、功能及等级，判断其间所存在的功能过渡空间及需求强度；借鉴景观生态学、生态学及社会科学等相关学科对协调及功能协调的认识，定义景观功能协调的状态；结合上述二者，通过景观功能的关系网络及结构网络的整合，提出基于景观功能网络的景观功能协调方案。

4.1　功能协调理念

当前的城市发展具有变化快速及多元化的特征，跳跃式的成长与异质组分的增加，扩大了城市景观功能间的矛盾，因此，如何协调其间的冲突，成为城市景观在满足社会经济发展、资源合理利用和生态保护等需求外的一个主要的优化目标。

当前城市发展与生态环境保护的冲突源于生态与社会复杂性的交互作用(Wittmer et al.，2006)。将其分解开来，其中生态系统的复杂性是冲突的自然基础，尽管自然特征已被科学界高度认识，但仍存在一定的不确定性与未知。在这样的前提下，冲突的影响与成因加上时间和空间尺度的变化，更提高了协调冲突的困难度；另一个因素是社会经济复杂性(Funtowicz and Ravetz，1994； Funtowicz et

al.，1997)，随着外部环境的变化及少数人为、政治力量的作用，亦使得冲突不断
发生。

　　协调是指在各个相互矛盾的目标间进行冲突的分析和调解，其具体的内容应
包括判对主导因子解决关键问题，调整系统的结构与功能，增加系统自组织、自
协调的能力(王如松等，2000)。因此，在处理城市景观功能冲突的问题时，首先
需明确生态环境与社会经济发展间的相互关系，进而通过景观结构的调整，达到
功能冲突协调的目标。

4.1.1　功能协调理念的背景

　　在经济全球化的刺激下，国家与区域的影响力日益低微，而城市则在市场的
需求下逐渐成为枢纽(李永展，2000)，城市自身功能多样性与强度亦日益为人所
关注。若能拥有独特的资源形成相对的竞争优势(张清溪，1987)，则可于经济活
动中获得较高的利益。因此，自然资源与经济资源的分配，已成为城市综合实力
与对外关系的基础，如何高效、可持续地利用资源也成为城市可持续发展的首要
目标。

　　功能是事物所发挥的有利作用(沈清基，1998)。城市景观功能的提升是个别
功能优化的综合体现。理想的城市景观具有满足城市可持续发展对生态、社会、
经济等方面需求(表 4-1)的功能，随着城市发展及内外环境改变，城市景观的功
能需进行相应的分化与调整，上述的功能产生不同比例的变化。城市景观功能的
量化，不仅包括当下城市在经济、文化、科技等领域的规模、影响，更包括未来
城市的发展能力与增长后劲(李怀建和刘鸿钧，2003)。

表 4-1　城市可持续发展目标及内容

	目标	内容	评价方式	特征
1. 生态 (生态系统)	维护生态系统稳定	生物量、能量、多样性、稀缺性、信息等	可恢复性、延续的价值	相对静态 脆弱，亦受外力影响
2. 生产 (生产系统)	提升资源型产业的产量，包括自然、技术的及经营系统	能量、物质、种子、收获、肥料及劳动力等	执行成效，资源与生产间的比例(投入产出比例)	生态与经济的中间媒介 具缓冲功能
3. 经济 (常规经济系统)	维持生活需要进而提升经济收益	金钱：货币	收益性、投资收益比(所得)	相对优势 不稳定
4. 文化	维系文化遗产	古迹、建筑、艺术和工艺等文化景观	创意、稀缺性、历史性	脆弱性 城市发展的基础
5. 社会 (社会系统)	确保人民的福利与生活健康，并达到基本需求	人类发展：社会整合、健康等	发展指标公平、利益的合理分配	受生态系统退化的影响及经济、文化所制约

　　资料来源：Gómez Sal et al.，2003。

　　城市景观格局与劳动力市场、土地市场及资本市场息息相关(丁成日和宋彦，
2005)，城市景观格局决定了城市功能(龙绍双，2001)，城市景观结构的演变过程

也是城市发展的记录。城市功能的定位需基于自身结构的基础，因此城市功能的转变无法一触可及，城市结构与城市功能间存在相互制约与协同的关系。

　　虽然生态景观与城市景观在结构、功能等方面孑然不同，但随着可持续发展理念及研究的实践与应用，完整的城市景观除了需要涉及支持区域社会经济发展的城市区范围，更必须包括维持生态稳定的自然生态。鉴于城市生态系统对于资源消耗的严峻后果，可持续的城市发展提出与传统发展截然不同的模式（表4-2），传统的城市发展仅关注短期的经济成长，将有限的资源视为生产投入要素，以经济效益作为城市发展指标，并支配能源使用及技术分配，忽略过程中造成环境冲击的严重性；可持续的城市发展模式则强调经济发展与生态保护间的协调，在经济成本与社会或环境成本并重的前提下，追求长期的经济发展。

表 4-2　传统城市发展与可持续城市发展的差异

	传统城市发展模式	可持续城市发展模式
城市系统	商业导向	保育导向
	消费趋势	消费与保护平衡
	资源为生产投入要素	重视资源敏感性，强调资源管理
	经济成本为重	经济成本与社会/环境成本均衡
能源系统	化石燃料为主	替代性能源为主
	强调来源的充裕及成本低	强调资源保育与再利用性
	规模经济与技术集中	技术分散
环境系统	人类可支配环境	人类与环境相互依赖
	环境具有丰富的资源	资源是可耗竭的
	环境冲击对经济是外部性	环境冲击对经济是内部性
	修护导向	预防导向
技术系统	规模大且技术集中	规模适中且技术分散
	经济成本支配技术决策	以社会/环境成本支配技术决策
	忽略环境冲击	重视环境的敏感与脆弱性

　　资料来源：Byrne et al.，1994。

　　城市景观与自然景观间具有组成单元、发生背景及功能上的差异。自然景观受气候、地形地貌等环境因素影响，内部生态系统借由物质循环、能量转换与信息传递等作用的发挥，朝向最大生物量的稳定状态；相对地，由于城市生态系统的维系高度依赖外界资源与能源，城市具有高度的开放性与不稳定性（Zucchetto，1975；陈子淳，2000），其内部建成区内部的居住、商业、工业及文教区的比例、分布，不仅标志着城市综合功能的强弱，更影响着整个城市未来发展。理想的城市景观须立于与自然环境相互协调的关系，同时具有高度的综合效益，并提供良好的生活环境。

1. 与自然环境相互协调的空间关系

　　为达到人类环境与生态环境互利共生，追求生态可持续性，不论使用何种方法，都不应造成自然资源枯竭或破坏生态系统的运作。生态系统具有人类生存必须的维生功能，因此做好自然环境的保护与复育工作，可促进与生态环境互利共生，营造健康、舒适与可持续经营的复合环境。城市建设与生态环境的冲突，不仅降低景观功能，同时制约城市发展。为追求城市可持续发展，人类经济系统与生态系统间的关系的延续，须在不破坏城市景观健康与完整的范围内获取资源，使人类的生活可以无限期地延续，个体可以繁衍而文化可以发展(Norton，1992)。因此，理想的城市景观需同时兼顾社会、经济利益及生态的完整性。

2. 联系紧密且高效的空间组织

由于城市内部经济活动的强度与功能中心水平距离息息相关(Schrijnen，2000)，因此借由加强各区域相同功能点的联系，有助于提升城市景观功能。鉴于此，不论在规划或格局优化上，皆强调网络的应用(薛东前和姚士谋，2000；Taylor et al.，2002；姜国杰，2002)，景观单元间通过网络体系产生分割、组合、关联、梯度及极化效应(宗跃光，1993)，使得景观单元间的结合更为紧密，景观整体功能效应亦相对增加。

在散乱无序的扩展、星系状、紧凑状、星形与环形5种主要城市建成区的基本格局(Lynch，1961)中，紧凑的(compact)城市格局被认为是最佳的格局方式(Thinh et al.，2002)，以密集建成区构建的城市空间，可提升公共建设、信息与沟通技术的效益，进一步达到能源节约与资源保护(Gillespie，1992)。

3. 维持并满足人类生态需求

人类的可持续发展包括生态、经济及社会等内容，而人类的生态需求、物质需求和精神需求则可被视为可持续发展的三元动力(司金銮，1996)。生态需求是一种社会需求，随着现代社会文明进步而变化，是对生态系统完善的渴求，其包括了在生态环境系统中获取物质和能量的需求，也是满足人类自身的生理、生活和精神消费的需求(曹新，2002)。

生态需求的来源有四(陈南岳，2002)：一是因为经济发展造成的区域人口增加，而不受规范的人类活动强度超过了环境容量，进而造成环境恶化(蔡孝箴，1998)；二是不合理的景观布局，如生态用地以及开放空间数量不足、空间分布不连续或其他未充分利用自然资源的景观布局方式；三是污染者强加于外部的不利影响，由于空气等环境资源具有共有、不可分割的特性，同时也强化人们对污染治理的意愿；最后是生产技术的落后，许多产业的能源消耗、污染以及废弃物比例仍然偏高。

城市景观中的生态景观是满足城市居民生态需求的主要元素，包括半自然区域、农地边缘、都市开放空间与未利用地等(Wheater，1999)，分别指的是城市边缘剩余的林地、荒野及河谷地；树篱、灌木林及草地；公园、学校等；荒地或其他人为干扰后未继续使用的地区(陈琦维和孔宪法，2000)，可防止城市无止境的蔓延、控制未来的城市发展，并具有环境保护与重建城市形态的功能(Kühn，2003)。结合生态系统服务功能评价、碳氧平衡、能值分析及空间分析等方法，可为城市生态景观数量与空间布局提供依据。

4.1.2　城市景观功能协调的意义

由于城市发展需兼顾生态、生产、经济、文化及社会 5 个方面效益，因此当城市经济开发活动与环境发生冲突，或一方已处于极限，另一方有一定的余地，应采取一定的退让、妥协措施，使双方达到相对的协调，以保证城市处于和谐高效的运转(冯年华，2002)。而城市景观功能协调则可视为在整体利益最大化的前提下，通过格局的调控或土地利用方式的改变，约束或限制部分城市功能的方式。

景观结构与功能具有相互依存的关系。景观组分的存在，关系到景观功能的有无，而景观组分的面积比例、形状及空间分布则影响到景观功能的强度与影响范围。目前在物种保护、环境改善与城市问题研究等相关领域中，大量的成果皆验证了通过景观结构的优化可有效改善景观功能的空间特性。

随着对城市景观经济、社会与生态功能要求的日益提高，如同生态系统走向分化与整合一般，景观生态系统的维系亦必须符合功能专业化、结构组织化及整体协调的要求。由于功能的分化，景观的异质元素增加，不同功能景观间的关系更为复杂，冲突的产生不可避免，这样的情况在城市景观生态系统中更为突显，严重时将阻碍城市发展。

城市景观功能的健全关系着人类的生存、健康与文化发展。在全球化与市场化的竞争压力下，城市功能的内涵日益复杂，当前的城市景观更需要满足各项城市功能及空间布局对科学合理性的要求。因此，从"功能协调"的观点，就城市各景观功能影响机制进行详尽的空间分析，不仅综合展现城市景观功能时空分异规律，其研究成果提供了生态学、环境科学、社会学及经济学等学科解释当前城市空间问题的整体化视角。

鉴于此，如何调整城市内部相冲突的景观结构，使功能得以最佳的发挥，成为当前研究努力尝试的议题。在此本研究拟在当前景观生态学研究的基础上，结合两岸处理城市景观功能冲突的方法与成效，尝试总结景观功能协调可行的空间途径。

(1) 协调各功能类型间的冲突，可提升景观生态系统整体功能

景观整体功能的体现，仰赖于个体功能的发挥。由于景观功能具有不同的空间影响，不同功能范围的交叠，产生了复杂的交互作用与正负关系。正面的影响使两种以上的功能正常发挥，景观格局也平衡发展；负面的影响轻则抑制一部分功能的作用，重则破坏其间的景观格局，永久地影响区域环境。

"协调"的理念与方法被广泛地应用于不同领域，以解决追求社会、经济及生态效益所面临的冲突。一直以来强调经济增长的城市发展逐渐融入的生态学的思

想，"生态城市"、"可持续的城市发展"成为当前城市规划的主流，同时，自然景观的保护也不在执着于环境限制的消极态度，更积极地朝向与其他功能的配合。因此，为了构建更臻理想的城市景观生态功能与结构，判断景观功能间的相互关系与作用强度，协调冲突，可作为提升景观生态系统整体功能的首要方法。

（2）城市景观生态系统较其他景观生态系统，更迫切需要功能的协调

城市景观生态系统不等同于自然景观生态系统，在系统的维持与发展上，更强调功能的提升。自然景观生态系统追求"平衡"、"稳定"或"动态稳定"的状态，并采用"恒定"、"弹性"或"回复力"来说明系统的成熟或健康程度，但处于不断变化当中的城市景观生态系统，不仅是多项功能的综合体，同时必须不断依据外在环境，调整自身的结构与功能定位，因此功能的协调更符合其发展需要。

城市景观功能的协调是指城市各个方面的发展要相互适应、共同发展，包括经济、社会、城乡、区域等不同方面和群体的利益及功能皆稳定增长，获得整体景观功能最大化。面对日益严峻的经济竞争与人口压力，城市的发展须同时满足各项要求，功能的多样性成为其必要条件。随着城市功能的日益复杂，其空间关系也更为紧张，为保障各项功能的正常发挥，功能间的相互协调及如何协调将成为解决城市问题、提升城市景观生态整体功能面临的重要课题。

4.1.3　城市景观功能协调的途径

自 20 世纪以来，促进人类与自然界间的和谐发展，开发资源并重视自然体系对人为因素介入的限制，及避免高度集中化的城市发展现象（黄书礼，2000），一直是区域发展决策与城市规划努力的方向。20 世纪 60 年代，承载量（carrying capacity）观念的出现，使得环境保育与城市成长管理（Godschalk，1977）有了初步的结合。承载量的理念主要源自生态系统管理，指的是生态环境所能持续支持某一生物品种的最大族群数量（Odum，1971），Ricci（1978）指出将承载量观念应用于土地规划时，其所需考虑的层面如下（黄书礼，2000）。

环境承载量：包括该区域的自然环境（气候、地形、土壤、动物、植物等）、使用限制、敏感度与资源的可利用程度。

设施承载量：基础设施的提供与设置位置。

经济承载量：该区域经济上所能支持的成长程度（农业、渔业等产业）。

知觉承载量：人类对于环境改变所能接受的程度与期望。

失控的城市成长会带来破坏，因此城市发展必须遵守着既定的目标，并确保城市生态、社会及经济效益较先前具更高的效益与满意度。在空间优化配置上，生态规划法（McHarg，1986）也为城市规划在分析环境资源在空间分布的差异性、了解土地的适宜性、减少开发行为对环境的冲击（黄书礼，2000）时，提供有效的操作方法。

城市地域生态调控的空间途径，主要是通过生态适宜性分析，确定自然生态

空间与城市发展空间的镶嵌关系；利用格局优化的方法，调整自然生态空间和城市发展空间内部的空间布局，加强功能联系，充分发挥系统功能，促进城市地域的可持续发展，过程中不仅考虑到景观单元"垂直"方向的匹配，同时也关注景观"水平"方向的相互关联(李卫锋等，2003)。

基于以上所述，城市景观功能协调的途径，亦必须遵循环境适宜性的规律，置换或调整部分功能景观，以彻底改变区域景观功能，或通过配置具有协调功能的景观，降低两端的矛盾，亦可以配合生物或工程技术手段，将冲突减至最低。

(1) 置换或调整部分功能景观，以改变功能景观间的相互关系

为避免不同功能景观在空间作用上相互约束，冲突的景观通常位于空间中的两极。当新的开发或干扰出现，置换或调整关键景观是解决问题的根本方法。例如，通过结合城市景观生态评估(王小璘和曾咏宜，2000；王小璘和刘若瑜，2001)、生物或栖息地相关模型(凌德麟和李伯贤，2001；林沛毅，2002)及生态经济系统模型，可有效整合城市环境中具有生态功能的景观类型，包括铁路两侧绿带、农地、墓地、校园、公园、森林、草地、水域等，在变化最小的前提下，优化城市区域的生态系统，进而强化城市整体功能。

(2) 通过具有缓冲或过渡功能的协调景观，降低景观功能间的矛盾

基于景观功能的差异，不同功能景观交界处体现着不同性质系统间的相互联系和相互作用，具有独特性质，因此产生具有过渡或缓冲功能的景观类型，其生态过程与单一性质景观不同，物质、能量以及物种流等具有明显变化(傅伯杰等，2001)，基于类型或作用可划分出一定的空间范围，在此将其视为协调景观。在景观生态学的众多研究中证明，协调功能景观具有较高的生物多样性和景观多样性价值，而其特征则是由相邻系统相互作用的时间、空间及强度决定(Holland，1988)。

相较于一般边界明确的景观结构，协调景观是生态应力带且具有边缘效应。由于处于两群落的竞争或协同的状态下，组成、空间结构、时空分布范围对外界变化反应较为显著，其内部除了偏爱边缘生境的物种外，亦会因为环境的特殊性演化出独特的种类，故具有较高的物种数量与生产力。协调景观可作为物质、能量、物种流通的渠道，亦是屏蔽、过滤特定物质、能量、物种的屏障，并同时扮演源与汇的角色，是景观中不可被忽视的重要区域(高洪文，1994)。

(3) 采用生物或工程技术手段，降低景观功能间的冲突

在人口激增、自然资源严重破坏、能源短缺、环境污染以及粮食供应不足的环境背景下，生态环境的危机越演越烈，使得生态工程逐渐成为解决生态环境保护与经济发展冲突问题的主要方法。不同的生态因子具有明显的变化梯度，某一生物占据、利用与适应的区位，即被称为生态位，在生物学科研究中，如何使物种适应不同的生态位是相当重要的问题，也是生态工程操作上极需注意的地方。

例如，在河川生态工程的施工中，必须对现场环境进行了解，除强化堤防、

护岸、维持高滩地存在外，还必须考虑原生植物、水流流速和流量等因素；离岸的缓流深潭、浅滩、小溪沟、潟湖及湿地等水环境生物栖息、生存所必需的场所，施工上需加以维护；溪流的生态环境调查需持续一年以上；为维护、塑造河溪的栖息地，在鱼道的设计上，需借由水利系统形成各种环境因子(陈秋阳等，2000)。

4.1.4　城市景观功能协调面临的难点

随着人类活动的影响与外部环境的转变，当前的城市景观快速地演化，在竞争与协同的过程中，提升自身的功能并明确发展定位。城市中生态系统与社会经济系统的复杂性，使得城市景观功能更为多样且复合，城市功能协调面临更为复杂的无形关系平衡与有形结构调整。因此景观功能的协调工作必须在判断景观功能类型的重要性或濒危程度、景观功能的构成元素及其相互关系及分析或预见功能矛盾的空间位置等方向进行突破。

(1) 判断各景观功能类型的重要性或濒危程度

受限于城市发展的成熟度与定位，不同景观类型的重要性与濒危程度往往受人类主观认定的影响，因此，在可持续的目标与原则指导之下，客观合理地确立具有普适性的景观评价体系，判断各景观功能类型对程序可持续发展的重要性或濒危程度，是解决景观功能冲突的根本之一。

(2) 说明景观功能的构成元素及其相互关系

不同的景观依据类型、面积、形状、空间分布及影响强度，在空间上有不同的作用方式，并形成复杂的关系结构，为分解景观功能产生的因素，必须就功能的空间作用进行量化，以说明景观功能的构成元素及其相互关系。

(3) 分析或预见功能矛盾的空间位置

多数时候，城市景观的变化具有难以逆转的特性。从物理特性看，城市开发对土地表层破坏性很大，破坏的土地表层很难得到恢复；从经济角度看，城市建设是一种高投入的行为，逆转的成本相当昂贵(张凤荣等，2003)。因此，在城市景观变化之前，预见功能矛盾的空间位置，进行相应的调整，可为解决功能冲突提供经济有效的方案。

4.2　景观功能网络及其构建方法

系统是内部组分间联系存在的方式，网络是系统存在的结构。当前对神经网络、计算机网络、生态网络以及交通网络、邮电通信网络等具体网络的结构和功能的研究与应用，皆表明从网络角度有助于认识系统的整体性和复杂性特征(韩博平，1995)。

景观格局连通度与景观功能联系程度相关。景观连通性为生态系统中和生态系统间关系的整体复杂性，它不仅包括群落中和生物之间的相互关系，而且包括生态系统生物和非生物单元之间物流、能流及其相互关系网(Schreiber，1987)。在相关生物保育研究中，景观连通性为描述栖息斑块间由于斑块的空间蔓延和生物体对景观结构的运动反应所产生的功能关系(With et al.，1997)，亦为一个区域所有景观元空间关系的一种评价，它强调邻接性和相互依赖性(Haber，1990；岳天祥和叶庆华，2002)。

4.2.1　景观网络

"网络"是由线状要素相互联系组成的系统(ESRI，2002)，可抽象表征复杂的相互关系及空间结构，并广泛应用于计算机和各类基础设施领域。在生态学领域，网络是指生物个体或种群间相互竞争、互利共生等关系的网络，由于个体或种群对空间及资源的需求不同，因此在生态网络中每个个体或种群皆具有特定的生态位或生态空间(宗跃光，1993)。

从景观生态学的角度来看，景观网络是由空间中相互联系的廊道、斑块与节点构成的实体。各景观组分间的交互作用通过网络产生能量、物质、信息的流动与交换，因此，网络内部"流"的作用便可用以表征网络的功能，源–汇的差异表现出各节点所处的地位。影响其功能的结构因素主要包括网络节点、廊道、景观格局特征、网络环度和连通度等。

1) 节点(node)与廊道结构。节点与廊道是构建网络的基本景观单元，其交接处也是物质与能量的源头或汇集处；廊道除了提供网络内部物质与能量的流动途径外，更与节点间的连通性息息相关(陈彦良，2002)。

2) 环度与连通度。景观网络环度可提供物质与能量流动的路线选择，当环度值越高便表示有较多的选择；而连通度则是另外一个用来评价网络的结构复杂度的特征指标，当连通度值越高，则表示网络内部各节点的连接性较强(傅伯杰等，2001)。

3) 景观格局。景观网络中各类景观组成元素的空间分布会直接或间接影响网络内物质、能量及信息的分布，如对生态过程或作用而言，生态单元间的聚集度、连通度越高则功能越趋于稳定。

景观网络的重要性不仅包括维系内部物种的迁移，并涉及对外围景观基质与斑块的影响。由于空间结构单元的差异，景观网络可进一步分为廊道网络和斑块网络。其中，廊道网络由节点与连接廊道构成，分布于基质之上，节点则位于连接廊道的交点或连接廊道之上，在形态上又可进一步区分为分支网络(branching network)和环形网络(circuit network)；斑块网络则是相互联系的不同斑块所构建(傅伯杰等，2001)。

依据功能的差异，景观网络可细分为生态网络与城市网络。生态网络目的在于维护生物多样性(郭宝章，2000)、提升城市绿地功能(张俊彦，2002)，主要表现于绿带和绿网等城市规划的基本元素，防护林、水源净化与涵养等绿地的设置

（李敏，1999），或生物生境的空间联系；另外一方面，城市网络的概念则是全球化与信息化的产物，借由景观单元的功能分类，可将城市网络的功能载体，具体反映于空间单元中，在市场机制竞争的压力下，城市发展必须建立在强调自身资源特色与区域功能定位的基础上链接周边资源(Tjallingii，1996)，构建经济上相互依存的城市网络，以维持或提升可持续发展的状态。

4.2.2 景观功能网络

景观功能网络(图 4-1)是指具备了特定功能联系的景观网络。景观功能的维系与健全，与景观内部的组成、结构和功能及其所构建的景观功能网络息息相关。基于目前人类生存与发展需要，主要可将景观的功能区分为以经济发展为目标，城市中心为主体，交通干线为主要联系廊道的"城市功能网络"；及以生态保护为目标，保护区或未开发区为主体，河流或绿带为主要联系廊道的"生态功能网络"。借由对二者的分析，有助于确立区域整体景观功能。简单地说，景观功能网络便是基于一定功能的景观斑块及廊道在空间的相互联系所构建的实体。

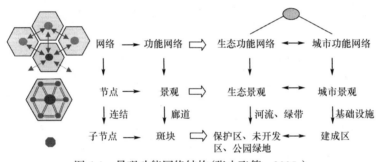

图 4-1　景观功能网络结构(张小飞等，2005a)

生态功能网络是指在景观生态领域和相关规划领域中具有维持生态稳定、环境品质及功能联系的景观结构，网络的基本空间结构包含了 3 种不同的景观元素，即已经存在的自然区域、自然开发区及生态廊道。

城市功能网络则包括公共交通网络及其他与经济活动相关的景观结构，具有与生态系统相似的物质输入和输出特征，通常公共交通不仅是物资交流，其节点亦是商业与居住发展的重心，是城市发展的基础。

4.2.3 景观功能网络的功能等级与结构组成

相对于过去强调空间结构的景观网络，完整的景观功能网络则具备跨尺度的功能与空间联系，并具有特定的景观类型组成及功能等级。景观功能的维系与健全，与景观内部的组成、结构和功能等级及其所构建的景观功能网络特征息息相关。

景观功能体现受不同景观结构单元间的相互影响，为提升特定的功能需要就其结构进行调整。景观的各项功能无法由一个完美的多目标网络实现，以下拟就城市与生态两种主要的功能为例，进行景观功能网络等级、结构与网络间交互作用的探讨。

1. 城市功能网络

城市功能网络的概念主要来自经济上的功能链接。城市网络的差异展现在 3 个等级，首先为网络等级，是指建构区域经济的不同网络；其次为节点等级，是指网络中的复合功能中心，也就是城市；最后则是指子节点层次，即为城市中提供主要服务产业(Taylor et al.，2002)。在全球化的驱动之下，国际分工已成为当前主要的经济模式，纵横交错形成了世界性的生产网络，在资本、金融、信息、技术的基础上，建构相互依赖、相互作用的全球网络。

在物资流、信息流和人才流所建构的城市功能网络中，城市负担起管理网络运作的节点功能，且依据功能及控制能力的差异，可进一步定义城市位于网络中的等级(姜国杰，2002)。其中城市依其影响力大小共可分为 3 级，一级城市协调控制网络整体的功能，二级城市则是地区性管理和服务中心，起上下联系的作用，而三级城市则广布于网络之中是城市网络主要的生产者。

城市由孤立的点演进为完整的网络等级结构是时空作用的结果。城市网络的形成来自于人类活动与周围环境的相互作用，目前影响城市功能网络等级与空间结构的因素主要包括行政单元、经济发展及交通建设(薛东前和姚士谋，2000)。

1) 行政单元。行政中心城市从省会、地区行署到县城是一系列完整的管理等级体系。受限于行政单元的管理差异与资源分配，一般而言，行政单元可说是区分城市功能网络节点等级的基础。

2) 经济发展。与市场的联系是城市网络形成发展的直接原因，农业可提供城市存在和发展的基础,工业促使人口和产业的集聚以及城市空间的向外扩张(于洪俊和宁越敏，1983)。

3) 交通基础设施建设。交通基础设施建设加速了城市功能网络的形成和发展，是城乡及产业间联系的纽带，亦是产业和城市分布的引导，可促进新城市产生和网络体系建立。

依据功能及空间尺度等级差异，其相应的城市功能网络结构亦有所不同，以下分别就区域、景观与斑块尺度的功能等级及网络结构进行说明(表 4-3)。

表 4-3　城市功能网络等级与结构

尺度	节点(点)	廊道(线)	功能服务范围(面)
区域	具有高度政治、经济、联系功能的大都会	有形的实体廊道如交通动线等基础设施与无形的人口、知识、资金、货物和服务的流动	基于城市集聚与扩散作用,形成以中心城市为核心连同毗邻内地与腹地城镇的大城市地区和城市集聚区

尺度	节点(点)	廊道(线)	功能服务范围(面)
景观	区域行政中心或主要人口集居地；达到特定人口规模、人口密度或非农人口达到一定比例的地域；工业、商业或运输区域主要经济活动中心	联络重要港口、机场、边防重镇、国际交通与重要政治经济中心的主要交通路线	环绕一主要城市为主的居民生活圈，具有相对独立的经济、社会与行政范围
斑块	城市内部的商业、金融、信息、技术等中心	联络各级行政单元或产业中心间的路网	节点与廊道本身

资料来源：张小飞等，2005a。

2. 生态功能网络

从生态学观点，生态网络是由地球上的相互联系的物种及其环境构成(晏磊和谭仲军，1998)，由于各景观类型、种群及个体都是不同尺度等级上的网络节点，故生态网络的结构相当复杂，是经过长期交互、耦合与变异所构成的动态稳定系统。

生态网络的想法于20世纪初被引入城市规划之中。在20世纪80年代"以区域生态系统维持景观生态稳定"的概念被应用于欧洲，1974年苏联地理学家Rodoman认为利用景观单元的功能分区可达到自然分区，进而利用自然分区确切执行以抑制高强度的土地开发行为(农业、工业及城市的扩张)，并结合所有自然区域成为连贯的生态功能网络(Jongman et al.，2004)。因此，生态功能网络的建设可以说是在景观功能两极化的基础上，利用区域自身的自然基础，联系受法规或其他约束条件强制保护的生态补偿区及其他自然区域，以达到维持生态稳定的功能。

原则上，生态功能网络是基于"垫脚石"(stepping stone)及生态网络为基础，借由网络结构的连接，提升景观中物质与能量的交换。除自然生态功能区外，在空间形式上，人工构建的生态功能网络结构元素则以绿带、绿心或其他形式的垫脚石为主。

1) 绿带：绿带的机能最初被用来防止都市无止境的蔓延、控制未来的城市发展，以避免城市相互吞并，具有区分城镇与乡村的特性，自20世纪70年代，生态学方面的相关研究赋予其保护与重建的新功能(Kühn，2003)。广义的绿带包含自然廊道(natural corridor)，如水岸、河谷、山脊线，或是转为游憩使用的铁道、运河、景观道路及其他路径，或作为公园、自然保育区、文化特征、历史性环境之间及许多人口区域之开放空间联系者。

2) 绿心：城市绿心是基于花园城市的概念，其认为完善的城市规划需围绕公园并具备中心公园 (Howard，1946)。广义的绿心则包括都市内部及都市间的大型生态斑块。英国自然保育委员会(NCC)将都市中具有生态功能的景观斑块分为4类，包括半自然区域、农地剩余空间、都市开放空间与未利用地等(Wheater，

1999)，分别指的是剩余的林地、荒野及河谷地；树篱、灌木林及草原；公园、学校等；荒地或其他人为干扰后未继续使用的地区皆可作为绿心的基础(陈琦维和孔宪法，2000)。

　　3)　"垫脚石"：除绿带或绿心等较大的景观廊道或斑块外，空间中亦存在许多具有生态功能的小斑块，或由小斑块间相互串接而成的"垫脚石"系统，可提供物种散布或物质、能量流动，进而达到区域生态网络的链接，在生态网络中起着媒介的作用(王鸿楷和杨沛儒，2001)。

　　由于不同尺度其相应的功能等级及网络结构亦有所不同，以下分别就生态功能网络在区域、景观与斑块尺度的功能等级、网络结构进行说明(表 4-4)。

表 4-4　生态景观功能网络等级与结构

尺度	节点(点)	廊道(线)	功能服务范围(面)
区域	全球性珍稀动植物保护区及重要的地形、地质景观、文化景观保护区	具有生态联系功能的有形景观元素或气流、洋流等影响物种迁徙传播的自然流	大范围、结构完整未受人为干扰的自然生态系统
景观	为防范自然灾害、维护生态环境及敏感性资源所设立的限制开发区	一级河流、河岸绿带及其他具有联系功能的带状景观	以山岭为界并具有相对完整独立生态系统的汇水流域
斑块	"垫脚石"包括城市内部公园绿地、残留的小面积生态用地及具有特殊动植物生态结构地点	城市景观中的绿带、蓝带或农业景观中的围篱等维持物种扩散、迁徙的景观廊道	节点与廊道本身

　　资料来源：张小飞等，2005a。

3. 景观功能网络的空间结构特征

　　完整的景观功能网络包括各尺度中不同功能等级的节点、子节点及其间起着联系功能的景观元素。从景观生态学角度，则包括具有发挥主要功能的大型景观斑块、功能相似且相辅相成的小型斑块配合其间联系的景观廊道。更进一步地说，具有完整生态功能的景观功能网络，应由具高度环境服务功能的大型景观区域作为功能主体，配合公园、文化遗迹、农林地等以生产与文化功能为主的斑块，并由河流及绿带等具生态功能联系的廊道系统组成。

　　具有完整城市功能的景观网络可以显示出不同尺度社会、政策及经济影响，其主要城市的所在地通常是经济与商业活动中心，也是交通运输、行政、制造及贸易中心，整合与表现了邻近区域资源与经济的优势，具有"引导"和"推动"整个区域及周边次级城镇经济稳定、区域发展及资源交流协调的功能(Cronon，1991；Berliant and Konishi，2000)。城市群体的发展，将会进一步带来空间连接和功能结合，从而形成更大范围的城市网络(蒋传和，1995)。使城市的发展从传统的由点到面改变为多点连线、多线连网，进入城市网络的新阶段，进而改变了城市产生和发展的条件。

基于不同功能导向构建的景观功能网络，其组成结构间的空间特征会因为相互作用而显得复杂，以生态功能景观及城市功能景观的空间特征为例，具有两级化、分散性、连贯性及制约性4项特征（Schrijnen，2000）。

1）两极化：指空间中由于功能的对立而产生两极化的现象。例如，自然生态保护区与繁忙的都市中心便明显存在于空间的两极，这样的变化有可能是缓慢连续的亦有可能是急剧的，两极化的概念有助于区分区域中生态与城市功能的景观结构。

2）分散性：指空间中一类功能景观具有较高的影响力时，另一类功能景观为了功能的保存而分散于空间中以确保较佳的状态。例如，面对基础设施及城市中心向外扩张的影响时，自然绿地将被分散于建成区斑块之间。

3）连贯性：当空间中特定一类功能景观结构延伸至较大的区域时，则同时产生功能上的延续。例如，城市范围的扩张和都会区的形成，皆促使城市功能的延伸。

4）制约性：当空间中某些结构的功能发展足以形成稳定的格局时，则可产生制约其他功能的力量。例如，城市区域内自然、游憩、文化、水资源与农业保护区进行串联后，则可能产生制约城市扩张的力量。

基于上述4项特征，城市功能网络与生态功能网络由于功能在空间作用上的差异，于不同等级尺度应具有不同的联系单元（表4-5），或功能的过渡区域，在空间上同时具有生态与经济资源优势，未来的发展亦受二者牵制，不仅为生态与经济发展的缓冲区域，亦起着协调与平衡的功能，在景观功能网络的构建上，扮演着重要的角色。

表4-5 景观功能网络联系单元

尺度	联系单元
区域	位于自然景观与人为景观间的半自然景观
景观	对自然资源依赖性较强的产业景观，包括农业、畜牧业、盐业与矿业景观等
斑块	稻田、旱作、养殖场、牧场、盐田、矿场、土石场及其他以自然资源为主的游憩区等

资料来源：张小飞等，2005a。

4.2.4 景观功能网络研究内容

目前景观功能网络研究，主要是从格局与物种两种角度入手。一是探讨景观功能网络的结构特征，一是探讨网络中的各景观要素对网络内部物种的影响。依据景观生态学原理，建构景观网络的元素可分为斑块、廊道及基质（Forman，1995），借由斑块与廊道的特征，包括个别景观元素与景观格局间的关系，可进一步评价景观功能网络的状态。

生态及城市功能网络结构的健全，有助于维持功能网络的稳定。在可持续发

展的相关研究对其探讨甚多，其中，景观生态研究分别有从物种保护、环境安全
及人类休闲游憩需要等观点，探讨符合生态需求的景观结构与组成；而在城市景
观方面，亦有从经济发展角度探讨基础设施建设、城市空间规划等。其具体研究
内容整理如下。

1. 城市功能网络

截至目前为止，达到城市可持续发展的方法与过程仍然不是十分明确。对此，
相关研究纷纷提出通过提升城市的经济、社会与环境的状态来达成城市可持续发
展的目的(Harris，1992；Burgess et al.，1997；Marcotullio，2001)。在科学克服
自然疆界和行政区域限制的今日，城市已不再单单扮演一个能够整合及交流周边
乡镇资源的角色，而是区域发展中的一个随着时间空间进行转换的层级单元。在
不同的空间尺度中，随着周边亚单元的自然资源与产业发展特性，城市可展现出
不同属性为主的复合空间，而随着时间演变，相邻的城市借由竞争与协调，将不
断调整在大区域中的地位。

Hall 与 Pfeiffer(2000)认为 2025 年整个世界将发展为一个城市网络。在交通
便利与信息流通迅速的时代，个别的城市及区域已无法安于自己自足的目标，在
全球化与区域竞争的压力驱动下，城市的可持续发展必须建立在认清自身环境资
源特色与区域机能网络角色的基础上，强调差异所造就的优势，并进一步链接周
边有利的资源与发展条件，才可在市场淘汰的机制下维持或提升可持续发展的
状态。

小区域单位内工业化与都市化的影响是跨越行政界线的(McGee and
Robinson，1995)，其结果也影响到邻近区域的社会、经济与环境状态。特别是在
环境问题的研究方面，随着自然界物质循环与流动的规律，许多污染防治策略已
步向区域整合的方式。在城市可持续的目标下，其涉及不单单是孤立的城市个体，
而是包含生产、经营、消费甚至环境健康等区域的议题。因此，若将城市视为一
个独立的单元，可持续发展的目标便失去意义(Haughton，1999)。

回顾当前区域发展的相关研究当中，"城市网络"概念的提出较能理想地反映
个别区域的特性又能兼顾资源整合的目标，可结合城市自身经济特性与其地理环
境约束，并进一步结合区域发展，落实于实际操作之中。"城市网络"的研究，当
前以英国 Loughborough 大学地理学系 Taylor 教授自 1997 年以来发表的一系列以
世界城市为基础进行的城市机能、层次分异与发展能力进行的世界城市网络分析
为主，随后引发全球各地相关学者的回响(Varsanyi，2000；陈存友等，2003)，而
Marcotullio(2001)、程连生(1998)、薛东前和姚士谋(2000)等也分别在亚太平洋
及中国大陆进行不同尺度的"城市网络"研究。

2. 生态功能网络

景观网络结构的分析有助于了解景观中的生态过程，在应用上强调的是景观的连续性。而在空间规划中，相关研究多基于其景观结构特征来评价生态网络的功能及优劣。生态功能网络评价内容主要是基于景观单元不同分为斑块分析、廊道分析及网络结构分析为主，内容包括类型、面积、周长-面积比、自然度、格局效用、隔离度或连通性、网眼密度、环度等。例如，基于上述评价内容，阐明生态网络的增加可进一步提升开放空间系统的生态价值(Cook，2002)。另外，亦有基于物种或栖息地保育观点，就生态功能网络格局进行空间优化(桂家悌，2002)。

在大尺度的生态研究及土地经营中，景观数据主要是用来研究生物地理范围(Christensen et al.，1996；Noss，1996；Bunn et al.，2000)，其在概念上和技术上皆是以生物保护及生态系统经营为目标，景观功能网络的研究亦是如此，因为景观内部异质性直接影响野生动物栖息地保护。由于网络的连接取决于节点间存在的路径，一个不与外界联系的景观功能网络也许包含几个相互联系的斑块、廊道或踏脚石。

基于城市生态系统为一个不稳定的生态系统，城市生态系统与自然生态系统间的能值交流无法平衡，因而当前生态功能网络在城市尺度上的应用与研究较多。相关研究有基于能量流动的概念，基于城市绿地具有提供生物栖地、维持物种、能量及物质聚集与流动等功能，强调为维持整体都市维生能力，需保护都市中少数仅存的绿地空间及市郊的自然生态系统(刘若瑜，2000；涂芳美，1999；郭琼莹和江千绮，2001)。

在构建生态城市的研究中，景观功能网络的概念应用亦相当广泛，如基于绿带或其他生态跳岛进行的生态空间串联(郭城孟和李丽雪，2000)，如通过绿地与开放空间的串连如园道、河川廊道、公园绿地等之串连，以达到生物栖地与生态功能之延续(游振祥，2002)，或利用构建环状绿带以抑制城市扩张(方梅萍，2002)平衡生态与经济的空间发展。

4.2.5　景观功能网络构建方法

生态系统具有多样性、异质性等复杂特征，复杂的状态通常源自组分间突发状态、无预期的动态造成的非线性相互作用(Jørgensen，1995；Prigogine，1997；Levin，1999)。相应地，景观格局亦具有复杂性，由于内部存在着非线性的相互作用、尺度综合及空间异质性等特征，为了分解复杂的景观系统，首先必须将其视为一种相邻、可分解、镶嵌的空间尺度或等级，并进一步解析每个等级在不同的时间和空间尺度中所具备的结构与功能单元(Reynolds and Wu，1999)。景观是由空间中层次分明的组分镶嵌而成，不论在理论与实际经验的基础上，复杂的景观在不同的时空尺度中皆具有独特的结构与功能单元，利用跨尺度的景观功能网络，可有效地对其进行分析及研究。

通过不同尺度网络功能与结构等级的确立，可促进具有相似功能的景观单元整合，同时调整具有互斥关系的景观格局，为景观结构合理布局提供依据。为明确相同功能的景观结构在空间中相互依存的关系，进而协调景观功能的空间冲突，提升城市景观生态系统的整体功能，基于景观功能网络的功能协调方案需依据下述步骤。

1. 判断景观功能组分及其与功能流的相互关系

无论在任何尺度上，直接由遥感影像解译或航空相片数字化而来的景观分类是不具备景观功能的，故需就各类型景观的功能加以判定，如森林、水域及建成区、道路，虽为不同的景观类型，但在功能的分类上森林和水域皆属生态功能，而建成区和道路则属于城市功能。

功能流的延续与强度是景观功能空间特性的具体表现，明确各景观类型与景观功能流间的关系，有助于了解不同景观类型对景观功能的空间作用(表 4-6)。不同的功能流需要不同的景观支持亦受其影响。例如，绿带与水体在空间上便能相互支持，森林可保护土壤涵养水源，河流亦可提供植物生长所需的水分和养分；但森林与水体的质量却会受到建成区的冲击，由于土地资源有限，建成区与道路开发所带来的车流与人流会降低植被覆盖面积，产生废弃物污染水面，故在景观的功能运作上发生冲突。

表 4-6　景观功能及类型相互关系

功能类型		生态功能		过渡功能		城市功能	
	景观类型	林地	水体	灌草地	农地	建成区	道路
生态功能	林地	—	++	+	-	—	—
	水体	++	—	+	-	—	—
过渡功能	灌草地	+	+	—	+	-	-
	农地	-	-	+	—	+	+
城市功能	建成区	—	--	-	+	—	++
	道路	—	—	-	+	++	—

注：— 同类型内部的相互关系，不存在类型间冲突或互利共生的考虑；

++ 互利共生，两种类型相互作用有助于强化景观功能；

+ 虽不会强化景观功能但具有一定的正向影响；

- 影响景观功能主体，但对其造成一定的妨碍；

-- 相互制约，对景观功能产生分割或冲击。

资料来源：张小飞等，2005b。

2. 分析景观功能的空间差异

生态和城市的功能具有空间上的差异，从人的主观角度出发，生态功能效益可反映该资源所提供的服务功能价值，城市功能效益则表现在社会、经济、文化等各个层面的综合发展状态。

在生态功能评价方面，目前就生态系统服务功能价值判定的研究较多，内容涉及陆域的森林、草地(谢高地等，2003)、荒漠、农田生态系统，及水域(赵同谦等，2003)的河川、湖泊及湿地(辛琨和肖笃宁，2002)等，尺度由全球(Costanza et al.，1998)、国家乃至区域、城市皆有，研究结果已对无明确市场价值的生态系统服务功能，提出了维系与保护的重要经济价值依据。另外，能值也是一个常见的度量标准，指的是产品或劳务形成过程中直接和间接投入应用的一种有效能量(available energy)。二者皆可作为判定各景观生态价值的参考。

而在城市功能评价方面，不同于单纯由规模、总量衡量城市在经济、文化和科技等领域的综合能力，更强调质量、效用和功能上的潜在竞争实力，是与其他城市相互比较的一个相对概念，不仅着眼于城市现实状态，更包括未来城市的发展能力与增长后劲(李怀建和刘鸿钧，2003)。

3. 构建景观功能网络

1) 景观格局特征分析。景观的功能与结构是密不可分的，景观格局不但影响景观功能亦主导着资源的分配与利用。故于景观功能网络构建的过程中，必须整合具有相同功能的景观结构。景观格局的空间特征，包括斑块、廊道及基质的镶嵌方式，皆影响景观功能的空间差异。

2) 景观节点及其功能等级确立。结合景观功能效益及格局特征，有助于确定功能源与汇的空间位置，进而判定景观流的方向，说明各节点的功能等级。

3) 景观功能廊道构建。廊道是景观功能向外延伸的途径，借由整合景观组分与结构的格局特征，可于空间中确立功能传播的路径，即为景观功能网络中廊道的空间位置。

通过景观结构单元功能等级的确立，结合其间影响范围及相互依存的关系，进而于空间中构建具体的景观功能网络。

4. 定位冲突空间并评价可行的调控方案

通过功能节点和廊道的组合，可获得景观功能网络在空间的具体位置与功能等级，结合功能的影响范围分析，可进一步了解其间相互依存、制约的空间关系，划定景观功能冲突的具体位置。基于冲突空间的划定，结合该区域自然环境特征与社会经济发展需要，通过成本与效益的分析，评价置换、调整或增加过渡景观等不同方案的可行性，以求城市景观生态系统整体功能的最优化。

4.3　网络方法应用及讨论

景观功能受景观类型、空间结构及相对距离的影响，产生空间分布上的差异，传统单纯构建廊道进行景观功能联系的方法，往往因为忽略了周边的景观组成及格局特征，而降低了景观功能网络的实际作用。利用耗费距离模型的网络构建模式，可结合各景观类型、景观格局、城市发展概率、生态环境质量等参数，落实景观网络的联系廊道，其最小景观功能耗费的联系路径，可作为景观格局优化策略拟定的参考。

由于本研究基于城市发展对景观的生态功能联系造成妨碍的前提下，将研究区景观类型简化为支持生态功能、城市功能及身处其间的过渡区域。建议后续研究可就其他功能及组成的景观类型进行更详细的划分，并就影响景观功能空间分布差异的相关参数进行修正。

景观具有自组织与等级的特性。景观的特征由于系统内部过程和非独立的外部控制，以形成有序的或重复的空间模式（刘桂芳等，1996）；景观是由生态系统组成的空间镶嵌体，其每一等级的系统皆是由低一等级水平的组分组成，也受到不同等级水平的系统约束（傅伯杰等，2001）。但如同生态系统中整体大于部分之和的原理，景观在不同的尺度中亦反映出不同的特性。

为解决上述问题，降低景观研究中的不确定性，基于景观格局与功能在空间中相互依存的特性，以景观功能网络整合景观形态、发生、功能与等级的复杂性，有助于更明确地说明景观空间特征，构建完整的景观功能体系。

1. 明确跨尺度的功能联系

景观的功能与结构具有跨尺度的联系，通过明确尺度间的联系，可将某一尺度上的原理推绎至其他尺度。尺度、空间和人的经验是地理空间概念建模的 3 个重要因素（Ittelson，1973；鲁学军等，2004）。其中，尺度对于区分对象和环境尤为重要，依据研究客体或过程尺度可进一步区分为空间尺度和时间尺度，通常以分辨率和范围来描述，它标志着对研究对象细节掌握的程度（肖笃宁等，1997）。

景观是空间中有层次的镶嵌，也可通过分层进行研究（Woldenberg，1979；Woodmansee，1990；Reynolds and Wu，1999；Hay et al.，2001）。借由一定规律的尺度分解可达成下述两个目标：一是借由尺度的分解打破复杂的景观系统，更清楚地认识各尺度景观功能和结构间的关系，二是识别多尺度间景观功能与结构的相互依存性，包括由上至下的约束及由下至上的机制。通过网络的概念，可清楚地对景观进行不同尺度的分解与串联（邬建国，2000）。

整理目前景观网络研究发现，于大尺度多偏重生物多样性保护或生态稳定性维持，于小尺度则强调城市内部绿地系统或基础设施建设规划，缺乏对多尺度的整合探讨，亦缺乏对二者空间关系的分析。

　　为解决跨尺度的景观功能等级与接构间缺乏连接的问题，降低景观研究中的不确定性，本研究基于景观格局与功能在空间中相互依存的特性，提出以景观功能网络，以整合景观形态、发生、功能与等级等特性，有助于更明确地构建完整的景观功能体系。

2. 整合不同功能或具有矛盾关系的景观类型

　　由于空间与资源的限制，多数生态与城市功能趋于稳定的地区，景观发展皆面临着如何在生态保护的前提下，进行合理的资源空间分配与利用的问题。在追求可持续发展的过程中，生态保护与经济建设的冲突首先必须获得解决，因此在拟定景观格局优化的空间对策时，需就生态功能单元与城市功能单元进行区分，并就其内部关系及等级间的联系进行分析，进而由上至下系统地解决其间的冲突与矛盾，作为空间协调发展的调整依据。

　　因此未来研究中，急需借由确立跨尺度景观功能网络联系单元间的相互作用，整合功能相似或相辅相成的景观结构，利用网络等级特性，明确各景观结构与组分的功能等级及组织归属，当生态保护与城市发展发生冲突时，适时进行功能的协调与景观结构的调整，以维持经济发展与生态稳定。另外，景观功能网络层次与结构的构建，可提供自然资源与经济资源分配与调度的依据，进一步将不适宜发展城市或生态功能的景观结构排除，达到景观格局优化的目标。

第5章 城市景观功能保障

城市并非独立存在,而是由一系列具有特定结构与功能的景观生态系统组成,由于环境背景与组成结构的差异,随着人口集聚、经济增长及外部竞争压力加大,不断朝向多元化、专业化的趋势演进,在功能定位与区域协调的发展过程中,衍生出不同的关系结构与空间结构。总体而言,理想的城市应具有和谐性(董宪军,2002;李承宗和谢翠蓉,2005)、高效性、可持续性和结构合理、关系协调等特征,因而当前的城市景观除了满足城市居民基本生活需要外,更需通过土地的合理利用、物质能量的高效运转、环境质量改善等方法,不断寻求生态、环境、经济与社会等综合效益的提升。

城市是人类共谋互利而聚集所产生的生活形态,也是人类文明发展的必然结果。在多数城市化趋于稳定的地区,相对于受自身及周边区域社会经济影响所产生的初级城市化地区,对资源及空间具有更大的需求,由于更多的人口被纳入城市地区,交通基础设施不断扩张,直接或间接加剧能源损耗、生态破坏、空气污染、热岛效应、噪声振动、交通阻塞和城市废弃物处理等环境问题,不仅造成居民生活品质的逐渐低落,甚至可能危害到城市居民的生命安全,因而城市可持续发展的相关研究中,经济增长与生态环境保护的协调成为达到城市人地关系和谐的主要途径之一。

5.1 生态环境保护策略

城市的可持续发展需要良好的生态环境支持。在城市生态环境保护的过程中,必须涉及城市绿化、城市环境质量及相关环境治理成效 3 方面,包括环境所拥有的自然生态资源,及生存环境现况,另外政府部门是否能有效宣导、政策是否能有效地落实,都是影响城市生态环境保护的关键。

(1)构建城市生态功能网络,强化城市绿地效能

城市区域内具有维持生态稳定与环境质量功能的景观类型,包括林地、草地、农地、水体、湿地、公园绿地等,通过加强其间的空间结构联系,可提升整体生态功能,生态功能网络即是对景观连通度的强化及评价,借由分析景观单元在空间中的邻接性和相互依赖性,构建生态网络可达到保护环境、稳定生态及提高城市开放空间价值等目标(Cook and Lier,1994;洪得娟,2000;Cook,2002;Jongman et al.,2004)。

(2)订定生态绿化标准落实绿化、美化工作

城市区域需要一定面积的绿地以维持内部的生态系统功能的健全,城市绿地

是城市生态系统重要的一环,通过订定绿覆率、人居绿地等标准,可强化城市过滤尘埃、净化空气、减少二氧化碳等生态调节能力,并提高防灾应变功能。另外,通过推广垂直绿化及屋顶绿化工作,不仅可以美化城市环境,亦可丰富城市绿色资源,提供居民便捷的休闲娱乐空间。

(3) 监测、管理废弃物与污染物的排放与处理,降低环境危害

空气、水污染与工业、生活废弃物是城市运转不可避免的产物,但城市环境质量的改善与维系也指示着城市化的程度。通过对产业排污的管理与生活垃圾的回收,可降低工业污染,提高资源的利用效率。

5.2　生态开发与建设策略

开发、资源管理、环境管理是息息相关的。许多发展中的地区在致力于改善人民生活水准的路径上,面临着开发与保育两者间困难的抉择。开发是为了满足增长中人口的粮食、物质需要,以及国家经济增长中对资金的需要;保育则是为了避免国家资源的耗竭。在土地开发与城市建设的过程中存在人为活动与自然生态系统间复杂的交互作用,任何开发建设都可能造成不同的环境影响,进而反馈至人类本身。开发是为了促进人类物质上或精神上的利益,因此,政府相关主管单位、开发者及规划师皆应对生态系统的结构与功能有一定程度的认识。

(1) 基于承载量规划城市开发建设

20 世纪 60 年代起,人类开始注意到开发行为对环境造成的伤害,因此有了承载量(carrying capacity)观念的出现,并将其扩展至环境保育与城市成长管理,将承载量观念应用于土地利用时,必须考虑环境、设施、经济及知觉4个层面。其中环境承载量包括该区域的自然环境(气候、地形、土壤、动物、植物等)、使用限制、敏感度与资源的可利用程度;设施承载量为基础设施的提供与设置位置;经济承载量是该区域经济上所能支持的成长程度(农业、渔业等产业);知觉承载量则是人类对于环境改变所能接受的程度与期望(Odum,1971;Godschalk,1977;Ricci,1978;黄书礼,2000)。

(2) 遵循自然环境特性,发挥土地利用潜力

自然作用可决定土地的利用,但非消极地去限制开发,而是强调土地的发展潜力。在进行城市土地利用规划时,需收集、研判各种自然环境的地理信息,包括气候、地质、地文、水文、土壤、植被、动物及土地利用,并依据因素的影响深远(由气候、地质分析,可了解该地区的地文特性,并可进一步了解该区河流与湖泊的形态、地下水分布、地下水补注),分析该区域的土地适宜性(McHarg,1986;黄书礼,2000),以发挥土地资源潜力。

(3) 严格管理城市成长,提升整体效益

无法控制的成长会带来不可预期的破坏,城市的发展必需遵守着既定的目标,

同时确保土地环境、社会及经济效益的增加。

(4) 结合生态系统特征与环境工程技术,降低开发过程的环境影响

不同的生态因子具有明显的变化梯度,某一生物占据、利用与适应的区位,即称为生态位,在生物学科研究中,如何使物种适应不同的生态位是相当重要的问题,也是生态工程操作上极需注意的地方。生态工程作为一门综合性的学科,结合生态、工程、社会经济等相关专业领域,并遵循生态环境效益与社会经济效益协同、生物种群分布原理、功能节律与时间节律配合原理及生物之间共生、互生、抗生原理的理念(云正明和刘金铜,1998)。

5.3　生态产业发展策略

产业结构的变迁与优化促进了城市与区域的经济发展。在不同的历史时期中,城市须对三级产业进行不同的侧重,依据市场的差异,不同产业的成长也存在萌芽期、扩张期、成熟期与衰退期,而政府亦须依据城市发展的定位进行产业的培育、升级与空间转移(郭丕斌,2006)。

在高度城市化地区,新型的工业须具备高科技含量、高经济效益、低资源消耗、低环境污染与充分发挥人力资源优势等特征(郭丕斌,2006)。即通过技术与信息的支持,最大限度降低资金、时间与劳动力等资源浪费与物资依赖,提升产品的市场价值与竞争力,同时兼顾生态环境保护与资源的可持续利用。

配合生态产业的发展趋势,先前所提倡的高新技术产业便是希望通过较高的技术及资源投入提升经济效率、促进产业结构优化及改变社会经济的宏观效益。高新技术产业的原料利用率、劳动生产率和工作效率均高于传统产业,借由发展高新技术产业,可形成一批高新技术产业群体,带动传统产业部门和其他领域的产业升级,带动和引导新的产业、新的生活方式和消费方式。

随着产业生态学(industrial ecology, IE)理念的引入,除了个别产业的升级,工业发展更强调产业间的相互合作与物料循环利用,通过不同产业生产过程间资源循环,降低废弃物的产出,同时减轻对生态环境系统的影响(张庆隆和沈明展,1999)。目前生态产业的发展主要可分为两个方面,一是从技术的角度出发,强调通过清洁生产技术、废物资源回收和交换利用技术、资源替代技术等的开发和应用来构建产业间废物交换利用网络;二是从管理层面,强调通过提高认识、强化管理可以达到节约资源和减少污染的目的(袁增伟和毕军,2006)。而循环经济的推展,更说明在经济活动与产业发展的总体过程中,每个步骤皆须具备生态保护与可持续利用的思维。

(1) 借鉴生态系统理念,提升区域产业结构

基于生态系统理念,长期规划区域产业结构。将区域产业结构分解为资源生产(生产者)、加工生产(消费者)及还原生产(分解者)3 类,共同组成产业生产网

络。其中，资源生产型产业承担可更新资源与不可更新资源的开发与利用，以可更新资源替代不可更新资源为发展目标，为区域产业发展提供原料与动力；加工生产型产业则以对资源的充分利用、最小废弃物产生为目标，将资源生产型产业提供的初级产品转化为其他工业制品；还原生产型企业则是将上述两类产业的副产物再资源化、无害处理或转化为其他工业产品(台湾发展研究院，2005)。

　　(2) 推展生态工业园区，结合生态保护与经济建设

　　根据核心产业定位规划不同产业生态链，发展企业内循环、企业间循环、园区大循环。例如，安庆市大观区循环经济工业园，主要依托安庆石化为核心资源上游企业排放的废水、废气、废渣，下游企业经过先进工艺处理，生产出新的产品，同时，将石化的油改煤项目下游产品——煤灰作为原料，制作成建材砌块，同时也节约了因堆放灰渣及取土造砖所占用的大量耕地(潘骞，2007)。另外，根据产业上下游关系、技术及经济可行性及环境友好要求，通过核心产业与相关产业的共同产品、资源、能量、信息及资金网络结构，组成稳定增长的生态与经济关系。

　　(3) 强化生态管理，保障系统可持续运转

　　建立生态管理机制，有条件辅助绿色产业，并依据产业差异建立不同管理对策；结合环境影响评价推展环境管理认证，确保基础设施建设的生态化；扩大生产者责任，强制污染排出产业负担环境赔偿(唐荣智和于杨曜，2003)。

5.4　生态农业发展策略

　　生态农业是生态工程在农业上的应用，它运用生态系统的生物共生和物质循环再生原理，结合系统工程方法和近代科学成就，依据当地自然资源，合理组合农、林、牧、渔、加工等比例，实现经济效益、生态效益和社会效益三结合的农业生产体系(马世骏，1987)。按照生态学原理、经济学原理、生态经济学原理，运用现代科学技术成果和现代管理手段，以及传统的农业的有效经验建立起来，以期获得较高的经济、生态和社会效益的现代化的农业发展模式。简单地说，就是遵循生态经济学规律进行经营和管理的集约化农业体系(翁伯奇等，1999)。

　　在城市化的过程中，考虑到土地的经济效益与公共开发建设需要，农业用地被转化为城市建设用地，多数城市发展相对成熟的区域农业用地呈现破碎化的趋势，零星分布且面积窄小，不仅无法起到维持城市粮食安全的作用，亦缺乏调节生态环境的能力，如何有效利用剩余的土地资源，同时有益于城市居民生活健康，成为城市生态农业发展的背景因素。

　　(1) 转化闲置或未利用土地，利用零星农业用地，提高城市土地利用效益

　　整合零星农地、闲置或未利用土地，强化或赋予其生产功能，通过温室及有机栽培技术，提高单位面积农作物产量，近一步提高土地的生态、经济与社会效

益。在城市区域内开展生态农业，可减少部分蔬果运输所消耗的能源与交通成本，并提供城市居民体验农业生产活动的场所。

(2) 有效利用城市废弃物，整合城市经济与生态系统

转化城市部分废弃物为无害的资源，使城市居民的食物链与经济系统的投入产出相结合，过程中充分利用了农业系统的废弃物，减轻了对环境的污染，从而减小了社会用于治理环境污染所花费的费用，减轻了环境污染对人体健康和社会造成的直接和间接经济损失。

5.5 生态旅游发展策略

城市生态旅游是城市旅游与生态旅游相结合的一种旅游方式（台湾发展研究院，2005），其出发点在于充分利用城市区域内的生态与人文资源，经由游憩体验与环境教育相结合的方式，一方面提高城市居民对生态环境脆弱性的认识，另一方面保护城市文化资产，进而全面打造具有自然风光与人文精神的城市风貌。

从城市旅游业的发展和城市发展间的相互作用来看，城市旅游业的发展状况作用于城市的资源环境，又维系着城市的整体发展，并影响到城市经济发展、环境保护和社会文化等各方面的协调。城市生态旅游发展必须在对旅游吸引物、设施和服务进行结构研究的基础上进行，同时也必须以城市旅游者行为类型的预测为基础（郭舒，2002）。在空间尺度上，旅游空间包括从旅游点、旅游区到整个城市，乃至区域等不同类型。在层次上，旅游空间表现为城市内单一旅游点或旅游区、相关的旅游点或旅游区的组合，甚至是与区域密切的协作。在形态上，可用轴点（junction point）、路径（path）、区域圈（domain）来描述不同的城市旅游空间形态，具体的城市旅游空间包括城市郊野公园、广场、历史古迹、街道、公园等（杨新军和刘军民，2001）。不同等级的城市生态旅游目的地发展生态旅游所应着重的焦点，而不论规模大或小地区，发展生态旅游应遵循所有生态旅游伙伴关系的整合性，且不要忽略发展生态旅游的最终目的，是保育及开发的双赢，达到生态保育保护及环境教育之目的，兼顾社区利益及整体经济利益，并且满足生态旅游者的游憩体验等互利共生的作用（赖明洲等，2003；赖明洲和薛怡珍，2003；台湾发展研究院，2005）。

(1) 整合城市资源，塑造城市整体风貌

调查、整理城市历史人文古迹与自然资源，借由绿带、地标与保护区的划定，形成具有完整点、线、面结构的城市生态文化网络。同时结合环境资源特性与公共艺术，塑造城市空间特色，充分展现城市风貌。

(2) 结合旅游市场，丰富文化产品内容，保存人文资源与城市文化特色

针对城市居民与旅游者需求，完善城市旅游交通与相关配套措施，保证旅游吸引的力度。建立旅游产品信息中心，利用高科技手段对产品进行集中表现。修

复翻新部分具有开发价值的建筑等，如各会馆、民宅，并完善内部必要的旅游服务设施；解说系统建设等，在主要景区内提供高素质导游，同时编写各景点简介内容；增设解说牌与标示牌；增加多语言标示牌，尤其是历史文化特色浓厚的地区和一些重要性的文化景点内，除了解说系统，更应训练专属的解说人员，以强化游客对文化古迹的认知。

旅游市场面对的是具有较高文化素养的游客，所以文化古迹旅游产品开发不宜粗制滥造，而应该实行精品化策略。精品化策略需要开发旅游产品所依托的各个旅游景区、景点，使其能够提供舒适的旅游环境，良好的旅游基础设施和服务设施，实现实体开发精品化。从旅游产品内涵来讲，精品化策略的实现需要深入挖掘文化旅游资源的文化内涵，并精心设计表现此内涵，使产品含有更多的文化信息。

(3) 有效管理，降低开发行为与旅游活动的生态影响

对生态旅游地严格分区管理，制定法律、法规和采用有效的措施以减少经营管理者与游客等人为影响对自然生态环境的冲击，此外，区内的旅游开发应结合当地民俗及风土环境等文化内涵，使人工景观与天然景观能够协调共生。在开发前后均需全面地评估环境影响，谨慎地进行生态资源监测。

为避免旅游活动对保护区环境造成破坏，同时为了对游客类型进行分流、对旅游资源的优化利用，使自然程度高的地方有较理想的保护作用，生态旅游地应进行功能分区。其中，核心保护区，纯原始核心保护区进行严格管制，实行全面封闭保护，禁止游客进入与人工设施的开发，仅供观测及学术研究之用；分散游憩区，为一般管制区，游客数量、规模有严格的限制与控制，仅允许少量生态性的游憩设施设置，机动车辆不得入内，只允许步行或独木舟一类的简单交通工具进入；密集游憩区，为已开发或可开发的观赏、游憩区，是生态旅游地游客集中活动的区域；而服务区是游客休憩的集中场所，各类交通工具可通达。

此外，在湿地、保护区周围应设置边缘保护带，使其成为兼具防护隔离、景观功能的绿色生态景观廊道，除可保护生态旅游地内部物种，减少外界的干扰，此外也可成为生物的迁徙信道，并兼顾绿化美化之景观视觉功能。

(4) 强化生态文化教育，提升对城市生态环境与历史文化的认识

文化具有民族、区域与环境特性，城市的生态文化内涵涉及自然环境、社会经济发展与人文精神，具有高度的综合性。生态文化的教育系统需包含生态学、环境科学、经济学及社会学等层面，需在阐述生态环境保护必要性的基础上，强化城市文化底韵。学校与生活教育及日常宣导等系统的生态教育，有助于提升对城市生态环境与历史文化的认识，从根本上抑制城市的无序发展。

第二篇 海峡两岸城市生态功能评价与优化

第6章 海峡两岸城市发展背景

6.1 近代城市发展背景

台湾地区的发展,最早可追溯至 17 世纪汉民移垦时期,但直至 20 世纪中期才逐步发展为农村形态(刘克智和董安琪,2003),20 世纪 50 年代起工业化与城市化的快速发展,促使人口大量地向大城市地区移入,使得以台北、台中及高雄为中心构成台湾西海岸城市群,80 年代城市群已占全台湾地区城市化人口多数(徐淑连,1991;郭仲凌,1997;华国鼎,2002),成为台湾城市体系发展的重心。

在城市的空间结构上,其深受经济发展策略影响(表 6-1)。自 20 世纪 50 年代起,经济政策几乎主导了城市区域的发展与土地利用结构的变化,也因此产生了一系列环环相扣的经济发展与生态保护问题。近来台湾地区实行以发展经济为主的土地管理政策,随着经济发展开始变化,于 1961~1971 年为消除传统农业发展出现的疲态,在农产品外销和农业多角化经营的目标下,水稻田转变为经济价值较高的旱作;1971~1981 年随着工业快速发展与大型公共交通建设陆续兴建,林地面积快速减少,建设用地及其他用地则有近 77.22%均增长;1981~1991 年由于城乡发展差距日趋明显,农地释放及都市计划中公共设施等建设用地比例增加但随着环境保护意识受到重视,环境保护措施的颁布,土地利用变化主要表现在水稻田向旱作及建设用地转化;近年来由于强调区域均衡发展、生态保护及劳动密集产业外移,土地开发速度已趋于平稳,空间格局变化亦趋于稳定。

表 6-1 台湾地区近代城市发展背景与演变

时间	背景	经济发展策略	城市发展状态与政策
1950~1959 年	粮食生产、外汇短缺、通货膨胀及土地资源不足 1951 年美援时期、公地放领 [1] 1953 年耕者有其田 [2] 1957 年美援发展性导向	土地改革 以农养工 策略性工业 [3] 进口替代 [4]	轻工业快速成长,促进台北、高雄、台中及台南周遭小型都市兴起
1960~1969 年	市场内需有限、农业发展出现疲态 1964 年修订"都市计画法" 1965 年美援终止 1966 年设立都市建设及住宅计画小组 1969 年农业衰退	农产品外销与农业多角化经营 以农养工 奖励投资 [5] 出口导向的工业化政策	加速基础建设并大量设置工业区及加工出口区 扩大开发海埔新生地、河川地及山坡地

续表

时间	背景	经济发展策略	城市发展状态与政策
1970~ 1979年	世界性经济衰退及西方新保护主义影响出口贸易，城乡发展出现落差 1973年石油危机 1974年十大建设[6]、"区域计画法" 1976年非都市土地使用管制规则[7] 1978年第二次石油危机、十二项建设[8] 1979年"台湾地区综合开发计画[9]"	工业出口 保护农业 加强农村建设 乡村工业化[10] 第二次进口替代：扶持石化及半导体产业	农工二元化 生产区位向都会空间聚集发展，形成台北、新竹、台中、台南及高雄5个都会区 新市镇开发
1980~ 1984年	物价上涨、城乡失衡、都会区集中、农村山地落后及环境生态遭受破坏 1983年颁布山坡地开发管理办法[11] 1984年美国贸易与关税法案促使台币升值十四项建设[12] 第二阶段农地改革[13]	资本密集的策略性产业：信息业 建立特殊工业区：科学园区 以工业发展农业 精致农业	区域经济发展[14] 重化工业及中小型企业领导城乡空间结构变化 受乡村工业化影响，虽未生成大型工业都会区，农村生活圈却快速都市化与工业化
1985~ 1989年	区域主义兴起与政治经济体制转变 货币升值[15]、房地产上涨、投资环境恶化、产业外移及环保意识抬头 1985年广场协定 1988年南向政策[16]	高科技产业与劳力密集产业相互竞合	释放农地并增加都市计划中公共设施保留地、工业区及住宅区的比例 南北及城乡发展出现高度落差
1990~ 1999年	全球化与区域化 城乡的区域失衡、农村人口外流、环境污染问题 1990年产业东移 1991年六年建设[17]、促进产业升级条例 1992年环境影响评估 1997年东南亚金融危机 1999年九二一地震	推动亚太营运中心[18] 产业升级与民营化 缩短南北差距 农地释出 奖励民间参与公共建设 均衡区域发展	新市镇开发及西滨快速道路、东西快速公路等大型交通建设扩大空间利用的向度。 开发新竹、台中、台南科技工业区及彰滨基础工业区 农地使用转变工业用地 西部走廊带状发展[19] 高雄成立境外航运中心，加强南部都会区发展
2000~ 至今	环保意识高涨与后工业时代 社会多元化与社区主义兴起	绿色矽岛[20] 知识经济[21] 均衡区域发展	新竹-台中都会区形成

　　1. 1949年后，台湾当局自日本接收的农地，为配合经济发展需要，放租给佃农及台湾糖业公司，以赚取外汇（台湾"中国农村复兴联合委员会"，1952；萧全政，1995）。

　　2. 耕者有其田政策主要将地主超过保留限度的出租田及全部共有出租地，以农地价格的2.5倍收购，再将之转卖给佃农（刘进庆，1995）。

　　3. 由于经济体系已由制糖业转向纺织工业为主，但工业原料和生产数据大部分仍需要依赖进口，为此台湾当局选定纺织品与肥料作为策略性工业（尹仲容，1962）。

　　4. 进口替代政策是以关税或其他进口管制措施保护策略性工业（萧全政，1994）。

　　5. 奖励投资目的在于奖励中小企业投资并有效地吸引外资。

　　6. 十项建设内容包括下列重大工程建设：炼钢厂、造船厂、石化工业、南北高速公路、台中港、苏澳港、铁路电气化、北回铁路、桃园国际机场及核能发电厂。

　　7. 非都市土地使用管制规则目的在于建构农地转用至都市土地的使用秩序（毛育刚，1998）。

　　8. 十二项建设包括扩建台中港与南回铁路外，并加入南部东西横贯公路、开发新市镇与国民住宅及促进农业现代化与发展社会福利。

9. 台湾地区综合开发计划目的在于解决因土地炒作带来的不动产不合理飙涨，并同时建构产业结构的配套措施（孙义崇，1988；张景森，1993）。

10. 为提高农民所得，台湾当局推动"客厅即工厂"策略以增加农业副业，1977 年全台湾地区有近 11 万 6000 名妇女参与，不仅使农村成为劳力密集轻"工业加工区"的延长，也加速外销工业的发展与传统劳动力的改变。

11. 山坡地开发建筑管理办法使未经整体规划送请区域计划拟定机关核发杂项工程完成检验合格证明文件者，可受准核发，因此都市住宅用地急速扩增。

12. 十四项建设包括中钢公司第三阶段扩建、电力发电、油气能源、电信现代化、铁路扩展、公路扩展、台北地区铁路地下化、台北都会大众捷运系统、防洪排水、水资源开发、自然生态保护及国民旅游、都市垃圾处理、医疗保健及基础建设（台湾"行政院经建会"，1986）。

13. 第二阶段农地改革希望以农地重划带动农业机械化，并通过农地转用以增加工业开发，目的在于促进农村经济，减低城乡发展差距。

14. 区域经济发展就是由台湾当局整合各种硬件实施与管道等发展条件，使特定产业集中在一个特定园区内发展。

15. 美国劳工联合会 AFL 及美国工会总会 CIO 认为台湾地区工会制度不健全损及劳工权益，使美国本土产业无法与之竞争，因而美国政府要求台湾当局大幅降低关税、开放商品及银行、保险、运输等投资机会，并解除外汇管制（萧全政，1992）。

16. 台湾当局为降低产业于大陆地区大量投资的风险，将传统产业移往东南亚等国。

17. 以提高居民所得、厚植产业潜力、均衡区域建设、提升生活品质为主要目标，其内容涵盖经济、社会、文化、教育、医疗等各层面（台湾"行政院经建会"，1991），期望超越四大区域窠臼。

18. 亚太营运中心是利用营运、金融、电信等中心的开设，使台湾地区经济不在仰赖于美国、日本资金和技术，转向结合与亚太地区的经济活动，借由投资、贸易、技术的流动使内产业发展具国际化。

19. 随着高速公路和快速公路系统的建设及小汽车持有率的急速上升，已使西部走廊既存的都会区持续发展，形成北、中、南三大都市带，呈现一种"巨带都会"发展的空间特色。

20. 绿色矽岛标榜无污染、永续性的科技发展。

21. 知识经济依靠技术与理念的创新所带来的专利、行销、商标等无形非物化的产品获取经济收益。

资料来源：马久惠，2001。

20 世纪 50 年代至今的大陆地区城市发展可分为 4 个阶段（表 6-2），其中，前两个时期主要为政治力量影响，而后两个时期则仰赖市场经济的推动（陈先枢，2002）。

首先是"一五"至"二五"期间，借由苏联援建 156 个建设项目，以重工业为导向的发展方式推动了当时城市的发展，特别是在东北及西北，初步形成了以西安、兰州和成都为中心的 3 个大的工业基地。第二阶段为 20 世纪 60 年代国民经济调整时期的三线建设，大量人力、物力、财力向三线投入，使西南地区成为工业发展的重心，带动了攀枝花等一批新兴工业城市的兴起。第三阶段则是进入 80 年代实行的沿海开放，先后成立了深圳、珠海、汕头、厦门、海南 5 个经济特区，开放了 14 个沿海港口城市，同时还将珠江三角洲、长江三角洲、福建沿海、广西沿海、辽东半岛和山东半岛也列为对外开放地区，形成了一系列发达的城市群或城市带。第四阶段则是 1992 年邓小平南巡讲话以后的多层次、全方位开放格局，批准长江沿岸 28 个城市和 8 个地区，东北、西南、西北地区 13 个边境城市对外开放，11 个内陆地区省会城市实行沿海开放城市的政策，形成了东部沿海开放地区，以上海浦东开发为龙头的长江沿岸地区、周边地区和以省会城市为中心的中西部地区的格局，大中型城市得到了较大的发展(陈先枢，2002)。

表 6-2 大陆地区近代城市发展背景与演变

时间	背景	经济发展策略	城市发展状态与政策
1950~1959 年	1950 年《中华人民共和国土地改革法》 1953 年开展"一五"时期城市建设工作 1954 年全国第一次城市建设会议 人民日报《贯彻重点建设城市的方针》 1958 年"大跃进"运动	重工业优先发展战略； 提出了钢产量、粮食产量的增产日标，决定在农村普遍建立人民公社	明确城市建设和发展的路线与思路，城市发展环绕工业建设进行 强调"一四一"项所在地的重点工业城市建设 充分利用沿海、大力发展内地、平衡布置生产
1960~1969 年	连续自然灾害，苏援终止 1960 年苏援终止 1961 年中国共产党八届九中全会 1966 年毛泽东"抓革命、促生产" 1968 年上山下乡	缩短重工业及基本建设战线，延长农业及轻工业战线	城市建设受挫 精简职工和减少城镇人口
1970~1979 年	1978 年十一届三中全会：社会主义现代化 全国第三次城市工作会议，制定《关于加强城市建设工作的意见》 邓小平"四个现代化" 1979 年改革开放 《关于加快农业发展若干问题的决定》	广东、福建的对外经济活动实行特殊政策及优惠措施，并设置深圳、珠海、汕头、厦门经济特区	初期缺乏对城市化的重视，城市化速度相对滞后，出现基础设施及住房不足的问题 控制大城市规模 限制大城市内部易燃易爆、污染严重和直接为农业服务的企业或事业单位
1980~1989 年	1980 年国务院批转《全国城市规划工作会议纪要》 1982 年邓小平"有中国特色的社会主义" 1984 年十二届三中全会《关于经济体制改革的决定》 国务院《城市规划条例》 1989 年实施《中华人民共和国城市规划法》	全面开展以城市为重点的经济体制改革 开放沿海 14 个港口城市 开放长江、珠江及闽南三角洲为经济开放区 提出"三走走"①的发展战略	城市发展速度大幅提高，城市对于国民经济及社会发展的重要性受到重视，由法律形式确定城市发展方针 控制大城市规模，合理发展中等城市，积极发展小城市
1990~1999 年	经济体制改革，社会经济健康发展，农村生产力提升 1992 年邓小平南巡讲话 1998 年《中共中央关于农业和农村工作若干重大问题的决定》	确立社会主义市场经济原则 全面强化经济建设，沿海地区开发区及加工业快速发展	城市化速度加快，出现污染、拥挤及住房紧张等问题 积极稳妥地推进城市化
2000 年至今	2002 年三个代表 2003 年十六届三中全会"树立全面、协调、可持续的发展观"	社会主义现代化，全面建设小康社会	

资料来源：李秉仁，2002；廖文燕，2004。

① "三走走"：于 20 世纪 80 年代末解决人民温饱问题，20 世纪末使人民生活达到小康水平，21 世纪中叶人均国民生产总值达到中等发达国家水平，基本实现现代化。

由于面积差距较大，两岸政府决策过程中采用不同的执行方式，台湾地区一直以来具有明确的产业发展和建设策略，大陆地区则是在中央确立的宏观思想前提下，由各地依据不同的方展方向与指标具体落实任务。

对照上述发展历程可知，在 20 世纪 50 年代两岸城市发展皆首先进行土地政策的改革，将土地的管理权交由政府，并制订一系列不同类型土地的使用办法，以求有效确保土地资源利用的效益。外援对两岸近代城市的初期发展都相当重要，台湾地区仰赖美国的援助，使得农业快速发展，为后期的工业化奠定了基础，而大陆地区则在苏联的帮助下，开展工业城市建设。在时间上，台湾地区由 60 年代起的快速成长至 90 年代已逐步趋于稳定，大陆地区则于 70 年代末期开始重视经济建设，目前许多大型城市已展现一定的区域影响力，但整体上仍处于快速城市化阶段。在空间上，受自然条件、基础设施建设与产业发展的影响，台湾地区通过台北、高雄等城市的带头作用，逐渐形成岛上的西部城市带，大陆地区则受政策与对外交通等因素的影响，在沿海形成主要城市中心进而向内陆发展。

6.2　城市发展驱动机制

6.2.1　台湾地区城市发展驱动机制

城市发展受自然环境、行政区划、经济类型、移民等因素影响，对台湾地区而言，交通通达性是早期城市发展的主要驱动机制，近年来为提升竞争力，经济全球化下的空间定位亦成为未来发展的重心，但在快速的发展过程中地质与气候条件也导致部分区域的生态敏感与脆弱，限制了城市的空间拓展。

1. 全球化的影响

全球化影响台湾区域发展的决策，并改变社会与土地的关系。在经济全球化的过程中全球尺度成为关键，不同尺度中经济全球化的建构、竞争与协调，皆必须基于全球尺度运作的趋势，整合跨疆界和区域的密集连接与流动(Yeung，2002)。对应台湾经济再重组的过程，台湾地区的城市及区域空间结构也显现了新的趋势和变迁，即台湾北部区域(或称为北部城市区域)为主的空间单元逐渐进入全球城际网络，空间结构在经济全球化过程中也出现所谓"分散化的专业集中"的新地理空间现象(林德福，2003)。

2. 交通建设

城市化与交通建设二者相辅相成，区域城市化需基于便捷的交通，而交通建设的需求亦源自区域发展。近 10 年间台湾岛的城市化及相应的交通建设影响主要反映于农业用地上。以台中市为例，在城市范围逐渐向外扩张的趋势下，农业用地多转变为建成区与水利用地，其驱动因素则以交通为主，并受地形等自然因素的制约。例如，与高速公路距离越近，建成区的增加比例越高，原有的农业用地亦会转作其他的开发；铁路则主要带动外围其他交通用地的产生；地形对城市发展具有明显限制的区域，山区景观格局多为农地和林地。另外，交通节点包括高速公路出口、火车站及十字路口、公车站等交通节点也会引发一系列程度不等的变化。例如，商业中心、交通转运站均可带动外围土地开发。

3. 天然灾害

在人口集中的区域及高强度土地利用区域，天然灾害的潜在危害与威胁程度也就越高。台湾地区主要的天然灾害来自地震和台风，自从经历 1999 年的"921 震灾"与"2001 年的桃芝台风"之后，台湾地区的城市建设更强调水土保持、森林维护和灾地复旧等问题的重要性。为了适应自然环境特殊性，降低天然灾害的危害，台湾地区的有关规定明确了土地利用限制类型。其中，《森林法》指出需要对冲蚀沟、陡峻裸露地、崩塌地、滑落地、破碎带、风蚀严重地及火灾迹地、水灾冲蚀地等脆弱环境进行必要的水土保持处理；《台湾省保安林施业方法》中指出溪流两岸及受其保护的铁路、公路等两侧森林，需保留 50m 以上宽度林带等。基于法律的强制力，可于最小限度的开发范围内确保生态功能景观的存在及其功能延续。

6.2.2　大陆地区城市发展驱动机制

相对于台湾地区而言，大陆地区城市发展的内部影响明显大于外部因素的作用。当前的城市发展具有一定的行政体制基础，行政中心城市从省会、地区行署到县城形成完整的体系，加上近年来大力推动的经济策略与交通建设，成为推动近代城市发展的主要因素，另外，自然条件、资源分配、人口分布和政策因素对城市系统的演进也具有不同程度的影响(薛东前和姚士谋，2000；薄占宇，2002)。

1. 政府政策

中国大陆城市化的过程与发展，各级政府对城市化的推动可表现于几个方面：①实行市管县制度，以行政中心为基础，强化区域聚集效应，提升城市的经济规模和功能，同时引导经济发展和城镇建设，有利于形成行政中心和经济中心两位一体的城镇网络；②通过制定相应的政策和城市设置及规划标准引导城市化发展，以行政协调的非经济手段，干预城市化发展的进程，使城市经济区域和行政区域相结合，这同时也是形成区域不平衡发展的潜在因素之一。

2. 市场经济

农业是城市系统存在和发展的基础，它不断为城市提供粮食、原料和能源，城市才能发展；工业化使人口和产业向城市进一步集聚，促进了城市系统的扩张。由于市场联系的密切，城市间物质、能量和信息的交流日益频繁，进一步强化了城市的集聚和扩散功能(于洪俊和宁越敏，1983)。改革开放以来，针对计划经济向市场经济转型的需求，城市化发展已成为中国大陆现代化社会经济全面发展的目标。

3. 人口结构

由于 20 世纪 60~80 年代农村人口自然增长率相对高于城市，农村人口的基数太大延缓了城市人口比例上升的速度(姚士谋，1998)，使得现今大陆城市化要达到中等发达国家的水平，即城市人口至少要占总人口的 50%以上的标准，在现有的人口基础上，大陆地区至少有 5 亿以上的农业人口走进城市(张鸿雁，2000)。

4. 产业发展

城市产业结构发展及分布的区域差异直接影响了城市发展。以中西部城市与沿海城市为例，在中西部内陆城市中，有 37%~45%的城市，依赖一级产业提供就业机会，而在沿海和特区城市中，仅 6%~10%的劳动力依赖一级产业，说明了中西部城市尚未完全进入工业化阶段，而沿海和特区城市，已经超速迈进工业化发展阶段的后期；另外，在产业结构上，大部分城市排在前四位的支柱产业都是汽车、机械、冶金、化工等传统产业，由于并未形成特色产业，加上轻重工业的比例、传统工业与高科技工业的比例失调，投资大、消耗大、效率低的传统工业较多，投资少、能耗省、效率高的高科技工业较少(张曾方和张龙平，2000)。两者皆影响区域整体的城市化速度。

5. 交通建设

交通设施加速了城市体系的形成和发展交通设施具有双重功能，一是服务功能。作为城乡间、产业间联系的纽带，产供销间联系桥梁的交通运输，在产业分类中属于第三产业，具有服务业的性质；二是引导功能，即由于交通设施的建设带来产业和城市的分布。城市沿河、沿江的发展，现代沿海地区或铁路、公路和航空港的建设，带动了城市的发展和城市体系的建立。

基于以上所述，在城市发展机制方面，城市规划与交通建设是两岸近来城市空间变化共同的主导因素，随着城市的建设由市中心向外逐步成熟，在经济因素推动下，部分城市功能被周边区域取代，而铁路、公路交通的重要节点，亦提升该区域的人类活动强度，带动相关产业的发展。另外，因区位、资源与经济体制因素，台湾地区的城市发展定位受全球与周边影响相对强烈，而大陆地区由于城市腹地与内部市场较大，城市发展与政府政策具有相对较大的关系。

对照海峡两岸城市发展的影响因素可以发现，台湾地区受环境、资源与面积限制，交通等基础设施建设仅在快速城市化时期起到一定的影响，城市的长远发展仍取决于区域乃至全球经济体系中的定位，而其最大的发展限制来自于自然环境脆弱的特性，地震与台风的作用与海洋环绕使得台湾地区的城市开发不适宜采用高强度、大范围的方式，生态环境保护是在城市发展过程中，首先必须考虑的问题。大陆地区的城市发展过程中，早期主要受到政策影响，随着经济体系的健全与多个中心城市的影响力日趋明显，市场与产业对城市发展也开始起到决定性的因素，但由于多数区域仍处于快速城市化阶段，城市规划、交通基础设施建设直接引导城市的空间格局变化。另外，快速城市化也带来贫富差距的问题，一级产业人口成为城市化过程中的弱势群体，农村建设与城乡关系协调逐渐成为城市可持续发展必须面临的问题。

6.3　社会经济现状

海峡两岸城市在过去 50 余年来以不同的经济制度与政策，进行经济发展。前 30 余年，台湾地区以私有制为基础加上计划经济，以出口导向赚取外汇吸引外资，经济快速起飞，达到均富与繁荣，大陆地区则相对发展较慢。近 20 余年来台湾地区经历政治转型，政治问题大量浮现，导致公共政策的制定必须与各种利益妥协，经济发展计划缺乏前瞻性与执行力，经济成长脚步缓慢，贫富差距扩大。大陆自改革开放以来，走向私有制与市场经济，提高出口并吸引外资，呈现高增长的经济发展(徐仁辉，2006)。

6.3.1　产业结构

产业结构可表征一个国家或地区的经济发展水平高低和发展阶段、方向，在此本研究选择大陆地区主要城市与台湾地区城市进行比较。基于 2010 年统计数据，台湾地区 6 个城市的就业人口与产业分配(表 6-3)可以看出其皆呈现以第三产业为主的结构，台北市更有高达 80.6%的第三产业从业人员，最低的新竹市第三产业的就业人口也达总就业人口的 59.0%。6 个城市的第一产业比例皆明显偏低，其中第一产业比例最高的台南市，也仅占总就业人口的 1.4%。

表 6-3　台湾地区主要城市就业人口与产业分配(2009 年)

	人数/千人	第一产业/千人	第一产业所占比例/%	第二产业/千人	第二产业所占比例/%	第三产业/千人	比例/%
台北市	1 168	2	0.2	225	19.3	941	80.6
基隆市	167	1	0.6	48	28.7	119	71.3
新竹市	183	1	0.5	74	40.4	108	59.0
台中市	475	4	0.8	134	28.2	337	70.9
高雄市	668	5	0.7	200	29.9	463	69.3
台南市	362	5	1.4	136	37.6	221	61.0

资料来源：台湾"行政院经建会"，2010a。

基于 2008 年统计数据(表 6-4),在大陆地区的 10 个主要城市中,第一产业所占比例同样明显偏低,第一产业就业人口最高的大连亦仅为总劳动人口的 1.6%,10 个主要城市皆以第二及第三产业为主。其中,城市发展明显以第二产业为主的为宁波、温州及厦门市,第二产业从业人员占劳动总人口的 60%以上,而北京则明显以第三产业为主,从业人口高达 71.8%。

表 6-4 大陆地区主要城市就业人口与产业分配(2006 年)

	第一产业/千人	第一产业所占比例/%	第二产业/千人	第二产业所占比例/%	第三产业/千人	第三产业所占比例/%
北京	27	0.5	1420	27.6	3691	71.8
上海	13	0.4	1360	40.9	1953	58.7
深圳	5	0.2	1031	55.3	827	44.4
广州	8	0.4	910	43.9	1153	55.7
宁波	2	0.2	600	62.9	353	37.0
温州	1	0.1	637	67.1	311	32.8
天津	7	0.4	984	50.4	959	49.2
大连	15	1.6	473	51.2	435	47.2
厦门	3	0.3	555	71.7	217	27.9
无锡	4	0.7	316	53.8	267	45.5

资料来源:国家统计局城市社会经济调查司,2008。

以北京市为例,北京市 2009 年的就业人口和行业分配与台湾城市呈现近似的结构,以第三产业的人数所占比例最高,占总就业人口的 73.8%。在产业结构的变化上,从 1978~2009 年,北京市的产业发展也由第二产业转向第三产业。变化的过程中,首先是 1985 年第一产业从业人员比例的减少,1994 年以后第二产业就业人员比例也开始萎缩,城市社会经济结构偏向交通、服务、金融、科研等方面(北京市统计局,2010)。

6.3.2 居民生活

2009 年台湾地区 6 个主要城市中日常生活支出在总支出中的比例以基隆市相对较高,占总支出的 81.1%,新竹市的日常生活支出比例较低,占总支出的 76.5%。

台湾地区对生活支出的统计包含食品、衣着及服饰、房地租及装修、水电燃料、交通运输及通信、教育娱乐、其他、非消费性支出 8 个方面。由表 6-5 可知,6 个城市居民的在食衣住行上的生活消费各有不同,在食品的消费上,以新竹市及台北市相对较低,分别占总生活支出的 9.5%及 11.7%(2006 年分别为 13.4%及 15.8%),其余城市则有不到 15%的生活支出用于食品消费。在衣着服饰及水电燃料方面,各城市居民的消费比例接近,百分比上的差距小于或等于 1%。而在居住方面,台北市居民在住宅及水电燃料上的消费相对高于其他城市,占总生活支

出的 20.4%，而邻近台北市的基隆市与新竹市相对较低，分别占生活支出的 17.2%
及 17.4%，可知台北市的土地及居住空间较为紧张。在交通与通信方面，6 个城
市中以新竹市较高，占总生活支出的 11.0%，台北市较低，占总生活支出的 8.2%，
推知与台北市居民出行较多选择公共交通工具有关。而在教育娱乐方面，新竹市
居民的消费比例相对较高，占生活支出的 10.0%，高雄及台南市相对较低。

表 6-5　台湾地区主要城市居民生活支出比例(2009 年) 　　　(%)

	台北市	基隆市	新竹市	台中市	高雄市	台南市
消费支出比例	78.0	81.1	76.5	79.9	78.4	79.3
食品	11.7	12.8	9.5	13.0	12.4	13.6
衣着及服饰	2.3	3.3	2.7	2.2	2.4	2.2
住宅及水电燃料	24.0	17.2	17.4	19.4	18.3	18.7
交通运输及通信	8.2	9.0	11.0	9.0	9.4	10.7
教育娱乐	9.1	9.1	10.0	9.0	8.5	8.3
其他	22.6	29.9	26.0	27.4	27.3	25.8
非消费支出	22.0	18.9	23.5	20.0	21.6	20.7

资料来源：台湾"行政院经建会"，2010a。

　　大陆地区上海市居民生活支出统计包含食品、衣着、家庭设备、医疗保健、
交通通信、教育娱乐、居住、杂项商品。2009 年，上海市居民生活支出中，以食
品所占比例最高，占总生活支出的 35.0%，其次为交通通信及教育娱乐的支出，
分别占总生活支出的 16.7%及 14.9%，可知食品上的消费仍为上海市居民主要的
生活支出，但交通支出则有明显成长。1980~2009 年，上海市居民在食品上的生
活支出比例逐年降低，由 1980 年的 56.0%降至 35.0%，而在交通通信及教育娱乐
的消费比例则逐年升高，可知上海市居民生活中城市内部、城际间的交通与日常
通信是相当重要的部分。医疗保健与居住两个方面的生活支出在 2002 年及 2003
年出现较高的比例，而后开始下降，这应与 2002 年以来，上海市城市社会保障功
能的完善有关(表 6-6)。

表 6-6　上海市近年居民生活支出比例　　　(单位：%)

年份	食品	衣着	家庭设备	医疗保健	交通通信	教育娱乐	居住	杂项商品
1980	56.0	14.3	9.0	1.3	3.6	8.9	4.7	2.2
1985	52.1	14.9	13.2	0.5	3.0	9.2	4.4	2.7
1990	56.5	10.7	10.1	0.6	3.0	11.9	4.7	2.5
1995	53.4	9.6	10.8	1.9	5.5	8.7	6.8	3.3
1996	50.7	8.7	9.1	2.2	7.3	12.2	6.2	3.6
1997	51.7	8.1	7.7	2.9	5.8	12.1	8.9	2.8
1998	50.6	6.9	6.6	3.8	5.9	13.0	9.8	3.4
1999	45.2	6.7	9.3	4.2	7.1	13.3	10.2	4.0

续表

年份	食品	衣着	家庭设备	医疗保健	交通通信	教育娱乐	居住	杂项商品
2000	44.5	6.4	7.7	5.6	8.6	14.5	9.0	3.7
2001	43.4	6.2	6.2	6.0	10.3	15.2	8.5	4.2
2002	39.4	5.9	6.2	7.0	10.7	15.9	11.4	3.5
2003	37.2	6.8	7.2	5.4	11.4	16.6	11.6	3.8
2004	36.4	6.3	6.2	6.0	13.5	17.4	10.5	3.7
2005	35.9	6.8	5.8	5.8	14.4	16.5	10.2	4.6
2006	35.6	6.9	5.9	5.2	15.8	16.5	9.7	4.4
2007	35.5	7.7	8.2	5.4	5.0	18.3	15.4	4.4
2008	36.6	7.9	6.1	3.9	17.4	14.8	8.5	4.8
2009	35.0	7.6	6.5	4.8	16.7	14.9	9.1	5.4

资料来源：上海市统计局，2010 。

对照海峡两岸城市居民生活支出可知，上海市居民的食品、衣着、教育娱乐及交通通信消费均高于台湾地区主要城市，可反映上海市的平均收入水平与日常生活支出相比，仍相对较低，且上海市居民较台湾地区城市居民花费更多的精力在出行及与人交流上，另外一方面也反映上海市的居民更重视教育方面的投入，教育成本所占的比例较台湾地区 6 个主要城市高。

6.3.3　人口结构

台湾地区对城市人口结构的统计包括户数、户量、人口密度、年龄、扶养比例及农户人口等方面。

由表 6-7 可以看出，在人口数量上，台北市的总人口数，明显高于台湾地区其他 5 个主要城市，总人口数为 260 万余人，比次位的高雄市(152 万余人)高出约 108 万人，台湾地区超过 1/10 的人口聚居于台北市，但人口密度却以高雄市相对较高，为 9948 人/km^2。在户量上可以看出，台湾地区的主要城市皆以小家庭为基础，台北市、高雄市、台中市、基隆市的平均每户人口皆未达 3 人。在年龄比例上，6 个主要城市皆以 15~65 的劳动人口为主，占全市总人口的 70%以上，而在 0~14 岁和 65 岁以上，各城市虽然都以 0~14 岁的孩童所占比例较高，但孩童与老年人的比例却各有不同，6 个城市中以台北市的比例差距较小，台中市及新竹市较大。在扶养比例上，对于劳动人口来说，新竹市的劳动人口有相对较大的家庭压力，高雄市相对较低。

表 6-7　台湾地区主要城市人口结构差异(2009 年)

	台北市	基隆市	新竹市	台中市	高雄市	台南市
户数	969 418	146 136	138 505	377 296	580 670	266 376
人口数	2 607 428	388 321	411 587	1 073 635	1 527 914	771 060
户量	2.69	2.66	2.97	2.85	2.63	2.89

续表

	台北市	基隆市	新竹市	台中市	高雄市	台南市
人口密度/(人/km²)	9 593	2 925	3 952	6 570	9 948	4 390
0~14 岁人数	393 660	58 303	80 998	197 495	239 581	125 448
0~14 岁人数所占比例/%	15.1	15.0	19.7	18.4	15.7	16.3
15~64 岁人数	1 885 352	287 475	292 018	788 856	1 136 654	572 144
15~64 岁人数所占比例/%	72.3	74.0	71.0	73.5	74.4	74.2
65 岁以上人数	328 416	42 543	38 571	87 284	151 679	73 468
65 岁以上人数所占比例/%	12.6	11.0	9.4	8.1	9.9	9.5
扶养比例/%	38.3	35.1	40.9	36.1	34.4	34.8
非农户人口比例/%	99.1	99.4	94.4	96.9	98.2	95.4

资料来源：台湾"行政院经建会"，2010a。

　　在此，本研究选择大陆北京市与台湾地区城市进行比较。由表 6-8 可知，自 1990~2009 年，北京市人口数量一直不断增加，由 1086 万增至 1755 万，北京市的城市功能对区域乃至整个大陆地区产生了一定的吸引，在男女比例上，以男性增加的幅度较大，由 1990 年约 101∶100 至 2009 年约 104∶100。时间段内，城镇人口持续增加，而乡村人口则呈现先增后减，第一产业的比例不断降低，其中又以 2005 年乡村人口减少比例最大，这与该阶段快速的城市化有直接的关系。

表 6-8　北京市近年人口变化

年份	常住人口/万人	男性/万人	女性/万人	城镇人口/万人	乡村人口/万人	常住人口自然增加率/%	户籍人口/万人
1990	1086	545	541	798	288	7.23	1032.2
1991	1094	547	547	808	286	2.21	1039.5
1992	1102	554	548	819	283	3.11	1044.9
1993	1112	559	553	831	281	3.19	1051.2
1994	1125	564	561	846	279	3.20	1061.8
1995	1251.1	627.0	624.1	946.2	304.9	2.80	1070.3
1996	1259.4	639.0	620.4	957.9	301.5	2.68	1077.7
1997	1240.0	628.7	611.3	948.3	291.7	1.89	1085.5
1998	1245.6	630.6	615.0	957.7	287.9	0.7	1091.5
1999	1257.2	636.4	620.8	971.7	285.5	0.9	1099.8
2000	1363.6	710.9	652.7	1057.4	306.2	0.9	1107.5
2001	1385.1	722.1	663.0	1081.2	303.9	0.8	1122.3
2002	1423.2	743.1	680.1	1118.0	305.2	0.87	1136.3
2003	1456.4	761.2	695.2	1151.3	305.1	-0.09	1148.8
2004	1492.7	779.9	712.8	1187.2	305.5	0.74	1162.9
2005	1538.0	778.7	759.3	1286.1	251.9	1.09	1180.7
2006	1581.0	807.4	773.6	1333.3	247.7	1.29	1197.6
2007	1633.0	829.0	804.0	1379.9	253.1	3.40	1213.3

续表

年份	常住人口/万人	男性/万人	女性/万人	城镇人口/万人	乡村人口/万人	常住人口自然增加率/%	户籍人口/万人
2008	1695.0	861.6	833.4	1439.1	255.9	3.42	1229.9
2009	1755.0	896.2	858.8	1491.8	263.2	3.50	1248.8

注：1990 年以后数据为人口变动情况抽样调查推算数；1995 年、2005 年为 1%人口抽样调查推算数；2000 年为第五次人口普查快速汇总推算数。

资料来源：北京市统计局，2010。

在年龄结构上(表 6-9)，北京市采用的是抽样调查数据，15~65 岁劳动人口占总人口的 80.0%，而在 0~14 岁和 65 岁以上孩童与老人的比例方面，北京市二者比例差异较小，抚养比例为 25.0%。

表 6-9　北京市人口年龄比例(2009 年)

年龄组	抽样人口数/人	占抽样人口数的比例/%
人口数	31 486	100.0
0~14 岁	3131	10.0
15~65 岁	25 173	80.0
65 岁以上	3182	10.0

资料来源：北京市统计局，2010。

对照海峡两岸城市人口结构，可知大陆地区北京市的 15~65 岁劳动人口比例较台湾主要城市高，非劳动人口方面，台湾地区主要城市以 0~14 岁的孩童为主，北京市的孩童与老人的比例则接近 1∶1。

6.3.4　教育文化

教育与文化是海峡两岸城市政府的一个主要的资金投入项目，教育事业的完善关系着城市居民的素质与城市未来的发展，不同年龄段的教育方式与内容，加速了城市居民适应发展中的社会，提高城市整体运转的效益。

两岸城市在教育的统计口径上有所不同，但皆展现政府对于教育投入的成效。台湾地区自 2000~2009 年的 10 年间，居民教育程度整体有明显的提升，不识字或自修的居民比例由 6.6%降至 3.5%，基础教育包括的小学及初中学历居民所占比例也有所降低，小学学历的居民由 19.6%降至 15.6%，初中学历居民由 17.0%降至 13.3%。高中及高职学历居民所占比例大致维持稳定，高中学历居民约占全社会的 10%，高职学历居民约占 23%。而大专以上学历的居民 10 年有明显的提升，由 23.3%上升至 35.6%，一方面表明居民素质有所提高，另一方面也反映近年台湾大开大学教育之门的成效(表 6-10)。

表 6-10　台湾地区近年教育普及程度

年份	2000	2001	2002	2003	2004	2005	2006	2007	2008	2009
总计	16 963	17 179	17 387	17 572	17 760	17 949	18 166	18 391	18 674	18 854
不识字或自修/千人	1 119	1 089	1 045	987	933	873	805	755	712	664
比例/%	6.6	6.3	6	5.6	5.3	4.9	4.4	4.1	3.8	3.5
小学/千人	3 327	3 291	3 253	3 204	3 156	3 111	3 064	3 013	2 977	2 933
比例/%	19.6	19.2	18.7	18.2	17.8	17.3	16.9	16.4	15.9	15.6
初中/千人	2 881	2 797	2 689	2 646	2 613	2 589	2 586	2 566	2 538	2 500
比例/%	17	16.3	15.5	15.1	14.7	14.4	14.2	14.0	13.6	13.3
高中/千人	1 746	1 790	1 825	1 829	1 827	1 814	1 818	1 830	1 829	1 832
比例/%	10.3	10.4	10.5	10.4	10.3	10.1	10	10.0	9.8	9.7
高职/千人	3 941	3 999	4 055	4 095	4 127	4 137	4 158	4 182	4 212	4 213
比例/%	23.2	23.3	23.3	23.3	23.2	23.1	22.9	22.7	22.6	22.3
大专以上/千人	3 948	4 213	4 520	4 811	5 104	5 424	5 735	6 046	6 406	6 711
比例/%	23.3	24.5	26	27.4	28.7	30.2	31.6	32.9	34.3	35.6

资料来源：台湾"行政院经建会"，2007，2010a。

在台湾地区6个主要城市中，不识字或自修的居民比例以基隆市较高而台北市较低，分别为 3.1%及 1.2%。在基础教育方面，同样也是基隆市的小学及初中学历的居民比例较高，分别为 15.1%和 13.5%，与台湾地区居民的教育程度比例分配较为接近，而台北市较低，分别为 6.3%和 7.2%。高中学历居民的比例以台北市较高(12.0%)，高职学历居民的比例则以高雄市(25.2%)及基隆市(25.2%)较高。而大专以上学历的居民比例，除基隆市外，其他5个城市皆高于台湾地区的平均水平，特别是台北市，有 58.9%的居民学历在大专以上。从居民整体素质来看，台北市及台中市聚集较多高学历的人力资源，城市发展的后备资源较强，竞争力也相对较高(表 6-11)。

表 6-11　台湾地区主要城市 15 岁以上人口教育普及程度差异

	台北市	基隆市	新竹市	台中市	高雄市	台南市
总计/千人	2 193	324	323	857	1 259	634
不识字或自修/千人	26	10	8	12	31	15
比例/%	1.2	3.1	2.5	1.4	2.5	2.4
小学/千人	138	49	41	70	132	85
比例/%	6.3	15.1	12.7	8.2	10.5	13.4
初中/千人	158	44	36	84	136	74
比例/%	7.2	13.5	11.1	9.8	10.8	11.7
高中/千人	263	34	29	74	115	58
比例/%	12.0	10.5	9.0	8.6	9.1	9.1

续表

	台北市	基隆市	新竹市	台中市	高雄市	台南市
高职/千人	317	82	68	202	318	140
比例/%	14.5	25.2	21.1	23.5	25.2	22.0
大专以上/千人	1 291	106	141	416	528	263
比例/%	58.9	32.6	43.7	48.5	41.9	41.4

注：比例依据人数进行修正。

资料来源：台湾"行政院经建会"，2010a。

在北京市的教育工作成效上，各类学校招生人数亦逐年增加，配合学生人数的增加，学校建设及教师人数等软硬件配套措施亦不断完善，2000~2009 年，高等学校、普通中学及小学平均每一专任教师负担学生人数皆逐年下降，可推知教学质量亦获得一定的提升。在学龄儿童入学率上，北京市一直维持 99%以上的入学率，可见北京市推展基础教育的成效(表 6-12)。

表 6-12　北京近年教育工作发展情况

年份	各类学校招生人数	普通高等学校	普通中等学校		小学	学龄儿童入学率/%	平均每一专任教师负担学生人数		
			初中	高中			高等学校	普通中学	小学
2000	635 328	99 397	324 862	65 890	92 002	99.95	14.0	14.1	12.8
2001	641 432	116 344	313 257	69 195	91 230	99.62	—	—	—
2002	671 956	128 320	326 835	84 679	86 406	99.63	17.0	14.3	12.1
2003	662 877	143 483	302 071	94 894	82 631	99.95	19.0	14.2	11.2
2004	635 842	147 298	271 396	93 519	73 577	99.92	19.0	13.7	11.0
2005	630 515	156 124	259 133	88 605	71 020	99.90	17.1	12.9	10.6
2006	851 808	154 969	234 524	76 375	73 138	99.96	17.0	11.8	10.3
2007	927 144	156 222	252 709	71 590	109 203	100.00	15.4	11.5	13.8
2008	938 891	157 238	236 714	68 397	110 440	100.00	17.1	10.9	13.5
2009	962 648	158 992	240 937	65 983	102 414	100.00	16.5	10.0	13.0

资料来源：北京市统计局，2010。

第7章 海峡两岸资源利用与环境变化

城市的发展需要集聚大量的资源，同时也带来自然环境的变化。自然环境向城市的转变，不仅对动植物的生存繁衍造成影响，由于道路系统对于景观水平自然过程的截断作用，将根本性地改变景观原有的生态流。城市化会改变所在集水区的水文循环过程，由于城市不透水面积的增加、人工化排水系统的延伸、地表植被减少以及人口增加等因素，入渗率、土壤保水能力、森林植被截流能力降低，加速地表径流、加大洪峰流量以及缩短到达尖峰时间、加大径流系数并增强土壤冲蚀程度等(杨沛儒，2001)。森林的减少使全球暖化与温室效应更为严重，二氧化碳代谢速率降低，加上工业生产及城市机能运作产生的氟氯碳化物、甲烷等气体，加剧了温室效应(盛连喜，2004)，而城市内部植被覆盖减少及硬铺面增加，使得城市区域产生热岛效应，不仅阻碍城市与周边区域的空气对流，同时使得城市区域夏季温度居高不下(许芳毓，2005)。

为探讨海峡两岸城市资源利用现状与环境变化，本章分别就土地及水资源利用情况探讨资源利用现状，从空气、水质量及垃圾处理等方面说明城市的环境现状，而后从生态城市建设与资源可持续利用角度，提出海峡两岸环境管理建议。

7.1 资源环境问题

在空间上，随着农地或森林向建成区的转变，人口增加及交通基础设施的建设，对原有的自然景观造成一定的负面影响，横越的交通路线会分隔区域生态系统，成为水平生态流动过程的障碍，生态空间破碎化，不仅生物栖息地丧失，更无法约束城市无序蔓延，将严重影响城市安全(肖笃宁等，1997；何念鹏等，2001；武正军和李义明，2003)。以台北盆地为例，1956~1984年的28年内，其城市化过程由点向面进而连成一体，尚未城市化地区则多为水体、沼泽等城市化障碍区或不具发展潜力的地区，山坡地因受地形及地质限制，城市发展形态属点状分布，河阶地、台地及缓坡地则可形成较大聚落，未来对河川地、洪水平原的开发压力则不断增强(张石角，1986)。而众多大陆地区沿海的新兴城市，随着产业结构的转变，将原本的农田转变为城市建成区或交通用地，以深圳为例，1979~2004年的25年间，增加了近800km²的建成区，其中，基于地形地貌条件的考虑，耕地往往成为城市建设用地扩展的主要来源。

7.1.1　两岸共同资源环境问题

海峡两岸的环境问题也存在一定的空间联系，如东北季风盛行时，台湾地区的空气质量受到大陆东北、华北、大陆沿海及韩国等大都会及工业区空气污染物（如酸性沉降）的影响。相反地，当西南气流盛行时，大陆地区的空气质量也会受到台湾工业区污染源的影响。

1. 自然资源利用不当

自然资源包括大气、水、土地、动植物、矿藏等，由于海峡两岸城市快速发展，沿海多数城市区域自然资源出现相对退化的现象，不仅环境质量下降，人为活动更造成各类破坏，包括二氧化碳的大量排放、土地粗放利用、海岸资源丧失、矿藏开发殆尽及生物多样性的降低，为自然资源带来难以逆转的影响。在大气方面，主要城市中大量的能源消耗直接产生二氧化碳，对自然、气候带来明显的影响。而集水区森林资源的破坏，亦同时降低水资源的质量。部分沿海地区不当的土地开发与工程建设，使得海岸资源逐渐消失，以往破坏生物栖息地，使众多生物趋向绝灭，或族群急遽收缩，造成生物多样性降低。另外，由于近年气候环境的变化，自然灾害频传，大雨、洪水、泥石流、地震、台风、旱灾、雪灾等也成为破坏自然资源的重要因素。

2. 环境污染

大气、水的污染是海峡两岸城市面临的相同课题。大气质量与经济活动的类型关系密切，能源的消耗直接产生二氧化碳等，加速了地球暖化、臭氧层破坏、空气污染等。在水污染方面，来自工业、居民生活的污水降低了水资源质量。为了经济增长、兴建各类公共设施、改善生活环境等，伴生了某些环境污染。伐木、高山种植果菜、修筑道路、坡地建设小区、兴建工厂、家庭废水排放等都成为水污染的来源之一，点源和非点源污染共同造成水质恶化。另外，来自土壤的污染也会经由粮食作物进入人体，对居民健康带来影响。不当的垃圾处理方式也会给环境带来威胁。

7.1.2　两岸不同的环境问题

除上述共同的环境问题外，台湾地区与大陆地区的城市亦面临相对迫切的环境问题。

1. 台湾地区环境问题

水资源不足，节约用水意识较低、中水及雨水回收再利用的比例偏低；山坡地过度开发、山林滥砍、滥伐严重，山崩、土石流严重，影响水资源的涵养，山林保育及水源保护政策；各产业的环境保护工作大多仅限于污染防治，未能进行企业环境管理及清洁生产；重要生态保育区超过环境承载量，因而降低生态保育功能；城市内部生态空间有限、分布零散，不易发挥净化环境、完善城市形态的功能。

2. 大陆地区环境问题

因工厂过度集中，未能有效管理，再加上地形因素，空气污染严重，连带产生酸雨问题；部分都市地区因人口过度集中、工厂密集、市镇污水未能有效处理，造成河川、湖泊的严重污染；环境污染防治相关产业尚在发展阶段，环境相关人才的培育亦较少，目前相关的产业及人才仍相对缺乏。

7.2　土地资源利用

参照 2006 年《城市竞争力蓝皮书：中国城市竞争力报告 No.4》可知，从城市综合竞争力角度来看目前城市发展现状，由强到弱依次是港澳台、东部沿海、中部、东北、西部，呈明显的雁阵格局。但从发展速度变化来看，中国内地城市快速提升，而台湾地区则相对增长缓慢。基于上述报告，本研究选择海峡两岸具有较高综合竞争力的北京、上海、深圳、广州、宁波、温州、苏州、天津、厦门、大连、无锡、沈阳及台北、高雄、新竹、台南、台中、基隆等大陆东部沿海与台湾岛主要城市，说明其发展概况与差异。

从土地利用角度分析，台湾地区都市计划区土地利用分为住宅区、商业区、工业区、公共设施用地、农业区、保护区、风景区及其他，非都市计划区土地利用分为乡村区、森林区、山坡地保护区、风景区、河川区、特定专用区及其他。就都市计划区土地进行比较，可知台湾地区主要城市中，台北市的面积较大，为 271.80km^2，但受盆地地形影响有 41.92% 的面积为保护区，可供建设的土地面积有限，仅占全市总面积 46.10%。整合住宅区、商业区、工业区及公共设施用地 4 项建设用地进行比较，可知台湾主要城市中，以高雄市的建设用地比例较高，占总都市计划区面积的 83.71%，其次为新竹市及台中市，分别占总都市计划面积的 67.85% 及 64.11%。在结构上，除新竹市外，其他主要城市中公共设施用地皆为主要的用地类型，占建设用地 5 成以上，而高雄市具有最大面积比例的公共设施用地，占总都市计划区土地面积的 48.74%。在其他建设用地类型中，住宅区所占比例居次，台中市有较高的住宅区比例，其次为新竹市、高雄市，分别占总都市计划面积的 24.83%、22.86% 及 21.58%。通过工业及商业的发展用地面积比较，可知台北市的商业发展明显优于工业，台中市及高雄市的商业与工业发展在用地分配上较为平均，而基隆市、新竹市、台南市则对工业的发展较为偏重，其中基隆市为 6 个主要城市中，最偏重于工业发展的城市(表 7-1)。

表 7-1　台湾主要城市都市计划区土地结构(2006 年)

	总面积/km²	住宅区/%	商业区/%	工业区/%	公共设施用地/%	农业区/%	保护区/%	风景区/%	其他/%
台北市	271.80	14.05	3.37	1.66	27.01	2.40	41.92	0.56	9.03
基隆市*	74.75	16.54	1.66	7.47	26.34	0.31	37.70	□	9.98
新竹市	44.42	22.86	4.08	9.07	31.83	13.03	7.41	4.87	6.85
台中市	161.91	24.83	3.16	4.06	32.06	15.36	□	16.69	3.84
高雄市	145.55	21.58	7.17	6.23	48.74	2.06	8.53	□	5.70
台南市	175.64	17.04	2.44	5.17	29.61	31.47	4.62	□	9.65

* 基隆市另有 61.76km² 为非都市计划区。

资料来源：台湾"行政院经建会"，2007。

　　在非建设用地中，台北市及基隆市(37.70%)有较高的保护区比例，台南市的非建设用地以农业区为主，占总都市计划面积的 31.47%，台中市则为风景区，占总都市计划面积的 16.69%。将都市计划区内的农业区视为未来潜在的建设用地，6 个主要城市中，台南市有较大的空间潜力，其次为台中市及新竹市，台北市及高雄市在空间利用上已趋于饱和，基隆市尚可尝试向非都市计划区发展。

　　2007 年 8 月，大陆地区由国家质量监督检验检疫总局和国家标准化管理委员会共同发布了由中国土地勘测规划院和国土资源部地籍管理司起草的《土地利用现状分类》国家标准(GB/T21010—2007)。为实施土地和城乡地政统一管理，依据土地的用途、经营特点、利用方式和覆盖特征等因素，对土地利用类型进行归纳、划分。在编码方法方面，该标准规定了土地利用现状分类采用一级、二级两个层次的分类体系，共分 12 个一级类 56 个二级类。12 个一级类分别为耕地、园地、林地、草地、商服用地、工矿仓储用地、住宅用地、公共管理与公共服务用地、特殊用地、交通运输用地、水域及水利设施用地及其他土地(陈百明和周小萍，2007)。由于本研究采用各城市 2006 年土地利用现状调查数据，故仍沿用农用地、建设用地及其他用地三大类的分类方法。

　　由表 7-2 可知，在大陆地区 10 个主要城市中，农用地皆为其主要的用地类型，其中大连市、宁波市更有超过 7 成的农用地，上海市、深圳市及无锡市虽然农用地比例较低，也保持近 5 成的农用地比例。农用地的内部结构各有不同，以耕地为例，深圳市的耕地所占比例最低，仅为全市总面积的 2.18%，而上海市、天津市、大连市的农用地结构中则有超过 6 成的耕地。在建设用地方面，10 个主要城市中，以温州市的建设用地比例最低，仅占全市总面积的 6.23%，而深圳市的建设用地比例最高，占全市总面积的 47.35%，其他城市中，北京市及广州市有近 2 成的建设用地比例，厦门市及无锡市约有 2.5 成的建设用地面积，上海市及天津市有近 3 成的建设用地面积比例，皆低于深圳市。

表 7-2　大陆主要城市 3 类用地比例(2006 年)　　　　　　　　　(单位：%)

	北京[1]	上海[2]	深圳[3]	广州[4]	宁波[5]	温州[6]	天津[7]	大连[8]	厦门[9]	无锡[10]
农用地	67.26	46.15	49.62	68.76	70.43	65.16	59.29	76.68	68.40	50.34
(耕地)	14.17	32.09	2.18	11.68	21.33	18.16	37.36	52.95	14.96	27.85
建设用地	19.94	28.78	47.35	20.59	14.24	6.23	29.26	16.14	24.58	24.63
其他	12.79	25.08	3.02	10.65	15.33	28.61	11.45	7.18	7.02	25.03

资料来源：1. 北京市国土资源局，2007。

　　　　　　2. 上海市房屋土地资源管理局，2007。

　　　　　　3. 深圳市国土资源和房产管理局，2007。

　　　　　　4. 广州市国土资源和房屋管理局，2007。

　　　　　　5. 宁波市国土资源局，2007。

　　　　　　6. 温州市国土资源局，2007。

　　　　　　7. 天津市国土资源和房屋管理局，2007。

　　　　　　8. 大连市国土资源和房屋局，2007。

　　　　　　9. 厦门市国土资源与房产管理局，2007。

　　　　　　10. 吴锡市国土资源局，2007。

　　整合台湾地区主要城市土地利用分类为农用地、建设用地及其他用地三大类（表 7-3），对比海峡两岸主要城市用地结构，可知台湾地区除基隆市外，其余主要城市中建设用地皆为主要用地类型，远高于大陆主要城市建设用地比例，就比例而言深圳市及台北市有相似的建设用地比例，且台湾地区主要城市农用地比例偏低，农业已非城市产业结构中的重要部分。

表 7-3　台湾地区主要城市三类用地面积比例(2006 年)　　　　　(单位：%)

	台北市	基隆市	新竹市	台中市	高雄市	台南市
农用地[1]	2.40	11.30	13.03	15.36	2.06	31.47
建设用地[2]	46.10	28.56	67.85	64.11	83.72	54.26
未利用地[3]	51.50	60.15	19.13	20.53	14.22	14.27

　　注：1.农用地包括农业区、森林区；2.建设用地包括住宅、工业、商业、公共设施；3.未利用地包括保护区、风景区、其他。

　　资料来源：台湾"行政院经建会"，2007。

7.3　水资源利用

　　如何利用有限的水资源是海峡两岸城市政府都面临的重要课题，其直接影响城市居民生活与产业发展。

　　台湾地区年平均雨量达 2 510mm，为台湾水资源之主要来源。台湾雨量虽然丰沛，约为世界平均值的 2.6 倍，但因地狭人稠，每人每年所分配雨量仅及世界平均值的 1/7，且雨量在时间及空间上分布极不均匀，5~10 月的雨量占全年的 78%，枯水期长达 6 个月，再加上河川坡陡流急、腹地狭隘，径流量被拦蓄利用的仅有 177.54 亿 m³，约占年总径流量的 18%(台湾 "经济部水利署"，2005)。在水资源的开发利用上，2000~2009 年台湾地区自来水普及率不断提高，由 90.5%上升至 92.0%，在利用上以生活用水为主，占总自来水配水量 8 成以上，但工业用水的比例也有所提高，由 13.91%上升至 16.51%(表 7-4)。

表 7-4　台湾地区近年水资源利用情况

年份	普及率/%	自来水配水量			自来水年售水量/km³	平均每人每日用水量/L		
		总配水量/km³	生活用水比例/%	工业用水比例/%		总用水量	生活用水	售水量
2000	90.5	3 926 999	86.09	13.91	2 524 180	535	461	344
2001	90.5	4 005 932	86.67	13.33	2 574 194	543	470	349
2002	90.8	3 832 266	85.94	14.06	2 144 300	515	443	288
2003	90.9	3 905 261	85.49	14.51	2 228 862	522	446	298
2004	91.3	3 928 991	84.56	15.44	2 212 019	521	441	294
2005	91.6	3 958 734	84.03	15.97	2 304 670	522	438	304
2006	91.9	4 073 630	83.39	16.61	2 283 124	533	445	299
2007	92.0	4 082 954	82.69	17.31	2 180 527	532	440	284
2008	92.2	3 850 346	81.24	18.76	2 116 756	497	403	273
2009	92.0	3 872 654	83.49	16.51	2 101 249	458	383	249

资料来源：台湾 "行政院经建会"，2010a。

台湾地区 6 个主要城市中，除新竹市外其他 5 个城市的自来水普及率皆达 99% 以上，台南市更高达 99.9%，在利用上台北市所有的自来水皆为生活用水，基隆市及台中市也有近 98%的生活用水比例，而新竹市及高雄市则有较高比例的工业用水，分别为 53.40%及 37.33%，可知两城市水资源的利用偏重于工业发展(表 7-5)。

表 7-5　台湾地区主要城市水资源利用情况(2009 年)

城市	普及率/%	自来水配水量			自来水年售水量/km³	平均每人每日用水量/L
		总配水量/km³	生活用水比例/%	工业用水比例/%		
台北市	99.6	460，633	100.00	—	328，553	481
基隆市	99.3	96，999	98.38	1.62	40，237	682
新竹市	98.8	104，508	46.60	53.40	44，513	699
台中市	99.3	198，748	97.22	2.78	123，177	508
高雄市	99.1	346，236	62.67	37.33	157，298	620
台南市	99.9	124，609	75.73	24.27	74，669	442

资料来源：台湾 "行政院经建会"，2010a。

大陆地区水资源总量为 2.81 万亿 m³，居世界第 6 位，按 13 亿人口计算，人均水资源仅为 2.251m³，不及世界人均占有量的 1/4。从城市的状况看，由于人口密集、工业发达，用水需求过度集中，人均拥有的可利用淡水资源量就更加稀少。在空间上水资源分布极不平衡，西北内陆、长江以北、长江以南 3 个区域水资源量的比例大致为 5∶15∶80(张野，2008)。近年来北京市节水措施已见成效，再生水的使用量不断提高，2001~2009 年北京市全年供水总量由 38.9 亿 m³ 下降至35.5 亿 m³，依据水资源来源可知地下水用水量明显高于地表水且差距逐年升高。北京市的地表水资源相对较为缺乏，农业、工业及居民生活的利用上，2009 年约为 2.3∶1∶2.8 的比例，水资源主要用在农业及居民生活，其中居民生活用水的比例更是逐年提高。万元地区生产总值水耗也由 104.91m³，降至 29.92m³，其大幅的下降比率也体现对出水资源利用效益的逐年提高(表 7-6)。

表 7-6　北京市近年水资源情况

项　　目	2001 年	2002 年	2003 年	2004 年	2005 年	2006 年	2007 年	2008 年	2009 年
全年水资源总量/亿 m³	19.2	16.1	18.4	21.4	23.2	24.5	23.8	34.2	21.8
地表水资源量/亿 m³	7.8	5.3	6.1	8.2	7.6	6.0	7.6	12.8	6.8
地下水资源量/亿 m³	15.7	14.7	14.8	16.5	18.5	18.5	16.2	21.4	15.1
人均水资源/m³	139.7	114.7	127.8	145.1	153.1	157.1	148.1	205.5	126.6
全年供水(用水)总量/亿 m³	38.9	34.6	35.8	34.6	34.5	34.3	34.8	35.1	35.5
按来源分									
地表水/亿 m³	11.7	10.4	8.3	5.7	7.0	6.4	5.7	6.2	3.8
地下水/亿 m³	27.2	24.2	25.4	26.8	24.9	24.3	24.2	22.9	19.7
再生水/亿 m³			2.1	2.0	2.6	3.6	5.0	6.0	6.5
南水北调/亿 m³									2.6
应急供水/亿 m³									2.9
按用途分									
农业用水/亿 m³	17.4	15.5	13.8	13.5	13.2	12.8	12.4	12.0	12.0
工业用水/亿 m³	9.2	7.5	8.4	7.7	6.8	6.2	5.8	5.2	5.2
生活用水/亿 m³	12.0	10.8	13.0	12.8	13.4	13.7	13.9	14.7	14.7
环境用水/亿 m³	0.3	0.8	0.6	0.6	1.1	1.6	2.7	3.2	3.6
人均生活用水量/m³	88.0	76.9	90.3	87.0	88.4	87.8	86.4	88.3	85.2
万元地区生产总值水耗/m³	104.91	80.19	71.50	57.35	49.50	42.25	35.34	31.58	29.92
万元地区生产总值水耗下降率/%	13.79	20.22	6.91	15.29	11.07	12.01	11.38	7.56	8.12

资料来源：北京市统计局，2010。

　　对照北京市与台湾地区 6 个主要城市的平均每人每日用水量可知，北京市的每人每日用水量相对低于台湾地区的主要城市，但台北市主要为居民生活用水，北京市则含括了 48% 的农业及工业用水。

7.4　环境质量

　　环境质量涉及大气、水、生物等内容，对城市生态系统而言则涉及城市居民生活与产业发展等活动的废弃物代谢能力，在此本研究分别从垃圾处理、空气质量、水质 3 个方面对海峡两岸城市环境质量进行比较。

在台湾地区 6 个主要城市中，垃圾清运率皆近似 100%，新竹市及台中市虽未达 100%亦高达 99%以上，在垃圾产生量上，以台南市最高，平均每人每日垃圾产生量 1.14kg，台中市最低平均每人每日垃圾产生量为 0.83kg。在垃圾处理方式上，由于空间有限，各城市皆主要采用焚烧的方式，台北市及基隆市的垃圾焚化比例更高达 100%，高雄市及台中市、新竹市也有分别高达 99%及 96%的垃圾焚化比例。在厨余垃圾的回收处理上，主要分为养猪、堆肥及其他两类，除台北市外，其他 5 个城市皆主要将厨余利用于养猪，台北市则主要采用堆肥及其他的方式，这与台北市养猪产业较弱有关。在垃圾回收上，台南市有较高的资源回收率(44.28%)及厨余回收率(12.24%) (表 7-7)。

表 7-7　台湾地区主要城市垃圾处理情况(2009 年)

		台北市	基隆市	新竹市	台中市	高雄市	台南市
总人口数/千人		2615	389	408	1070	1527	770
垃圾清运率/%		100	100	99.97	99.56	100	100
垃圾总量/t		842 347	145 006	144 739	323 244	590 043	319 598
垃圾清运量	小计/t	388 592	70 736	76 572	141 518	299 739	137 505
	焚化/t	388 592	70 736	73 131	135 824	297 271	134 697
	焚化中的巨大垃圾/t	13 808	1596	630	429	7687	2233
	卫生掩埋/t	—	—	3441	5694	2468	2808
	卫生掩埋中的巨大垃圾/t	—	—	188	—	22	105
	一般掩埋 堆置及其他/t	—	—	—	—	—	—
	巨大垃圾回收利用/t	1262	1718	862	5090	2108	1461
厨余回收	小计/t	81 310	14 417	13 743	35 763	48 905	39 124
	养猪/t	21 899	12 320	10 307	31 951	37 880	21 515
	堆肥及其他/t	59 411	2098	3436	3813	11 025	17 609
资源回收/t		371 210	58 135	53 562	140 873	239 291	141 508
平均每人每日垃圾产生量/kg		0.88	1.02	0.97	0.83	1. 06	1.14
平均每人每日垃圾清运量/kg		0.41	0.50	0.51	0.36	0.54	0.49
垃圾妥善处理率/%		100	100	100	100	100	100
垃圾回收	合计/t	53.87	51.22	47.10	56.22	49.20	56.98
	巨大垃圾回收再利用率/%	0.15	1.18	0.60	1.57	0.36	0.46
	厨余回收率/%	9.65	9.94	9.49	11.06	8.29	12.24
	资源回收率/%	44.07	40.09	37.01	43.58	40.55	44.28

资料来源：台湾"行政院经建会"，2010a。

大陆地区的北京市的垃圾处理能力于 2005~2006 年亦有所提升，2006 年后垃圾产生量有所增长，但无害化处理的比例却大幅提高，由 81.2%上升至98.2%(表 7-8)。

表 7-8　北京市污水处理及环境卫生

年份	生活垃圾无害化处理能力/(t·日)	生活垃圾产生量/万 t	生活垃圾清运量/万 t	生活垃圾无害化处理率/%	粪便清运量/万 t
2001	6 750	—	309.3	—	301.0
2002	8 750	—	321.4	—	311.7
2003	9 400	—	425.1	—	294.7
2004	9 850	496.0	491.0	79.3	206.0
2005	10 350	537.0	454.6	81.2	172.0
2006	10 350	585.1	538.2	92.5	175.7
2007	10 350	619.5	600.9	95.7	189.1
2008	12 148	672.8	656.6	97.7	206.8
2009	13 680	669.1	656.1	98.2	211.2

资料来源：北京市统计局，2010。

在空气质量方面，台湾地区分别对城市大气中的总悬浮微粒与落尘量进行统计(表 7-9)。城市空气中的悬浮微粒与落尘一部分来自自然环境，一部分来自城市居民生活与产业生产，烧香祭祀、汽机车尾气、锅炉加热皆会增加空气中的总悬浮微粒与落尘量。由 2002~2009 年的数据可知，在台湾 6 个主要城市空气质量存在波动，台北市在总悬浮微粒与落尘量两方面降幅相对明显，其余城市总悬浮微粒在 2003 年皆出现相对高值，而新竹市在落尘量上也出现逐年下降的现象。

表 7-9　台湾地区主要城市近年空气质量(2002~2009 年)

空气质量	年份	台北市	基隆市	新竹市	台中市	高雄市	台南市
总悬浮微粒 /(μg/m^3)	2002	83	115	67	88	142	102
	2003	75	97	100	134	172	133
	2004	78	90	64	98	140	94
	2005	72	85	71	108	127	96
	2006	63	80	68	84	145	101
	2007	63	94	83	73	134	85
	2008	68	92	59	89	123	90
	2009	68	68	61	66	105	101
落尘量 /[t(km^2·月)]	2002	10.9	9.2	7.5	3.9	3.4	5
	2003	10.2	5.7	5.2	1.6	2.7	10.2
	2004	9.7	4.8	5	4.1	3	11.7
	2005	8.7	7.8	4.9	4.5	3.2	9.8
	2006	7.7	6.7	4.8	3.5	3.5	9.8
	2007	8.6	11.2	4.5	4.4	3.5	9.0
	2008	8.7	8.2	4.6	2.8	3.6	6.2
	2009	6.6	11.8	4.3	2.7	3.5	4.5

资料来源：台湾"行政院经建会"，2007，2010a。

大陆地区北京市及上海市在 2000~2009 年（表 7-10 和表 7-11），空气质量二级及好于二级天数的比例和空气质量优良天数皆有所增加，二氧化硫年日均值与二氧化氮年日均值亦相对稳定下降，但上海市的酸雨频率相对增加，由于空气质量的影响因素涉及整个区域的自然与产业变化，需进一步结合社会经济数据进行讨论。

表 7-10　北京市主要年份空气状况

年份	可吸入颗粒物年日均值/(μg/m³)	二氧化硫年日均值/(μg/m³)	二氧化氮年日均值/(μg/m³)	化学需氧量排放量/万 t	二氧化硫排放量/万 t	空气质量二级及好于二级天数的比例/(%)
2001	0.165	0.064	0.071	17.0	20.1	50.7
2002	0.166	0.067	0.076	15.3	19.2	55.6
2003	0.141	0.061	0.072	13.4	18.3	61.4
2004	0.149	0.055	0.071	13.0	19.1	62.6
2005	0.142	0.050	0.066	11.6	19.1	64.1
2006	0.161	0.053	0.066	11.0	17.6	66.0
2007	0.148	0.047	0.066	10.7	15.2	67.4
2008	0.122	0.036	0.049	10.1	12.3	74.9
2009	0.121	0.034	0.053	9.9	11.9	78.1

资料来源：北京市统计局，2010。

表 7-11　上海市主要年份空气状况

指标	2000 年	2005 年	2006 年	2008 年	2009 年
中心城区二氧化硫年日均值/(μg/m³)	45	61	55	51	35
中心城区二氧化氮年日均值/(μg/m³)	90	61	51	56	53
中心城区可吸入颗粒平均浓度/(μg/m³)	88	86	—	84	81
降水 pH 平均值	5.19	4.93	4.73	4.39	4.66
酸雨频率/%	26	40	56.4	79.2	74.9
环境空气质量优良天数/天	295	322	324	328	334
环境空气质量优良率/%	80.8	88.2	88.8	89.6	91.5

资料来源：上海市统计局，2007，2010。

在河川水质方面（表 7-12），台湾地区河流总长度为 2933.9km，其中末梢受污染的占 67.2%，轻度污染的占 8.1%，中度污染占 18.9%，严重污染占 5.9%。结合其流域位置，在淡水河、大甲溪、高屏溪及浊水溪 4 条主要的河流中，以中部地区浊水溪及大甲溪河川水质相对较佳，主要为末梢受污染，而北部淡水河系则污染较为严重，严重污染的河流长度占 6.8%。

表 7-12　台湾地区河川污染情况(2009 年)

	河流长度/km	末梢受污染		轻度污染		中度污染		严重污染	
		长度/km	比例/%	长度/km	比例/%	长度/km	比例/%	长度/km	比例/%
总计	2 933.9	1 970.1	67.2	237.8	8.1	553.9	18.9	172.1	5.9
淡水河系	323.4	217.0	67.1	30.1	9.3	54.3	16.8	22.0	6.8
大甲溪	140.2	140.2	100	—	—	—	—	—	—
高屏溪	170.9	88.6	51.8	28.0	16.4	53.2	31.1	1.1	0.6
浊水溪	186.4	186.4	100	—	—	—	—	—	—

资料来源：台湾"行政院经建会"，2010a。

　　在台湾的 6 个主要城市中污水处理的能力差距较大，基于污水管道与设施设置比例所计算的污水处理率以台北市及高雄市较高，分别为 100.00%及 86.72%，台北市的公共污水下水道普及率更是高达 96.69%(表 7-13)，而基隆市的污水处理率仅达 19.27%，在污水处理的基础建设上，基隆市及台南市都有较大的提升空间。

表 7-13　台湾地区主要城市污水处理(2009 年)

	户数	污水处理户数	公共污水下水道普及率/%	专用污水下水道普及率/%	建筑物污水设施设置率/%	污水处理率/%
台北市	651 857	585 575	96.69	4.38	2.62	100.00
基隆市	97 080	14 592	4.91	4.29	10.07	19.27
新竹市	102 897	29 171	—	22.14	17.97	40.11
台中市	268 409	98 342	20.14	17.87	12.85	50.85
高雄市	381 978	282 610	56.11	8.78	21.84	86.72
台南市	192 765	45 178	21.52	8.30	7.94	37.77

资料来源：台湾"行政院经建会"，2010a。

　　在 2001~2009 年，大陆地区的北京市污水处理率有较大幅度的提高，由 42.0%上升至 80.3%，再生水的利用量也大幅增加，可见政府在污水处理与节水设施上的投入较大，体现北京市承载的人口有所增加，对水资源的消耗更大(表 7-14)。

表 7-14　北京市污水处理

年份	污水管道长度/km	污水处理能力/万 m³/日	污水处理率/%
2001	2163	144	42.0
2002	2658	181	45.0
2003	2903	215	50.1
2004	2909	255	53.9
2005	2521	324	62.4
2006	3398	331	73.8
2007	4357	353	76.2
2008	4458	329	78.9
2009	4495	356	80.3

资料来源：北京市统计局，2010。

7.5　环境管理现状与建议

对于大气、水等环境状态，海峡两岸城市皆有明确的管理规定，相关的管理单位分别在重点区域进行实时的监测，并进行系统的管理。

绿地与水体的存在会对城市发展造成阻碍，在安全及投入成本的考虑下，住宅及交通建设需要耗费较大的金钱及资源，才得以跨越河流或山体界线。而基于生物多样性、城市安全等因素划定的保护区及禁止、限制开发区域，亦明确地约束了城市建设的空间范围。除了城市土地利用、规划相关政策，目前台湾地区相关环境保护有关规定尚包括《森林法》(1932)、《山坡地保育利用条例》(1976)、《野生动物保育法》(1989)、《"国家"公园或风景特定区内森林区域管理经营配合办法》(1990)、《台湾省保安林施业方法》(1991)、《特定水土保持区划定与废止准则》(1996)；而我国的《环境保护法》(1989)、《水土保持法》(1991)、《建设项目环境保护条例》(1998)、《环境影响评价法》(2002)等皆对特定的空间对象有明确的利用与保护措施，对城市区域的自然资源、文物与环境维护有正面的影响。上述的政策、法律、法规提供了城市景观规划、土地利用、资源保护有力的依据，但也对当前的城市空间形成一定的约束作用。特别是在农业保护上，若仅遵循数量上的保护，使得部分地区产生规模狭小、分布零散的农地，不仅分割了城市土地利用，降低土地利用价值，对农民生产、生活亦有不利的影响。

大陆地区由于区域发展水平差距较大，经济发展与环境保护的问题较台湾地区更为严重。《环境保护法》便侧重于防治污染，对相互联系、相互制约的环境与自然资源的保护缺乏完善的保护措施，对区域环境也缺乏综合性规范。而台湾地区的环境管理与欧美各国不同，却与日本一样，走了先污染、后治理的道路。在环境保护的有关规定上，一个一个地制定具体的污染防治标准和方法。为追求继续高增长的经济事业，拟定台湾地区环境保护有关规定，并在20世纪80年代以后，采取环境保护与经济发展兼筹并重策略。但是实践结果，到20世纪末，台湾"行政院经建会""跨世纪'国家'建设计划"指出："经济发展与环保生态无法兼顾，利益团体族群间对立，导致社会和谐的失调"，"台湾所面临的极大失衡问题，直接或间接皆离不开环境之议题"(唐荣智和钱水娟，2007)。

海峡两岸的环境管理也共同面临与世界接轨的问题，目前国际上对温室效应气体管制、石油等化石能源替代、清洁生产、生物多样性保护与生物安全、全球环境变迁预警、传染病防治等具有区域影响的环境问题的管理对策，不仅提供海峡两岸环境管理的具体内容，也为两岸环境保护工作提供重要工作方向。而大陆地区的环境管理也必须就加强群众环保意识、政府管理机关正视环保抗争等方面努力。

以下就两岸环境管理所面临的共同问题，基于可持续发展目标整理相关建议如下。

1. 自然保育

大气：加强大气科学研究，气象观测及再生能源开发技术；保护森林植被净化空气的功能，加强平地造林；建立环境、生态基础数据库，了解热岛效应对城市环境及生态的影响；修订能源政策，调整产业结构，以降低空气污染。

水资源：严格管理水源保护区土地利用，加强森林保育经营、水土保持、污染防治；推动全面地下水资源调查与监测；切实管理地下水抽取行为；普及污水下水道，阻截污染水源；建立节流与开源并重的水资源政策，加强用水管理、废污水回收再利用。

生物多样性：评估现有保护区的实际功能，建立保护区系统，并排定保护之优先级；复育遭破坏的自然环境资源；推广生态工法，落实公共建设兼顾生态环境保护目标。

海洋及海岸湿地：建立海洋及海岸监测系统，研拟海岸保护与防护计划；研订海洋生物资源利用与技术发展研究；保护海岸地区河口、沙丘、红树林、珊瑚礁及人文史迹等资源；设置海岸、海洋保护区。

土地资源：适时更新土地信息系统；从严管理山坡地、河川区域及海岸地区之开发；积极复育环境严重退化地区。

2. 污染预防及生态修复

大气：建立公平、合理且具经济诱因的污染者付费制度；落实工厂设置及操作许可证制度；建立环保单位实时查核系统，落实污染源自动监测、检测、遥测及申报制度；针对各行业别研订最佳可行的控制技术，订定大型污染源污染物排放减量期程；逐期加严车量的排放标准，定期更换查验，鼓励使用干净能源；推广屋顶及阳台绿化，提升绿蔽率。

水资源：减少家庭污水负荷，加速兴建污水下水道系统，以提高污水下水道之普及率；水源水质保护区内达到完全禁养，并辅导养殖户妥善处理废水降低水体污染；加强工业区废水前处理管制，落实申报稽核、收费制度，以提升污水场营运管理绩效，减少工业污染；加强非点源污染排入水体造成污染之调查；推动河川流域整体规划及管制，以改善河川水质，规划足量的水作为生态用水。

土壤：强化土壤调查能力，建立完整土壤污染数据库；制定合理的土壤质量污染整治标准，收集本土气候、土壤、环境与暴露特性数据，并纳入生态风险评估观念；增加废弃物妥善处理率，以及倡导并管制农业用肥料及农药使用量，降低各种潜在性土壤污染来源；合理订定收取土壤及地下水整治费，并推动土地污染保险。

废弃物：整合环保相关法规，拟定规范标准及监督管理办法使废弃物资源得以再利用；加重生产者之环保责任，订定企业回收目标、推广符合零废弃企业标章、强制定时提供环境报告；出版环保设计手册及消费者绿色采购手册；推动进出口产品使用国际环境管制标准；加强国际、中央、地方政府和业界合作；提倡社会教育，建立小区废弃物回收利用基础建设。

3. 环境相关规划整合

从区域规划、城市规划到各项工程建设都善用环境规划的技术。掌握土地资源动态变化；整体规划土地使用，加强区域合作，以实现土地资源永续利用；建立成长管理机制，并落实农地、坡地的管理；建立有效的环境监测系统，积极遏止各种违法、违规的土地利用；清查退化土地、闲置土地及畸零地等，励行土地复育及再利用。复育采矿迹地，转化为地质公园或其他利用。

4. 农、渔、林业经营与生产保障

农业：保护优良农地，落实农地发展政策及坡地资源管理；保护优良农业生产地区，避免零星变更影响整体农业生产环境；调整坡地农业经营管理政策，维护坡地资源之永续利用；建立农地资源空间数据库，规划农业经营空间，兼顾农业发展与农地资源有效利用。

渔业：调查经济海域内渔业资源；消除非法渔捕行为；设置养殖渔业生产区，辅导纯海水养殖发展，改善供排水系统，减少水土资源污染，防止地层下陷；推动渔港功能多元化，发展休闲渔业及观光渔业；增加渔村文化、小区营造等方面之建设经费，强化公共设施经营规划管理。

林业：建立林业资源规划、管理与长期监测制度；推行生态造林的林相改良；保育林地，复育退化土地。

5. 健全城市绿地系统

结合城市绿地、蓝带与生活动脉形成绿地系统网络、加强绿廊道建设、提高其可及性与安全性、考虑绿地开发与既有绿地空间之更新或再利用；落实绿地政策，整合串连绿色及蓝色廊道（如流域绿地、交通绿地）；防止生态资源系统破碎化、生态廊道断裂；绿化道路建设，作为河川缓冲及野生物迁移或栖息之廊道。

6. 城乡关系协调

依区域环境特色规划建设，积极营造城乡新风貌，创造循环型社会及生态都市，建设与自然和谐之城乡；城市发展管理必须配合区域综合发展计划并反映区域文化特色；检讨交通设施及工业用地计划，终止滥建不必要之交通网络及工业区；避免公共建设无限制膨胀。

7. 生态工业区构建

扩展区域市场机能，提升绿地率与资源回收率，节省水资源与能源耗用，具经济利益与环境利益；建立环境绩效指标，包括：零废弃愿景，符合国际环境保护公约及标准程序、能/资源回收率、生产环保/环境友善产品比率、污染减量率、二氧化碳减少率等总指标；加速推动环保科技园区并针对资源再生产品之市场性，协助企业申请公告，积极推动绿色采购，健全回收/再资源化产品拓展营销通路。

8. 自然灾害防治

加强防灾教育、宣传，深化全民防灾意识，落实防灾措施；持续搜集防灾数据，建置防灾数据库，推动防灾救灾科技研究，发展减灾、抗灾、救灾的新技术。

第8章　海峡两岸城市复合生态系统功能评价

为探讨海峡两岸沿海发达地区城市生态系统的功能差异，本研究选择北京、上海、深圳、广州、宁波、温州、天津、厦门、大连、无锡及台北、高雄、新竹、台南、台中、基隆 16 个大陆东部沿海与台湾岛西部沿海典型城市为研究区，结合城市生态系统理论、国家生态市建设指标及两岸沿海城市特色指标，构建海峡两岸沿海典型城市生态系统功能评价指标体系，评价其社会、经济、自然子系统各自的功能及其协调发展程度。

8.1　沿海城市特色指标

由于海峡两岸沿海区域属于城市发展相对发达地区，具有人口集中、经济效益高且气候相对温和的特性，为进一步区分其内部差异，本节分别从经济、环境及社会三方面提出补充指标(表 8-1)。

表 8-1　两岸城市特色指标

类别	指标名称	单位	参考值
经济	恩格尔系数	%	< 40
	人均日交通成本	时间×距离	—
	单位土地 GDP 产出	万元/km^2	≥5000
	环境保护投入占 GDP 的比例	%	8
环境	化肥使用强度	kg/hm^2	≤300
	工业废水排放达标率	%	100
社会	医疗保险覆盖比例	%	—
	人均受教育年限	年	≥14
	人均寿命	年	—

经济方面包括恩格尔系数、人均日交通成本、单位土地 GDP 产出与环境保护投入占 GDP 的比例。恩格尔系数可用来反映城市居民的食品消费支出，可说明在已达温饱的情况下，在食品以外方面的花费；交通的通达性影响城市运转的效益，人均日交通成本越高，则说明城市居民实际用于生产的精力越低；单位土地 GDP 产出则用来指示目前城市大面积建设可能出现的浪费、低效利用的现象；环境保护投入占 GDP 的比例则用来概述政府对于环境保护的重视程度,可直接影响环境质量。

在环境方面，鉴于城市发展对自然环境的负面影响，建议采用化肥使用强度、工业废水排放达标率等。海峡两岸沿海城市多位于河流出口区域，农业发展上化肥的使用、工业废水的处理也是影响城市环境的重要问题。

由于沿海城市已具一定的经济基础，社会方面涉及的内容则显得更为复杂，在医疗与教育两个主要内容中，其中医疗方面涉及医疗保险涵盖的比例与人均寿命，医疗保险覆盖的比例越高，则越大比例的城市居民生命受到基本保障，相应减少政府的财政负担，而人均寿命则综合体现城市生活、居住环境的健康程度；人均受教育年限可反映城市居民的基本素质，而每万人拥有高等学校数则反映高等教育资源的多寡。

8.2　城市生态系统功能评价指标体系

由于海峡两岸沿海区域均属城市化相对发达地区，具有人口集中、经济效益高且自然条件优越、气候相对适宜的特性，为进一步区分其内部差异，在指标的选取上，依据城市复合生态系统理论及海峡两岸沿海城市发展现况，通过与两岸相关专家的座谈，在国家生态市建设指标、国内外生态城市评价研究指标的基础上，补充两岸城市特色指标，将 Delphi 法(德尔菲法)和 AHP 法(层次分析法)相结合，计算出指标体系中各指标的权重，并把权重转换成为百分制的权数，进而构建两岸沿海典型城市生态系统功能评价指标体系(表 8-2)。

表 8-2　两岸城市子系统功能评价指标

	功能	指标	依据	参考值
自然子系统	环境服务	森林覆盖率	国家生态市建设指标	≥15%
		保护区占国土面积比例	国家生态市建设指标	≥17%
		人均公共绿地面积	国家生态市建设指标	≥11m²
		自然河段比例	国内外生态城市评价指标	—
	系统代谢力	生活垃圾无害化处理率	国家生态市建设指标	≥90%
		工业固体废物处置利用率	国家生态市建设指标	≥90%
		空气环境质量	国家生态市建设指标	—
		淡水环境质量	国家生态市建设指标	—
		环境噪声	国家生态市建设指标	—
		近岸海域水环境质量	国家生态市建设指标	—
社会子系统	社会承载力	人口密度	国内外生态城市评价指标	—
	社会稳定性	就业率	国内外生态城市评价指标	—
		人均住房	两岸城市特色指标	—
		医疗保险覆盖比例	两岸城市特色指标	—
		人均寿命	两岸城市特色指标	—
	文化持续性	受高等教育比例	国内外生态城市评价指标	—
		人均受教育年限	两岸城市特色指标	≥14 年

	功能	指标	依据	参考值
经济子系统	生活富足度	非食物消费比例	两岸城市特色指标	>40%
		人均日交通成本	两岸城市特色指标	—
	产业竞争力	第三产业 GDP 比例	国家生态市建设指标	≥40%
		单位工业增加值水耗	国家生态市建设指标	≤20m³/10000 RMB
		单位 GDP 能耗	国家生态市建设指标	≤0.9 吨标准煤/10 000RMB
		单位土地 GDP 产出	两岸城市特色指标	≥5000RMB/km²

资料来源：张小飞等，2010。

1. 自然子系统功能评价指标

由于海峡两岸沿海城市的发展对维系自然子系统功能的生态空间依赖性较大，本研究以生态空间为基础，通过量化其提供的生态服务（ecological services，ES）与自身系统代谢能力（metabolic capability，MC）来量化自然子系统功能（natural subsystem function，NSF），其中生态服务与代谢能力同等重要。

$$NSF=MEAN(ES，MC) \tag{8-1}$$

生态服务：城市的发展从自然环境获得大量的效益，鉴于自然子系统功能的存续与其在城市中所占的面积息息相关，本节采用森林覆盖率（forest coverage rate，FCR）、保护区面积比例（conservation area rate，CAR）、人均公共绿地面积（green area per capita，GAPC）、自然河段比例（natural riverside rate，NRR）等生态用地比例，同时结合其各自的权重值（W_i，i=FCR，CAR，GAPC，NRR）共同作为量化生态服务的综合表征。具体计算公式如下：

$$ES=W_{FCR} \times FCR+W_{CAR} \times CAR+W_{GAPC} \times GAPC+W_{NRR} \times NRR \tag{8-2}$$

系统代谢力：城市系统的功能运转需要消耗大量的物质与能源，同时也产生相应的废弃物，包括废气、废水及垃圾等，给城市大气、水等环境的循环自净能力带来负担，由城市物质代谢功能的运转可指示城市自然子系统功能的健康状况。本节采用生活垃圾无害化处理率（living garbage disposal rate，LGDR）、工业固体废物处置利用率（industrial solid waste disposal rate，ISWDR）、空气环境质量（air environment quality，AEQ）、淡水环境质量（fresh water environment quality，FWEQ）、噪声环境（environmental noise，EN）、近岸海域水环境质量（offshore marine water environment quality，OMWEQ）等环境指标，同时结合其各自的权重值（W_i，i=LGDR，ISWDR，AEQ，FWEQ，EN，OMWEQ）共同作为系统代谢力的综合表征。具体计算公式如下：

$$MC=W_{LGDR} \times LGDR+W_{ISWDR} \times ISWDR+W_{AEQ} \times AEQ+W_{FWEQ} \times FWEQ+$$
$$W_{EN} \times EN+W_{OMWEQ} \times OMWEQ \tag{8-3}$$

2. 社会子系统功能评价指标

海峡两岸沿海地区城市社会子系统功能(social subsystem function，SSF)，可通过其社会承载能力(social carrying capacity，SCC)、与安全保障相关的社会稳定性(social stability，SS)及城市文化延续性(cultural sustainability，CS)对系统功能进行测定，三者同等重要。

$$\text{SSF=MEAN(SCC,SS,CS)} \qquad (8\text{-}4)$$

社会承载力：社会子系统主要承载因为城市化而集聚的人口，一个完善的社会子系统可提供居民较好的就业、生活、医疗、教育等机会，吸引外部居民进入，同时也为系统带来新的劳动力及更新的契机。本节采用人口密度(population density，PD)指标作为社会承载力的表征。人口密度并不是单纯的正向或逆向指标，而是一个适度型指标，过高或过低皆影响城市功能，但海峡两岸城市面积差距较大，本节中的人口密度计算是基于建设用地上的人口，且在目前海峡两岸16个典型城市中皆属于高人口密度区域，其结果多数高于相关生态城市评价研究中的标准，但低于同时期大阪、首尔、雅加达等其他亚洲中心城市的密度，故在此将其视为正向指标。具体计算公式如下：

$$\text{SCC=}W_{\text{PD}} \times \text{PD} \qquad (8\text{-}5)$$

社会稳定性：社会稳定性受许多因素影响，包括收入、医疗、就业、教育、治安等层面。随着经济效益的不断积累，社会系统中的贫富差距逐渐加大，进而导致社会治安问题的出现，其中失业不仅是劳动力资源的浪费，也是造成社会不稳定的重要因素。在此采用就业率(employment rate，ER)、人均住房(per capita housing，PCH)、医疗保险覆盖比例(medical insurance coverage，MIC)和人均寿命(life expectancy，LE)等指标，同时结合其各自的权重值(W_i，i=ER, PCH, MIC, LE)共同作为社会稳定性的综合表征。具体计算公式如下：

$$\text{SS=}W_{\text{ER}} \times \text{ER+}W_{\text{PCH}} \times \text{PCH+}W_{\text{MIC}} \times \text{MIC+}W_{\text{LE}} \times \text{LE} \qquad (8\text{-}6)$$

文化持续性：人是社会的主体，人类需要通过各种形式的教育获得知识、技能，高等教育位于学校教育的顶部，高等学校的学生数量可反映城市文化教育的质量与普及性，同时说明两岸城市文化持续力的差异。本节采用受高等教育比例(high education level proportion，HELP)和人均受教育年限(average length of education，ALE)等指标，同时结合其各自的权重值(W_i，i=HELP, ALE)共同作为文化持续性的综合表征。具体计算公式如下：

$$\text{CS=}W_{\text{HELP}} \times \text{HELP+}W_{\text{ALE}} \times \text{ALE} \qquad (8\text{-}7)$$

3. 经济子系统功能评价指标

城市的经济子系统功能(economic subsystem function，ESF)，其衡量需涉及当前的状态与未来的发展潜力，在此本研究分别从生活富足度(opulence level，

OL)与产业竞争力(industrial competitiveness, IC)两方面进行探讨,在功能值计算上,两者同等重要。

$$ESF=MEAN(OL, IC) \tag{8-8}$$

生活富足度:一个城市居民是否富足涉及一系列满足居民物质生活需要和精神生活需要的内容,人均收入、消费水平和教育医疗花费等皆可作为城市居民生活富裕度的参考。本节采用非食物消费比例(non food consumption rate, NFCR)和人均日交通成本(per capita traffic cost, PCTC)等指标,同时结合其各自的权重值(W_i, i=EC, PCTC)共同作为生活富足度的综合表征。具体计算公式如下:

$$OL=W_{EC} \times EC+W_{PCTC} \times PCTC \tag{8-9}$$

产业竞争力:在国际化与全球化力量的推动下,城市经济发展的竞争力,可由其对世界经济的影响来体现,主要涉及金融、物流、管理、服务等第三产业,因此城市第三产业的信息,可大概反映城市的性质及其对外围的影响。在此采用第三产业 GDP 比例(GDP proportion of tertiary industry, GDPTI)、单位工业增加值水耗(water cost per industrial added value, WCIAV)、单位 GDP 能耗(energy consumption per GDP, ECGDP)、单位土地 GDP 产出(GDP in unit area, GDPUA)等指标,同时结合其各自的权重值(W_i, i=GDPTI, WCIAV, ECGDP, GDPUA)共同作为产业竞争力的综合表征。具体计算公式如下:

$$IC=W_{GDPTI} \times GDPTI+W_{WCIAV} \times WCIAV+W_{ECGDP} \times ECGDP+W_{GDPUA} \times GDPUA \tag{8-10}$$

4. 系统协调度评价指标

本研究基于 3 个子系统标准化功能值计算两两之间的系统协调度,其中自然生态系统与社会系统协调度(natural-social compatibility, NSC)、社会与经济系统协调度(social-economic compatibility, SEC)和自然生态系统与经济系统协调度(natural-economic compatibility, NEC)可分别按下式计算:

$$NSC_i=1.0-|(NSF_i-SSF_i)/(NSF_i+SSF_i+ESF_i)| \tag{8-11}$$
$$SEC_i=1.0-|(SSF_i-ESF_i)/(NSF_i+SSF_i+ESF_i)| \tag{8-12}$$
$$NEC_i=1.0-|(NSF_i-ESF_i)/(NSF_i+SSF_i+ESF_i)| \tag{8-13}$$

在此基础上,基于上述子系统间协调度的均值来表征综合协调度(integrated compatibility, InC),借以量化子系统的协调发展情况。计算公式可表述为

$$InC_i=MEAN(NSC_i, SEC_i, NEC_i) \tag{8-14}$$

式中,InC_i 为第 i 个城市生态系统的综合协调度;NSF_i 为该城市自然子系统功能值;SSF_i 为该城市社会子系统功能;ESF_i 为该城市经济子系统功能值。

在具体操作上,由于两岸城市统计口径具有差异,因此对于部分指标本研究采用替代指标进行比较,说明城市间的差异。其中,环境服务功能中森林覆盖率、受保护地区占国土面积比例、人均公共绿地面积等指标涵义,可以非建设用地比例替代;高等学校教育程度居民比例指标由于大陆地区城市并未进行统计,故采

用海峡两岸城市皆可获得的万人高等学校数指标替代；第三产业 GDP 比例指标由
于台湾地区城市并未进行统计，故采用海峡两岸城市皆具备的第三产业比例指标
替代（表 8-3）。

表 8-3　城市生态系统功能评价操作指标

系统	功能	指标	计算方式	单位	方向
自然	环境服务	非建设用地比例	（非建设用地面积/市域总面积）×100%	%	+
	系统代谢力	垃圾无害化处理率	（焚烧、卫生掩埋、回收垃圾量/垃圾清运量）×100%	%	+
社会	承载力	人口密度	全市常住人口/建设用地	人/km²	+
	稳定性	就业率	（从业人口/劳动人口）×100%	%	+
	持续性	万人高等学校数	高等学校数/全市常住人口	间/10 万人	+
经济	生活富裕度	恩格尔系数	（食品消费/总消费支出）×100%	%	—
	竞争力	第三产业比例	（第三产业人口/劳动人口）×100%	%	+
	系统协调性	协调系数	$H_i=100\text{-STD}(En_i, So_i, Ec_i)$	—	+

另外，由于两岸城市具有人口、面积等规模差异，因此为使得典型城市间更
具有可比性，在操作上皆选取地均或人均指标，通过常住人口、用地进行调节，
最终获得海峡两岸城市生态系统功能评价指标及其具体计算方式。其中，土地数
据来自各城市国土资源局信息公开网页土地变更调查统计及台湾"行政院经建会"
统计数据来自国家统计局城市社会经济调查司及台湾"行政院经建会"，大陆地区
常住人口数据及恩格尔系数来自国家、各省及市统计网页或相关新闻网页，温州
市及大连市 2006 年常住人口数据以 2007 年数据替代。

8.3　海峡两岸城市生态系统功能异同

海峡两岸城市具有地理区位、面积、管理等不同方面的先天差异，其城市生
态系统功能也因内部环境、社会及经济子系统作用的差异而有所不同。本研究基
于两岸沿海城市经济发展稳定、人口聚集度高、气候条件相对温和与资源多样性
丰富等共通性，构建城市生态系统功能评价指标体系，进一步分析不同城市内部
子系统功能结构的差异及其间的相互关系。

8.3.1　自然子系统

通过海峡两岸城市统计年鉴与大陆城市国土资源局信息公开数据，可得沿海
的 16 个典型城市 2006 年非建设用地比例与垃圾完善处理率，进而获得各个城市
环境子系统在环境服务与系统代谢量方面的相对值。其中非建设用地比例大陆城
市相对高于台湾城市，台湾地区的 6 个典型城市中，以基隆市的非建设用地比例

较高，为 71.45%，其次为新竹市 62.17%，高雄市较低，市域内具有环境服务功能的非建设用地仅占 16.28%。大陆地区的 10 个典型城市中，非建设用地皆可达到 50% 以上，其中温州市较高为 93.77%，深圳市较低为 52.64%，这与大陆城市市域范围较大，并涵括大量的农业用地有关。

在垃圾完善处理率方面，海峡两岸城市中以台湾地区的典型城市比例较高，除台北市外皆可达到 100%，而大陆地区的典型城市垃圾完善处理率则相对较低，其中较高者为宁波市 95.92%，其次为厦门市 (94.26%)、深圳市 (93.07%)，上海市则较低为 61.60%，可知在城市环境系统的代谢方面，台湾地区的城市废弃物有较好的处理成效。

2009 年，台湾地区基隆市、新竹市及台南市的非建设用地比例皆有上升，增幅分别为 0.41%、7.47% 及 0.21%，以新竹市的增幅较大，大陆地区的城市除深圳市非建设用地比例增长 0.59% 外，其余城市非建设用地比例皆有不同程度的下降，其中以上海市的降幅相对降大为 11.2%，其次为厦门市的 4.52%。在城市垃圾完善处理率方面，台湾地区的 6 个城市仍保持在 100%，相对于 2006 年大陆地区城市皆相对上升，广州、宁波、厦门及无锡 4 个城市也达到 100%，北京市亦达到 98.2%。

自然子系统整体功能方面，2006 年大陆的 10 个典型城市整体高于台湾的 6 个典型城市，其中环境子系统功能最佳者为宁波市，其次为基隆市，受服务功能较低影响，最低者为台湾地区的高雄市。相较于 2006 年，2009 年台湾地区总体得分变化不大，大陆地区城市的整体功能上升幅度相对较大，可推知大陆地区城市近年来在环境保护上的成效相对显著 (表 8-4)。

表 8-4　城市自然子系统功能评价指标值

指标	台北市	基隆市	新竹市	台中市	高雄市	台南市
2006 年环境服务	0.575	0.762	0.663	0.383	0.174	0.488
2006 年系统代谢力	1.000	1.000	1.000	1.000	1.000	1.000
2006 年子系统功能	0.787	0.881	0.832	0.691	0.587	0.744
2009 年环境服务	0.580	0.766	0.743	0.382	0.155	0.490
2009 年系统代谢力	1.000	1.000	1.000	1.000	1.000	1.000
2009 年子系统功能	0.790	0.883	0.871	0.691	0.578	0.745

指标	北京	上海	深圳	广州	宁波	温州	天津	大连	厦门	无锡
2006 年环境服务	0.854	0.760	0.561	0.847	0.915	1.000	0.754	0.894	0.804	0.804
2006 年系统代谢力	0.746	0.616	0.931	0.851	0.959	0.743	0.851	0.844	0.943	0.901
2006 年子系统功能	0.800	0.688	0.746	0.849	0.937	0.872	0.802	0.869	0.873	0.852
2009 年环境服务	0.847	0.640	0.568	0.834	0.903	1.000	0.737	0.892	0.756	0.794
2009 年系统代谢力	0.982	0.823	0.943	1.000	1.000	0.616	0.943	0.940	1.000	1.000
2009 年子系统功能	0.915	0.732	0.755	0.917	0.952	0.808	0.840	0.916	0.878	0.897

由于台湾地区城市规模较小，建设用地比例偏高，而大陆城市市域范围较大，并涵括大量的农业用地，因而在环境服务功能上台湾地区城市得分较低；在系统代谢力方面，台湾地区城市的垃圾完善处理率相对较高，除台北市外皆可达到100%，可知台湾地区的城市废弃物有较好的处理成效。基于上述分析，为强化城市自然子系统功能，台湾地区城市应于未来的城市更新过程中，增加非建设用地面积比例，并结合三维绿化方法，突破空间规模限制；而大陆地区的城市则须加强对城市废弃物的完善处理，提高资源利用效益。

8.3.2　社会子系统

通过海峡两岸城市统计年鉴与大陆城市国土资源局、统计局信息公开数据，可得沿海的 16 个典型城市人口密度、就业率及 10 万人高等学校数，进而获得各个城市社会子系统在承载力、稳定性、持续性的值。

2006 年年底在基于建设用地计算的人口密度计算中，台湾地区城市的人口密度整体高于大陆城市，其中台湾地区以台北市较高，为 21 007/km² 人，最低为台南市 7974 人/km²，大陆地区以深圳市最高，为 9153 人/km²，最低为大连市 2924 人/km²，在两岸 16 个典型城市中以台北市的社会子系统承载力最高。在就业率方面，两岸城市间较无明显差距，台湾地区 6 个典型城市的劳动人口就业率皆处在95%~97%，大陆地区的 10 个典型城市则差距较大，最高为深圳市的 98%，最低为上海市的 92.3%，可知台湾地区城市的稳定性各个城市大致相近，大陆地区则以深圳市、北京市的稳定性较高。在人均高等学校数方面，台湾地区城市的人均高等学校数以新竹市可达每 10 万人享有 1.54 间高等学校最高，其次为台北市的每 10 万人享有 1.03 间高等学校，大陆地区最高的广州市每 10 万人享有 0.62 间高等学校，可知台湾地区的高等教育相对普及，对城市文化的维系有较高的持续力。

2009 年末，台湾地区 6 个城市的单位建设用地人口仍高于大陆地区的 10 个城市，且以台北市的 21 047 人/km² 明显高于其他城市，大陆地区城市中以温州市10 985 人/km² 最高；在稳定性方面，台湾地区 6 个城市的劳动人口就业率皆处于94%~95%，大陆地区的 10 个城市的劳动人口就业率皆高于 95%，且以北京市的98.56%最高；在文化持续性方面，10 万人享有的高等学校仍以新竹市的 1.46 间最高，且台湾地区城市仍高于大陆地区城市。

在社会子系统整体功能方面，2006 年台湾的 6 个典型城市整体高于大陆的 10 个典型城市，其中社会子系统功能最佳者为台北市，其次为基隆市，大陆地区较高者为广州市。2009 年比较仍维持上述结论，但广州市与厦门市在万人高等学校数量上有明显上涨，可推知两城市对教育建设投入力度的加大（表 8-5）。

基于上述分析，为提高城市社会子系统功能，台湾地区城市应结合产业升级与开放旅游的契机，提高城市居民的就业率；而大陆地区城市相对常住人口而言，高等教育学校数量相对较低，将不利于本地人才培养，是未来城市发展须进一步加强的方面。

表 8-5　城市社会系统功能评价指标值

指标	台北市	基隆市	新竹市	台中市	高雄市	台南市
2006 年社会承载力	1.000	0.477	0.624	0.479	0.592	0.380
2006 年社会稳定性	0.978	0.973	0.974	0.974	0.973	0.977
2006 年文化持续性	0.688	1.000	0.495	0.249	0.387	0.428
2006 年子系统功能	0.889	0.817	0.698	0.567	0.651	0.595
2009 年社会承载力	1.000	0.480	0.621	0.491	0.580	0.386
2009 年社会稳定性	0.956	0.957	0.956	0.955	0.955	0.957
2009 年文化持续性	0.710	0.530	1.000	0.767	0.404	0.445
2009 年子系统功能	0.889	0.656	0.859	0.738	0.646	0.596

指标	北京	上海	深圳	广州	宁波	温州	天津	大连	厦门	无锡
2006 年社会承载力	0.230	0.364	0.436	0.301	0.232	0.422	0.147	0.139	0.273	0.236
2006 年社会稳定性	0.995	0.937	1.000	0.988	0.970	0.983	0.958	0.962	0.986	0.947
2006 年文化持续性	0.338	0.215	0.069	0.406	0.126	0.049	0.273	0.225	0.363	0.123
2006 年子系统功能	0.521	0.505	0.502	0.565	0.443	0.485	0.459	0.442	0.541	0.435
2009 年社会承载力	0.247	0.360	0.474	0.302	0.227	0.522	0.158	0.132	0.242	0.241
2009 年社会稳定性	1.000	0.971	0.988	0.992	0.983	0.984	0.978	0.986	0.974	0.986
2009 年文化持续性	0.344	0.236	0.062	0.491	0.143	0.051	0.307	0.445	0.463	0.122
2009 年子系统功能	0.530	0.522	0.508	0.595	0.451	0.519	0.481	0.521	0.560	0.450

8.3.3　经济子系统

通过海峡两岸城市统计年鉴,可得沿海的 16 个典型城市恩格尔系数与第三产业比例,进而获得各个城市经济子系统在生活富裕程度与竞争力方面的相对值。

在恩格尔系数方面,2006 年年底台湾地区的 6 个典型城市整体较大陆地区 10 个典型城市低,台湾地区城市居民在食品方面的生活支出比例皆低于 20%,而大陆地区的 10 个典型城市皆高于 30%,可知大陆地区的城市居民的基本消费相对较高。其中大连市为 16 个城市中食品消费最高的城市,为 39.9%,虽然恩格尔系数会因为区域、生活习惯不同有所差异,但也可用于反映城市居民富裕程度的概况。在产业竞争力方面,基于人口的产业结构统计中,16 个城市中多数皆以第三产业为主导,其中台北市相对较高,第三产业比例为 80.3%,其次为基隆市及北京市,分别占总劳动人口的 70.9%和 70.4%,可知 3 个城市对周围区域起到的物流、服务等经济功能较强。

2009 年,台湾地区的 6 个城市在恩格尔系数上皆低于 14%,与 2006 年相比有所下降,而大陆地区的 10 个典型城市仍高于 30%,而在第三产业比例上,仍以台湾地区的台北市 80.6%最高，但多数大陆地区城市第三产业比例明显上升，北京市为 73.8%相对较高，表示其对周边的影响能力也在逐步提升。

在经济子系统整体功能方面，2006 年及 2009 年台湾的 6 个典型城市整体高于大陆的 10 个典型城市，其中社会子系统功能最佳者为台北市，大陆地区最佳者为北京市(表 8-6)。

表 8-6　城市经济系统功能评价指标值

指标	台北市	基隆市	新竹市	台中市	高雄市	台南市
2006 年生活富足度	0.972	0.936	1.000	0.942	0.941	0.927
2006 年产业竞争力	1.000	0.883	0.696	0.890	0.844	0.765
2006 年子系统功能	0.986	0.910	0.848	0.916	0.893	0.846
2009 年生活富足度	0.975	0.963	1.000	0.962	0.968	0.954
2009 年产业竞争力	1.000	0.884	0.733	0.881	0.860	0.758
2009 年子系统功能	0.988	0.924	0.866	0.921	0.914	0.856

指标	北京	上海	深圳	广州	宁波	温州	天津	大连	厦门	无锡
2006 年生活富足度	0.799	0.744	0.770	0.727	0.729	0.748	0.752	0.694	0.745	0.729
2006 年产业竞争力	0.877	0.675	0.544	0.674	0.440	0.395	0.578	0.557	0.337	0.528
2006 年子系统功能	0.838	0.710	0.657	0.701	0.584	0.571	0.665	0.625	0.541	0.628
2009 年生活富足度	0.738	0.718	0.718	0.738	0.714	0.743	0.702	0.686	0.683	0.698
2009 年产业竞争力	0.916	0.691	0.571	0.606	0.705	0.541	0.587	0.503	0.650	0.478
2009 年子系统功能	0.827	0.705	0.644	0.672	0.709	0.642	0.644	0.594	0.667	0.588

基于上述分析可知，大陆地区典型城市居民生活的基础消费相对偏高，虽然其中存在区域、生活习惯差异，如何结合产业结构调整、提高薪资水平是大陆地区城市在经济子系统方面需要强化的主要工作。

8.3.4　协调度方面

通过子系统间的两两比较，分析其功能值间的协调度差异。2006 年自然和社会子系统的协调发展程度以台湾地区的城市相对较高，基隆市、高雄市及台北市较高，大陆地区则以上海市较高；自然与经济子系统的协调发展程度则以新竹市最高，其次为基隆市、上海市和北京市；社会与经济子系统的协调发展程度两岸城市皆有较高水平，其中台湾地区较高者为基隆市，大陆地区较高者为厦门市。在三者的协调发展程度上，16 个城市中以基隆市的城市功能协调度较高，其次为新竹市和台北市，大陆地区以上海市的子系统综合协调度最高，其次为深圳市，可推知基隆市及上海市在平衡生态环境保护与社会经济发展有一定的成效。2009 年，综合协调度以新竹市及台中市的相对涨幅较大；大陆地区则以宁波市、温州市、大连市及厦门市相对增长(表 8-7)。

表 8-7　城市功能协调度

指标	台北市	基隆市	新竹市	台中市	高雄市	台南市
2006 年自然与社会	0.962	0.975	0.944	0.943	0.970	0.932
2006 年自然与经济	0.925	0.989	0.993	0.897	0.856	0.953
2006 年社会与经济	0.963	0.964	0.937	0.840	0.886	0.885
2006 年系统协调度	0.950	0.976	0.958	0.893	0.904	0.923
2009 年自然与社会	0.963	0.908	0.995	0.980	0.968	0.932
2009 年自然与经济	0.926	0.983	0.998	0.902	0.843	0.949
2009 年社会与经济	0.963	0.891	0.997	0.922	0.875	0.882
2009 年系统协调度	0.951	0.927	0.997	0.935	0.895	0.921

指标	北京	上海	深圳	广州	宁波	温州	天津	大连	厦门	无锡
2006 年自然与社会	0.871	0.904	0.872	0.866	0.748	0.799	0.822	0.779	0.830	0.782
2006 年自然与经济	0.982	0.988	0.953	0.930	0.820	0.844	0.929	0.874	0.830	0.883
2006 年社会与经济	0.853	0.892	0.918	0.936	0.928	0.955	0.893	0.905	1.000	0.899
2006 年系统协调度	0.902	0.928	0.914	0.910	0.832	0.866	0.881	0.853	0.887	0.855
2009 年自然与社会	0.831	0.893	0.870	0.853	0.763	0.853	0.817	0.806	0.849	0.769
2009 年自然与经济	0.961	0.986	0.942	0.888	0.885	0.916	0.900	0.842	0.899	0.840
2009 年社会与经济	0.869	0.907	0.928	0.965	0.878	0.937	0.917	0.964	0.949	0.928
2009 年系统协调度	0.887	0.929	0.913	0.902	0.842	0.902	0.878	0.870	0.899	0.846

　　两岸城市对于生态建设皆相当重视，并投入大量资金人力，通过两岸城市生态功能比较，有助于相互截长补短，提高未来生态建设成效。由于台湾地区城市规模较小，发展也相对成熟，在社会、经济子系统及整体功能上都有较高的功能值。在未来的城市发展上，为健全城市生态系统整体功能，台湾地区的城市应强化绿色空间的建设，结合三维绿化，补救城市内部自然空间不足的先天限制；大陆地区的城市则因为规模较大，迫切需要加强环境、教育与医疗的软、硬件建设。

　　由于两岸城市统计口径有所差异，本研究在选择指标时仅选择具有可对比性的官方统计数据进行比较，研究结果对于城市生态功能反映有一定的局限，由于部分指标数据的缺失，无法精确反映城市生态的各项内容，因此城市生态功能评价差异仍有待商议。另外，在城市生态系统功能的评价上，本研究将其划分为个别的子系统进行分析，缺乏对子系统功能间关联性的讨论，对于完整的城市生态系统功能仍有不足，将于后续研究中进一步完善。

第9章 区域生态风险评价

对于有机体而言，氮元素是限制水体与陆域生态系统的净初级生产力的关键物质(Han et al.，2011；Galloway and Cowling，2002；Cui et al.，2013)，随着全球人口的增加与对全球变化的关注，越来越多的研究涉及人类活动所导致的生物化学循环变化，氮循环便是其中主要的内容之一(William et al.，2002；Sheldrick et al.，2003；Schlesinger，2009)。工业革命以来，人类活动使得地表氮负荷翻倍增长(Green et al.，2004)，并冲击了全球生态系统健康与环境的可持续力(Grote et al.，2005)。化石燃料的使用、农业与工业需求的增长及低效的氮利用不断促进氮的运动与转变，进而影响水、大气及生物环境，并带来环境变化，包括光化学烟雾、森林枯死、生物多样性丧失、酸雨、平流层臭氧耗竭及温室效应(徐新良等，2004；Dietz and Rosa，1994；中国科学院生态与环境领域战略研究组，2009；国家发展和改革委员会能源研究所课题组，2009)，过多的氮肥也造成水体的富营养化、空气污染、水污染、土壤酸化等问题(Tilman et al.，2001；Ravishankara et al.，2009)，同时缺乏有效的管理更加重了上述问题的影响(Liu et al.，2010)。

目前与氮元素及其氧化物、营养盐相关的指标已被广泛应用于生态、环境、生物化学等研究报告中，并于土地利用、农业及养殖业等经济活动管理中成为决定性的关键阈值(Lin et al.，2000，2001)。美国"国家生态系统状况报告"中，土壤中的氮浓度指标被作为植物主要养分而加以考虑(The Heinz Center，2002)，在美国、中国大陆及台湾地区，氮元素作为农业增产的重要肥料之一，在土壤肥力与农业可持续力的研究中被广泛讨论(Reganold et al.，1987；孙爱华等，2012)；在澳大利亚、中国大陆及台湾等国家与地区，空气中氮化物的浓度也被广泛用于计量空气污染影响的范围与强度，而河流、水库中氨氮(NH_3-N)也成为水质监测与保障的关键因子。

基于氮元素对生态系统的重要性及其对生物生长、人类活动的指示性，本研究选择氮平衡为切入点，构建基于氮承载的区域生态风险评价研究框架，通过农业与城市系统中人类活动所衍生的有机氮变化，重点分析人类活动对区域生态的影响。选择台湾地区为研究区，通过有机氮的空间分布差异，说明氮承载影响类型与强度，进而分析区域潜在生态风险程度，并提出应对氮承载压力的调适对策。

9.1 氮排放估算方法

台湾地区台北市及高雄市人口密度达 9500 人/km^2 以上，过多人口集中于都市区，产生的垃圾、废水、废气、噪声等使得环境负担加重，另外机动车保有量大、工厂密度偏高、禽畜饲养密度偏高及化石能源排放量大成为当前最主要的环境问题(台湾"行政院环保署"，2011)。台湾地区生态环境相对脆弱，在生态风险相关的研究与应用中，自然环境方面多涉及全球变化造成气温上升、降雨改变(卢孟明等，2007)、海平面上升及海岸侵蚀等问题；也有针对山坡地强调崩塌、地滑、冲蚀及淘刷等地质灾害的风险评估；在农业方面，主要评估了农田环境污染带来的整体生态风险(陈亮全等，2003)；城市建成区生态风险研究则主要考虑了环境污染、资源紧缺及基础设施建设等问题(郭琼莹和叶佳宗，2011；台湾"行政院经建会"，2010b)。鉴于台湾地区城市化程度相对较高且整合人类活动的风险评估研究相对缺乏的问题，本研究选择其为研究区，进行区域生态风险评价。

　　自然系统中氮元素的循环转化过程在没有人类活动影响前是保持在自然水平，不会对生态环境带来严重影响(朱兆良和邢光熹，2002)，而人类活动的种类及强度则给区域生态环境氮承载带来难以逆转的冲击。为量化评估人类活动对区域生态系统的影响，本研究在农业系统和城市系统氮排放估算基础上，通过整合土地利用数据构建了区域生态风险评价研究方案(图9-1)。

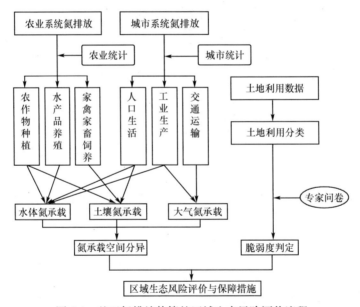

图 9-1　基于氮排放估算的区域生态风险评价流程

　　在农业系统部分，氮排放主要考虑了农田肥料使用、作物固氮、农田灌溉、作物收获、作物秸秆还田及家禽家畜饲养、水产品养殖等。在城市系统部分，主要从人口数量、交通与产业分布等，估算生活排放、工业生产及化石燃料使用等带来的氮排放，具体数据来源及说明见表9-1。

表 9-1　研究数据及来源

数据内容	单位	来源
人口数	人	台湾"都市与区域发展统计汇编", 2011
垃圾掩埋、堆置、厨余堆肥及其他量	t	台湾"都市与区域发展统计汇编", 2011
生活用水配水量	1000m^3	台湾"都市与区域发展统计汇编", 2011
污水处理率	%	
禽畜饲养数量(猪、牛、羊、鹿、鸡、鸭)	头	台湾"农业统计年报", 2010
内陆养殖量(包括咸水鱼塭、淡水鱼塭、箱网养殖、观赏鱼养殖等)	t	台湾"农业统计年报", 2010
化学肥料使用量(硫酸铵、尿素、硝酸铵钙、复合肥料及其他)	t	台湾"农业统计年报", 2010
耕地面积	hm^2	台湾"农业统计年报", 2010
主要作物产量(稻米、玉米、甘藷、花生、高粱、红豆、大豆、甘蔗、豆类蔬菜、绿肥、其他)	kg	台湾"农业统计年报", 2010
工业废水排放量	t·天	台湾"行政院环保署水质保护处"
运输部门能源消费(航空、公路、铁路、管线运输、水运)	10^3 千升油当量	台湾"经济部能源局"
汽机车数量	辆 km^2/km^2	台湾"都市与区域发展统计汇编", 2011
公路密度		
土地使用分区面积	hm^2	台湾"都市与区域发展统计汇编", 2011

农业生产过程的氮排放总量估算(nitrogen from agriculture, N_{agr}), 主要考虑了农作物种植(nitrogen from crop farming, N_{crp})、家禽和家畜养殖(nitrogen from livestock-raising, N_{lives}; nitrogen from poultry-raising, N_{poul})、水产品养殖(nitrogen from aquaculture-raising, N_{aqua})等农业活动产生的氮排放量。

$$N_{agr}=N_{crp}+N_{lives}+N_{poul}+N_{aqua} \tag{9-1}$$

农作物种植过程的氮排放年度估算包括作为农业系统输入的含氮肥料使用(nitrogen in fertilizer, N_{fer})、含氮灌溉用水(nitrogen in irrigation, N_{irr})、农作物固氮(nitrogen from biological fixation, N_{fix})、农作物秸秆还田(nitrogen in crop residue, N_{resd}), 以及作为农业系统输出的农作物收获(nitrogen in crop harvest, N_{harv}), 计算公式如下:

$$N_{crp}=N_{fer}+N_{irr}-N_{fix}+N_{resd}-N_{harv} \tag{9-2}$$

其中含氮肥料使用量估算考虑了化学肥料和有机肥料, 化学肥料涵盖了硫酸铵、尿素、硝酸铵钙、复合肥料及其他含氮化肥的使用量, 有机肥料则主要是指人类、家禽和家畜粪便利用量; 灌溉用水含氮量估算则主要依据灌溉用水量和灌溉用水含氮量实测值; 农作物固氮量估算则包括了豆科作物种植面积及共生性固氮速率、非豆科作物种植面积及非共生性固氮速率; 农作物秸秆还田带来的氮估算主要基于秸秆年产量、还田比例以及秸秆含氮量等指标; 农作物收获涉及的氮输出估算主要考虑了各类农作物产量、收获系数及其含氮量。

家禽家畜养殖过程的氮排放主要来自未回收利用的家禽家畜粪便, 计算公式如下：

$$N_{lives}=Number_{lives} \times (Waste_{lives}-Recycle_{lives}) \times Con_{lives} \times 365 \qquad (9\text{-}3)$$

$$N_{poul}=Number_{poul} \times (Waste_{poul}-Recycle_{poul}) \times Con_{poul} \times 365 \qquad (9\text{-}4)$$

式中，$Number_{lives}$ 和 $Number_{poul}$ 为各类家畜和家禽的年均存栏量；$Waste_{lives}$ 和 $Waste_{poul}$ 为各类家畜和家禽日均粪便产量；Con_{lives} 和 Con_{poul} 为各类家畜和家禽粪便的平均含氮量。

水产品养殖过程的氮排放主要来自投喂饲料的未利用部分，家禽家畜粪便产生量以及回收量，计算公式如下：

$$N_{aqua}=Feed_{aqua} \times Con_{feed}-Yield_{aqua} \times Con_{aqua} \qquad (9\text{-}5)$$

式中，$Feed_{aqua}$ 为年均投喂饲料量；Con_{feed} 为饲料中的平均含氮量；$Yield_{aqua}$ 为年均水产品产量；Con_{aqua} 为水产品中的平均含氮量。

城市生产生活过程中氮排放总量估算(nitrogen from urban, N_{urb})考虑了城市系统中人类生活(nitrogen from human living, N_{hum})、工业生产(nitrogen from industrial production, N_{indt})及交通运输(nitrogen from transportation, N_{tran})等带来的氮排放量。

$$N_{urb}=N_{hum}+N_{indt}+N_{tran} \qquad (9\text{-}6)$$

城市系统中人类生活所产生的氮排放主要来自人类粪便($N_{hum\text{-}wst}$)、生活固体垃圾($N_{liv\text{-}wst}$)、生活污水($N_{wst\text{-}water}$)等，相应计算公式如下：

$$N_{hum}=N_{hum\text{-}wst}+N_{liv\text{-}wst}+N_{wst\text{-}water} \qquad (9\text{-}7)$$

其中人类粪便带来的氮排放估算考虑了县市人口数量、人均粪便产生量、粪便平均含氮量以及粪便回收率；生活固体垃圾的氮排放估算则考虑了生活垃圾收集量(掩埋、堆放和堆肥等)、生活垃圾平均含水量和含氮量；生活污水的氮排放通过生活污水排放量、污水处理率、污水处理后污泥产生量、污泥回填率、污泥以及污水含氮量等加以估算。

工业生产活动所产生的氮排放主要来自工业含氮废气($N_{indt\text{-}gas}$)、工业固体废弃物($N_{indt\text{-}wst}$)和工业污水($N_{indt\text{-}water}$)等，相应计算公式如下：

$$N_{indt}=N_{indt\text{-}gas}+N_{indt\text{-}wst}+N_{indt\text{-}water} \qquad (9\text{-}8)$$

其中工业含氮废气和工业固体废弃物带来的氮排放估算考虑了工业废气和固体废弃物的排放量、循环回收利用率、平均含氮量；工业污水涉及的氮排放估算则主要通过工业污水排放量、工业污水处理率、污水处理后污泥产生量、污泥回填率、污泥以及污水含氮量等加以估算。

交通运输活动所产生的氮排放主要来自航空(N_{air})、公路(N_{land})、铁路(N_{rail})、管线(N_{pipe})和水运(N_{water})等各类交通工具使用化石燃料过程中的含氮废气，计算公式如下：

$$N_{tran}=N_{air}+N_{land}+N_{rail}+N_{pipe}+N_{water} \qquad (9\text{-}9)$$

估算过程中考虑了不同交通部门所消耗化石燃料数量、类型、废气排放量及废气平均含氮量等。

9.2　区域生态风险评价方法

为分析氮承载空间差异所产生的区域生态风险，本研究将农业及城市系统中人类活动所产生的氮排放估算进行整合，获得土壤、水体及大气中的氮排放量及其区域差异，借以表征人类活动对生态系统带来的压力值。

本研究选择不同土地利用类型作为风险受体，在风险受体脆弱度判识过程中，首先依据台湾地区用地特性将其划分为建成区、工业区、农业区、森林区、保护保育区、风景区、公共设施及其他等主要用地类型，通过用地特性反映区域生态系统组分类型特性，其中因建成区人口集中且氮排放量相对较高，人类健康受氮承载影响亦相对较大，故依据用地类型差异细分为商业区、住宅区、乡村区。进而结合专家问卷，分析在土地、水体及大气氮承载三者压力条件下，不同土地利用类型受人类活动影响的脆弱程度，其中脆弱性最高者为 10 分，最低者为 1(表 9-2)。

表 9-2　氮承载风险下主要用地类型的脆弱程度

风险类型	建成区			工业区	农业区	森林区	保护保育区	风景区	公共设施	其他
	高密度[1]	中密度[2]	低密度[3]							
土壤氮承载压力	7	8	6	2	1	10	9	5	3	4
水体氮承载压力	7	8	6	1	2	10	9	5	3	4
大气氮承载压力	9	10	6	2	5	8	7	4	3	1

注：1. 高密度建成区为土地利用数据中的商业区；2. 中密度建成区为土地利用数据中的住宅区；3. 低密度建成区为土地利用数据中的乡村区。

本研究单一风险影响的计算公式为

$$RISK=NC \times VD \times LR (NC \geq 1)(0 \leq VD \leq 10)(0 \leq LR \leq 1) \qquad (9-10)$$

式中，NC 为氮承载压力值(nitrogen Carrying capacity)；VD 为不同土地利用类型的脆弱程度(vulnerability Degree)；LR 为不同土地利用类型所占比例(land use ratio)。为使不同风险间具有一定的可对比性，NC 为上述氮排放统计，以离岛金门为基础值，取值为 1，其他县市氮承载压力值为金门的倍数。不同土地利用类型的脆弱程度(VD)则依据不同土地利用类型对风险的脆弱程度进行打分，本研究中，将土地利用分为 10 类，脆弱度最高者为 10，最低者为 1。

综合生态风险(comprehensive ecological risk，CER)发生概率则为标准化后单一生态风险发生概率的总和，计算公式为

$$CER=\sum ED \times NC \times VD \times LR (0 \leq NC \leq 1) \qquad (9-11)$$

式中，ED 为风险暴露强度(exposure degree)，其具体取值可从环境保护统计年报(台湾"行政院环保署"，2011)中获得，本研究主要依据过去 10 年台湾地区各县

市环境保护投入经费的差异对土地、水体及大气氮承载压力暴露强度进行加权求和，从而获得历年各县市风险值。通过整合单一风险强度的计算结果，进而分析综合生态风险的空间差异，判断出高风险区域，针对其原因制订风险防范方案与相应保障措施。

9.3 农业系统氮排放时空差异

从台湾地区 2001~2010 年农业系统氮排放的变化来看(图 9-2)，农作物种植中肥料投入产生的氮比例相对最高，其中硫酸铵、尿素等化学肥料所占肥料的氮排放比例相对较高，但随着有机肥比例的增加，氮排放逐年减少，农业灌溉用水带来的氮则维持在一定比例，作物吸收氮量随作物种植面积及产量变化而变化(表9-3)，呈逐年降低态势，其中水稻种植面积减少带来的影响较为显著，期间绿肥的种植面积及产量增加，但豆科植物种植面积及产量却减少，因而作物固氮在总量上无明显变化，随着农作物秸秆还田量逐年减少，反映了水稻、玉米及红薯等作物种植面积的减少。2001~2010 年，因农业生产所产生的氮排放受种植面积的减少呈缓慢下降趋势，同时有机肥料的推广使用也进一步降低了化学肥料所产生的氮排放，从而在整体上降低了农业系统产生的氮承载。在家禽、家畜饲养及水产品养殖方面，家禽和家畜饲养所产生的氮排放研究时段内有所下降，在种类上以生猪为主要类型，牛羊次之，而水产品养殖所产生的氮排放一直维持在稳定的水平。总体上，农作物种植为农业系统氮排放的主要来源，占农业氮排放总量的94%以上。

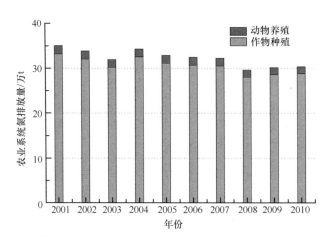

图 9-2 台湾地区农业系统氮排放量年际变化

表 9-3　2001-2010 年作物种植过程氮排放变化估算　　　　（单位：kg）

年份	含氮肥料使用	灌溉用水	农作物收获	农作物固定	秸秆还田	作物种植过程
2001	393 563 673	3 923 498	97 553 085	21 499 501	53 707 677	332 142 262
2002	388 807 815	3 897 320	101 225 028	22 870 528	52 069 244	320 678 824
2003	367 976 507	3 910 244	93 035 100	27 737 136	51 041 253	302 155 768
2004	382 517 751	3 932 785	80 048 673	30 428 207	49 621 014	325 594 670
2005	369 884 695	3 923 416	77 569 666	26 168 596	41 063 950	311 133 799
2006	369 356 166	3 911 410	81 219 217	27 015 699	41 818 022	306 850 682
2007	364 714 049	3 898 594	70 768 739	26 319 399	33 978 039	305 502 545
2008	344 548 130	3 891 200	74 586 175	27 357 351	33 647 494	280 143 298
2009	351 241 392	3 875 915	80 084 186	26 324 149	37 277 741	285 986 712
2010	349 444 571	3 813 055	75 047 319	26 491 255	36 311 568	288 030 619

　　通过氮排放区域差异的比较，作物种植氮排放量以南部区域相对较高，其次为中部地区，远高于北部及东部区域；通过县市比较可见（图 9-3），作物种植氮排放量以南部地区屏东县最高（37 240 256kg），其次为台南市（32 794 870kg）。在动物及水产养殖方面，同样以南部区域的氮排放相对较高，其次为中部区域，二者远高于北部区域，其中云林县（9 335 436kg）远高于其他县市，为台湾地区动物养殖活动的主要县市。总体而言，农业系统氮排放以南部区域屏东县（43 001 766kg）的总量最高，其次为台南市（39 900 290kg）。由此可推知，台湾地区农业活动相对集中于南部地区，其次为中部地区，北部及东部地区农业活动相对强度较低。

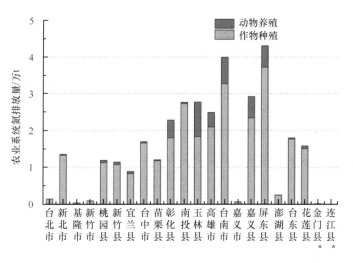

图 9-3　2010 年台湾地区农业系统氮排放区域差异

*金门县及连江县数据缺失

9.4　城市系统氮排放时空差异

2001~2010 年(图 9-4),台湾地区人口增长速度相对较低,2009 年人口增加率约 0.36 %(台湾"行政院农委会",2010),因而与人类生活相关的氮排放增长率亦相对较低;在生活废弃物及污水的氮排放方面,由于处理方式改善,氮排放量明显降低,其中固体废弃物回收利用的比例逐年增加,使得掩埋及堆置的垃圾量显著减少,2005~2008 年,固体废弃物带来的氮排放减少约30%,在生活污水方面,氮排放的降低则主要源于污水处理率的提高。总体而言,由于生活固体废弃物回收利用和污水处理率的提升,与人类生活相关的氮排放总量呈现明显下降趋势(由 2005 年 112 556 225kg 降至 2010 年 74 987 434kg)。区域比较可见,北部人口总数较高,相应生活固体废弃物产生的氮排放量亦相对较高,但由于污水处理率较高,生活污水氮排放量较低;在生活氮排放总量上,以县市合并后的台中市氮排放总量最高(12 152 724kg),其次为台南市(8 100 621kg),高雄市及桃园市(图 9-5)。

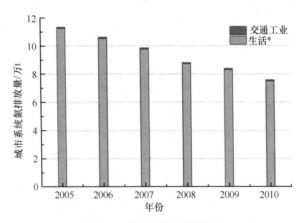

图 9-4　城市系统氮排放量

*生活氮排放计算中生活固体废弃物处理量于 2004 年前统计单位不统一且 2001 年生活污水处理率数据缺失

在工业活动中,氮排放主要来自于工业固体废弃物与工业废水。在列管的工业废弃物清理流向中,又以再利用清理量最高,占总工业废弃物清理量的 84.96%,其次为委托或共同处理,占总工业废弃物清理量的 11.97%,可知工业废弃物主要处理方法以再利用处理及委托或共同处理为主,少数以自行处理或境外处理的方式清理(李宜桦等,2013)。因此在工业活动的氮排放计量中,以工业废水为主。依据台湾"行政院环保署水质保护处"统计,台湾地区工业废水排放量和事业、污水下水道系统及建筑物污水处理设施放流水标准,研究时段内工业活动产生的有机氮量总体来说有所消减,由 2001 年的 2663kg 减少至 2010 年 1875kg。在区域差异的比较中,2010 年基于工业废水估算的工业活动氮排放以中部区域相对较高,其次为北部区域,在县市的比较中,以北部桃园县最高,其次为台中市。

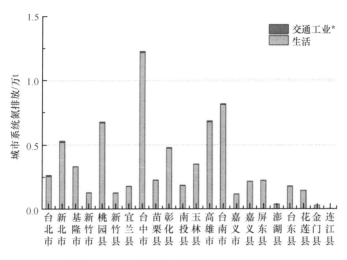

图 9-5　2010 年城市系统氮排放区域差异

*交通氮排放参考各县(市)小汽车数量、交通用地密度将全岛氮排放总量进行分配

在交通活动中，氮排放的来源为化石燃料的使用，氮排放量逐年上升的趋势由 2007 年起转为减少，但于 2010 年出现反弹，除石油产品外在消费类型上以车用汽油的消费量最高，近年来电力的消费虽然所占比例较低亦逐步升高，可见清洁能源的推广有一定成效。依据可获得数据，城市系统氮排放总量近年来已明显下降，由 2005 年 113 400 776kg 降至 2010 年 75 814 889kg。其中以生活氮排放所占比例较高，且明显高于工业及交通氮排放。

基于可获得的统计数据，在城市系统中以与人口本身相关的氮排放为主，交通活动由于化石燃料的使用亦有一定的氮排放。工业活动若在符合环境管理标准下进行，有机氮的排放相对较低，影响明显小于上述农业生产活动所产生的氮排放。在交通活动氮排放的区域差异上，受限于可获得数据为全岛的统计数据，计量时参考各县市小汽车数量与交通用地密度进行分配，具有一定的参考价值。

9.5　生态风险综合评价

总体来说，台湾地区的氮排放以土地上的数量明显较高，与其承载了主要社会经济活动有直接的关联性，2005~2008 年有下降趋势但 2009 年出现反弹。水体中的氮排放逐年降低，与生活与工业污水的完善处理率提升、水产品养殖数量下降有直接联系。但大气中的氮排放数量则呈现波动，2001~2010 年以 2006 年氮排放数量最高，2010 年亦有反弹。

在区域差异的比较中，中部及南部区域土地上及水体中的氮排放皆约为北部区域的 2 倍，而大气中的氮排放则以北部区域相对较高，这与区域间主要社会经济活动差异有直接联系，配合县（市）比较中，可见中部区域土地上的氮排放相对平均，一方面与其县（市）间面积差异较小有关，一方面也显示中部区域各县（市）的平均人口与农业活动并没有明显偏重，而北部区域农业活动则集中于新北市，南部区域集中于屏东县。

　　基于综合生态风险评估值（图 9-6），可知研究区 2005~2010 年生态风险值先降后升，但其中与农业活动相关的氮排放减少，主要受近年来开放进口肉品及水质水源保护法令实施有关。但在大气氮排放方面 2010 年的能源消耗较上一年相对升高，随之产生的氮氧化物亦有所增加，导致大气的氮承载压力增加，对人口及生态环境带来相对较大的冲击，如何降低能源消耗是各县市共同需要加强的环境保护措施。

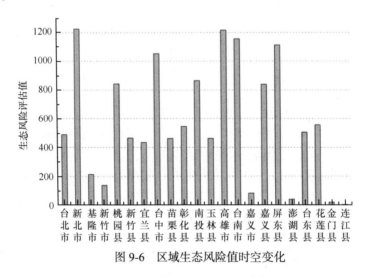

图 9-6　区域生态风险值时空变化

　　基于各县市生态风险评估值，可将其区分为风险值250以下、风险值250~900，及风险值 900 以上 3 个区间，分别定义为低生态风险区包括金门县、连江县、澎湖县、新竹市、嘉义市及基隆市，中生态风险区包括宜兰县、苗栗县、云林县、新竹县、台北市、花莲县、彰化县、台东县、嘉义县、桃园县及南投县，及高生态风险区包括台中市、屏东县、台南市、高雄市及新北市。其中离岛地区由于人口密度低且农业活动比例相对较低，其潜在生态风险相对较低，而台中市、屏东县、台南市、高雄市及新北市则由于工业活动强度大且人口密度高，其氮承载相对较高，潜在生态风险也相对较大。

　　在降低氮承载生态风险的对策上，结合相关环境保护统计与分析可知，由于2010 年机动车辆增长 35 万辆，增长率为 1.6%，来自机动车辆的氮氧化物排放量约为 45%（台湾"行政院环保署"，2011），因而减低大气氮承载的主要途径为加强稽查污染源、推广奖励清洁能源车量、推动公众交通运输及控制机动车辆的增长；而工业活动产生的废气（其氮氧化物亦占总排放量的 45%）、废水及废弃物，虽然监管力度不断加大，但仍然对环境造成严重影响；其他经济活动包括禽畜饲养及能源消费等问题，虽然都在控制之中，却也无法改变大量氮排放对环境负担的加重。

在水体氮排放方面，由于主要来源为工业废水、生活污水及畜牧废水，在风险防范上应基于饮用水源保护对重点河川进行整治，减少工业及畜牧业的污水排放，并因雨季与旱季不同的降雨特性对污水排放进行调整，提高污水下水道系统覆盖面积，结合生活教育降低生活污水排放。

基于氮承载的综合生态风险评价不同于以自然灾害或化学污染为切入点的传统风险评价。不讨论人类活动影响的前提下自然界的氮循环一直处于稳定状态，而工业革命以来，农业产量的提升、医疗技术的进步等因素使得全球人口快速增长，高密度、高强度的人类活动逐渐成为生态功能退化、环境质量下降的主要因素，也同时影响人类自身健康，基于氮承载的综合生态风险评价，可揭示不同类型人类活动对生态环境的影响，并说明人类经济活动特征带来的生态影响强度及其区域时空差异。

由于实际各类经济活动氮排放存在差异且逐项获取数据较为困难，基于统计数据与环境管理标准的氮承载计算存在一定的误差。例如，由于目前污水处理系统并未全面覆盖台湾全岛各个地区，且降雨的季节差异，因而符合污水排放标准的废水与未经处理的废水，仍会共同影响不同河川水质的氮化合物含量；而在工业活动方面，虽然工业固体废弃物及工业废水排放皆有严格的环境管理标准，但统计数据仍然小于实际产生量，将会影响生态风险评估的准确性，因而在后续研究中将结合河川、水库不同季节的实测水质数据进行修正。

为整合并估算土壤、水体及大气中的氮承载，本研究中所依据的人口、土地利用、农作物及家禽家畜、能源消耗、汽车等数据源自政府各统计部门，数据以行政区为单元，但水体中的氮承载受土地利用及地形等的社会经济与自然因素共同影响，相较于以流域为单元的氮承载研究，本研究中的水体氮承载计量结果仍有待进一步结合相关人口分布、土地利用、水文及氮循环模型进行修正。

对照空气质量监测报告(台湾"行政院环保署"，2010)各县市2010年NO_2年平均浓度表，可发现本研究计算的大气氮排放结果与实测结果略有出入，台北市、台中市及高雄市虽在计算及实测上大气氮承载皆相对较高，但与其他县市相比，差距未达8~10倍，大气氮排放计算难以体现大气流动对周围环境的影响，另外本研究计算过程中由于工业活动种类繁多且不易统一计量，其计算结果仍有缺漏，将于后续研究中结合代表性工业活动类型进行补充。

第10章 台湾岛景观功能空间优化案例研究

城市景观功能的优化必须在尊重城市自然本底的基础上，满足城市社会经济稳定增长的多元化需求，由于景观功能的内容涉及生态、生产、社会、经济及文化等层面与其相互作用关系，因而不同功能间和谐关系的确立成为城市景观功能优化的目标，功能协调则成为达到此目标的重要手段。为了简化研究对象，本研究将城市景观功能的矛盾设定为生态环境保护与城市发展两个方面，进行功能关系与空间关系的讨论。

在景观格局与功能相互依存的原则下，基于景观格局连通度与景观功能联系程度相关的理念，从功能网络的角度切入，通过景观功能网络的构建，明确个别或不同功能景观间的关系结构与空间结构，联系无形的景观功能及有形的景观结构，加强景观结构间的联系以提升景观功能。在操作过程中主要采用因子分析方法与耗费距离模型方法，使景观功能网络成为一个具有可操作性的景观优化概念。

景观网络是从空间结构特征切入进而探讨景观生态过程及其生态价值，在区域尺度上构建景观功能网络，必须具有特定的目的，并选择具有指示性的单元。

鉴于当前环境问题已跨越行政及自然界线，提升区域整体的景观功能须与区域发展方向相结合。在此，区域景观功能网络是以行政区为研究单元，通过比较各单元自然环境因子特性及生态经济相关统计数据，明确各单元的功能地位，指导区域景观生态建设工作，进而依据其生态重要性，提出适切的功能优化建议。

在网络结构上，受限于研究单元选择，区域生态功能网络并未具备清楚的空间联系途径，而是通过确立单元间的功能等级关系，说明区域的生态特性，作为区域城市建设及生态保护冲突协调的参考。因此区域景观功能网络可定为一种关系网络。在方法上，区域景观功能网络的构建必须基于各单元的自然环境特性，在兼顾科学性和可操作性的原则下，整合与生态功能相关的空间及数量因子，评价不同单元在区域中的功能等级。

在生态功能网络方面，结合能值分析方法、生态系统服务功能评价方法及景观生态学的空间结构指标，对生态资源的输入与输出效益与生态格局加以整合，确立各行政单元未来的生态功能定位，从而构建全岛尺度上生态功能网络。在城市功能网络方面，则通过城市发展评价及景观生态学的空间结构指标，借由判定全岛尺度上城市功能等级，确立各行政区未来的城市功能定位及城市功能网络结构。

在景观功能网络的评价中，生态功能网络利用人口与环境质量为基础的生态需求度作为评价指标，城市功能网络则选定居住及商业地价作为评定各行政单元土地利用效益指标。采用阶层式因子分析方法，提出景观功能网络优化方案。

10.1　区域景观功能网络

城市由孤立的居民点发展成为具有等级规模和职能分工的完整系统，需经过一定的时空过程。城市网络演进受行政等级、经济发展、市场联系及交通建设等影响(薛东前和姚士谋，2000)。其中，行政等级为城市网络发展的背景，以行政中心为主导的城市网络体系是城市网络的基础；而经济发展和市场联系是城市网络形成的直接动因，产业的支持加速了城市的发展与扩张，并强化其资源集聚和扩散功能；交通设施的建设，完备了城市的服务功能并引导城市的发展。除上述因素外，自然环境与资源分布、人口和政策等因素对城市网络也具有不同程度的影响。

城市发展与人类生活、生产息息相关，在评价城市的发展状态时应涉及社会经济、生态环境、文化等各个层面。为构建台湾岛城市功能网络，本研究基于城市发展、城市竞争力等相关研究成果，结合城市发展评价及景观生态学的空间结构指标，在行政单元的基础上，借由判定全岛尺度上城市功能等级，确立各行政区在城市功能网络中的定位。同时，选定居住及商业地价作为评定各行政单元土地利用效益指标，评价目前台湾岛的城市功能网络，进而提出城市功能网络优化方案，操作流程如图 10-1 所示。

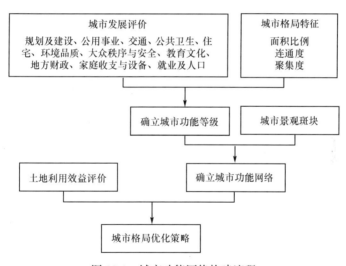

图 10-1　城市功能网络构建流程

10.1.1　城市发展评价

城市发展评价指标种类繁多，为了解台湾地区各县市发展潜力差异，本研究以《都市及区域发展统计汇编》(台湾"行政院经建会"，2003)中都市及区域发展指标为基础，就台湾岛地区 22 个县市区域发展现况进行评价。指标分为规划及建设、公用事业、交通、公共卫生、住宅、环境品质、大众秩序与安全、教育文化、地方财政、家庭收支与设备、就业及人口 12 项，包括都市计划区面积、都市计划区内人口比例、新增建设用地比例、自来水普及率、平均用电量、公路密度、室内电话用户数、汽车持有率、通信率、西医数、住宅投资占国内生产总额比、平均居住面积、平均居住房间数、住宅自有率、空气污染、刑事案件、交通事故、火灾发生、15 岁以上人口高中教育程度比例、杂志订阅率、彩色电视机数量、平均每人政府投入、平均每户收入、平均每户支出、食品支出比例、平均每户可支配所得、冷暖气机普及率、第二和第三产业就业人口比例及人口成长率因子。

　　为排除因子间的相关性，首先将依据因子间的相关性进行筛选，最终得出16 项指标（表 10-1），通过标准化及一致化，进行因子分析，将 16 项因子简化为涵括自来水普及率、室内电话每百人用户数、通信率和冷暖气机普及率等因子的城市生活水平指标；以食品支出占总支出比例为主的城市基本消费指标；以汽车持有率及公路密度为主的城市交通指标；以反映新增建设用地面积占总建设用地比例为主的城市空间扩展指标，和反映火灾发生次数的社会安全指标（表 10-2）。

表 10-1　城市发展评价指标

指标	单位	关系
都市计划区面积占总面积比例	%	正向
新增建设用地面积占总建设用地比例	%	正向
自来水普及率	%	正向
公路密度	km/km^2	正向
室内电话每百人用户数	人	正向
汽车持有率	辆/千人	正向
通信率	收寄函件/人	正向
平均每人居住面积	m^2	正向
平均每人居住房间数	—	正向
平均每人全年支出	NT$	正向
冷暖气机普及率	%	正向
平均用电率	KWH	负向
食品支出占家庭支出比例	%	负向
空气污染（总悬浮微粒）	μg/m^3	负向
每万人火灾发生次数	—	负向
住宅支出占家庭支出比例	%	负向

表 10-2　城市总体发展区域差异

行政区	生活水平	基本消费	交通建设	空间扩展	社会安全	总体发展
权重	0.460	0.239	0.143	0.094	0.064	—
台北市	9.794	9.128	0.724	1.988	5.882	7.919
基隆市	5.614	2.350	0.354	9.191	7.221	3.731
新竹市	8.801	5.439	9.465	8.865	8.215	7.334
台北县	8.057	6.436	1.266	0.228	8.105	6.861
桃园县	6.414	4.809	8.061	0.443	7.834	6.653
新竹县	4.699	9.134	9.242	4.542	0.094	6.187
宜兰县	2.561	8.249	5.306	8.021	5.813	4.464
台中市	9.533	3.293	9.242	4.067	7.413	7.527
苗栗县	2.571	8.948	9.011	7.041	6.063	5.275
台中县	2.406	5.207	7.602	0.757	6.294	4.711
彰化县	2.075	0.646	6.027	2.674	7.789	3.158
南投县	2.097	7.928	6.705	8.315	1.811	4.092
云林县	1.657	0.756	2.248	1.345	2.765	2.256
高雄市	8.590	3.463	0.938	8.981	8.747	5.566
台南市	8.675	2.018	5.555	3.246	4.745	6.207
嘉义市	8.539	0.634	4.791	7.078	0.593	5.080
嘉义县	1.030	1.533	1.819	5.236	1.396	1.638
台南县	3.185	2.367	7.488	4.959	7.575	4.060
高雄县	3.357	3.670	3.919	4.111	6.243	3.934
屏东县	1.022	4.582	2.242	4.708	5.748	2.750
花莲县	2.166	9.081	4.802	7.683	7.545	4.551
台东县	2.673	9.362	3.433	8.962	0.179	4.066

由表 10-2 可知在生活水平上，台北市及台中市明显高于其他县市，可知其在自来水、电话、冷暖气、通信等日常生活方面舒适及便利程度相对较高；在以食品消费为主的基本消费比例，台北市、新竹县、花莲县及台东县明显较其他县（市）高；在交通便利性方面，则以新竹市、新竹县、台中市、苗栗县在汽车持有率与公路密度上有较高的值；在空间扩展上则以基隆市的新增建设用地在全岛的比例最高；在社会安全方面则以新竹市、台北县、高雄市有较高得分。

在台湾岛城市总体发展中，以台北市、新竹市、台中市较佳，其次为台北县及桃园县，而嘉义县则于各方面皆有近一步加强的必要性。

10.1.2　城市格局特征

依据城市格局特征及相关优化理论，本研究选定用以量算最大城市用地面积的最大斑块指数(LPI)，及说明城市斑块间连通度的斑块凝聚指数(COHESION)及整体聚集度的聚集度指数(AI)，综合土地利用与功能联系，说明区域城市空间格局优劣(表 10-3)。

表 10-3　城市格局区域差异

行政区	面积比例	连通度	聚集度	格局特征
台北市	9.264	8.335	6.476	8.025
高雄市	9.975	8.469	7.479	8.641
基隆市	4.352	6.613	6.890	5.952
新竹市	7.982	8.221	6.288	7.497
台中市	9.893	8.632	9.090	9.205
台南市	6.223	8.232	9.738	8.064
嘉义市	8.176	7.550	8.155	7.961
台北县	2.919	7.722	8.210	6.284
桃园县	4.890	8.304	4.781	5.992
新竹县	2.788	5.025	1.071	2.961
宜兰县	2.571	0.901	1.502	1.658
苗栗县	2.755	4.696	0.493	2.648
台中县	3.035	7.442	4.639	5.039
彰化县	2.806	1.969	3.903	2.893
南投县	2.579	1.853	0.602	1.678
云林县	2.605	0.144	4.479	2.410
嘉义县	2.808	5.250	8.374	5.478
台南县	3.061	6.918	8.574	6.184
高雄县	2.694	6.861	6.381	5.312
屏东县	2.617	0.350	1.408	1.458
花莲县	2.555	1.565	1.730	1.950
台东县	2.577	0.994	0.950	1.507

影响城市格局的背景条件相当复杂，有自然环境特性、政治防御以及经济发展等不同因素的共同作用。由于目前城市格局评价研究，并未就最适城市格局特征进行定义，本研究将城市整体结构紧凑程度、斑块的连通度及聚集度视为同等重要，获得全岛各县市城市格局特征差异。

由表 10-3 可知，在城市土地利用方式上，以台北市、高雄市、台中市的土地利用较为密集且格局紧凑；台北市、高雄市、新竹市、台中市、台南市、桃园县的城市斑块间有较高的连通性；而台中市、台南市的城市斑块在空间上较为聚集。在城市格局的整体特征上，以台中市的整体格局较佳，其次为台北市、高雄市，宜兰县、南投县、屏东县、花莲县及台东县的城市格局，需要加以优化。

10.1.3　城市功能网络确立

基于生活水平、基本消费、交通建设、空间扩展及社会安全可评价城市总体发展；通过城市结构紧凑度、连通度及聚集度可得城市格局特征。综合上述二者可得各行政单元在台湾岛城市功能网络中所占的重要性，及其在城市功能网络中的功能等级（表 10-4）。

表 10-4　城市总体发展与景观格局综合评价

行政区	总体发展	格局特征	综合得分
台北市	7.919	8.025	9.554
基隆市	3.731	5.952	4.808
新竹市	7.334	7.497	9.175
台北县	6.861	6.284	8.207
桃园县	6.653	5.992	7.819
新竹县	6.187	2.961	4.217
宜兰县	4.464	1.658	1.487
台中市	7.527	9.205	9.725
苗栗县	5.275	2.648	2.948
台中县	4.711	5.039	4.883
彰化县	3.158	2.893	1.442
南投县	4.092	1.678	1.271
云林县	2.256	2.410	0.738
高雄市	5.566	8.641	8.877
台南市	6.207	8.064	8.911
嘉义市	5.080	7.961	8.130
嘉义县	1.638	5.478	2.223
台南县	4.060	6.184	5.432
高雄县	3.934	5.312	4.325
屏东县	2.750	1.458	0.575
花莲县	4.551	1.950	1.746
台东县	4.066	1.507	1.160

由表 10-4 可知，在台湾岛的城市功能网络中，以台北市、新竹市、台中市、台北县、高雄市、台南市和嘉义市功能等级最高，其次为桃园县，位于城市功能网络底层的为屏东县、花莲县、台东县、云林县、南投县、彰化县及宜兰县。

在全岛城市功能等级的基础上，结合城市用地在空间上的分布，可得台湾岛城市功能网络结构（图 10-2），并由其间城市用地的连通度，判定各节点间相互联系强度。

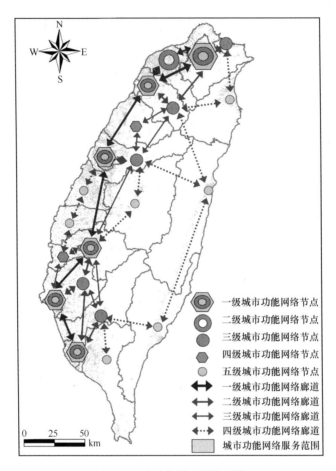

图 10-2　台湾岛城市网络结构

10.1.4　城市功能网络优化策略

　　为优化台湾岛城市功能网络，本节以各县市居住及商业地价为基础，借由行政单元内两类城市用地的价值，评价其发展状态，进而提出城市功能网络的优化策略。

1. 土地价格分析

　　土地是主要的生产要素，其与经济增长有密切关系。依据现代西方经济学地租理论，由于土地供给的数量是固定的，因此地租取决于土地需求者之间的竞争（朱德举，1996）；在古典学派、土地经济学派、土地利用学派、生态学派及行为学派的理论中，亦分别提出地价与交通费支出、土地利用分区、使用者需求及预期投资具有一定的关联性。

行政、社会、经济及政治等因素亦影响一个地区的地价(萧烽政，2001)。其中在社会方面，影响因素包括当地人口状态、公共设施建设状态、教育及社会福利状态、土地交易及使用收益；经济方面影响因素包括储蓄、投资水准与国际收支状态、财政及金融状态、技术革新及产业结构变化、租税负担状态、物价、工资及就业水准，其他尚包括生活的便利程度等。

总体而言，地价可一定地反映当地社会经济状态，并影响未来的发展，可用以作为评价城市功能网络的依据。在城市总体发展良好和空间结构较佳的条件下，相应的居住及商业地价便会较高(表 10-5)。

表 10-5　居住与商业用地价格区域差异

行政区	居住用地地价	商业用地地价	综合地价*
台北市	9.999	9.999	10.000
高雄市	8.604	7.514	8.580
基隆市	5.446	6.164	5.374
新竹市	8.238	8.903	8.305
台中市	7.298	7.399	7.102
台南市	5.423	5.280	5.254
嘉义市	6.775	6.822	6.677
台北县	4.534	3.892	4.357
桃园县	5.025	4.666	4.832
新竹县	3.619	3.179	3.566
宜兰县	2.739	2.435	2.765
苗栗县	3.308	3.429	3.342
台中县	3.253	3.272	3.243
彰化县	4.094	4.501	4.113
南投县	2.793	3.357	2.952
云林县	4.520	4.509	4.450
嘉义县	2.829	3.146	2.909
台南县	3.506	3.998	3.518
高雄县	2.309	2.227	2.369
屏东县	2.258	2.150	2.317
花莲县	1.930	1.801	2.034
台东县	1.716	1.691	1.824

*综合地价为面积加权后正态化的结果。

由表 10-5 可知，在居住用地地价、商业用地地价及综合地价上，台北市均高于其他县市许多。台湾岛除台北市外，新竹市亦属居住及商业用地地价较高的区域，而东部地区的花莲县及台东县，其居住及商业用地价格均较其他县市低（台湾"内政部"，2001）。

2. 优化策略

结合城市功能等级与地价幅度，可将台湾岛行政单元分为 3 类，一为城市功能等级相对高于地价幅度，此类行政单元以台南市、桃园县为主，另包括台中市、嘉义市、台北县、台南县及高雄县，其城市在生活水平、基本消费、交通建设、空间扩展及社会安全 5 项总体发展指标及空间格局特征方面有相对较高的功能等级，而其居住及商业土地却有相对较低的价格，可知其未来发展对土地资源的需求相对较低。

而以台北市、高雄市及台东县为代表，并包括基隆市、新竹市、新竹县、苗栗县、嘉义县及花莲县等行政单元，其城市总体发展指标及空间结构与地价幅度一致。其中，台北市及高雄市城市功能等级较高而居住与商业用地地价亦较高，于台东县则属二者均较低。由于地价与其城市发展同步，故上述县市城市格局优化的急切性较低。

另外，以彰化县、云林县为代表，并包括宜兰县、南投县、屏东县等行政单元，其城市总体发展指标及空间结构优度明显低于地价幅度，可知其城市发展并未完备，但受其他因素影响，地价幅度偏高。在未来发展上，需就其城市总体空间格局加以优化。全岛尺度的城市网络构建研究无法提出针对具体格局的优化策略，故在上述评价的基础上，本研究建议依据各县市内生活水平、基本消费、交通建设、空间扩展及社会安全等项目的不足对城市发展目标加以调整。

10.2　台湾岛生态功能网络

在城市的发展除满足新增人口以及都市成长对空间的需求外，为维持或提升城市生活品质而产生生态网络的概念。当前生态网络的研究，着重于景观单元间连通性的度量。对于物种而言，连通性的强度取决于两地间的距离以及景观结构（Jongman et al.，2004）；而关键栖息地的减少也会造成种群数量的降低加速灭亡，但同时也会增加物种向其他景观类型传播的可能性。而对于城市而言，通过联结城市内部、周边自然区域与森林等绿地，可使得生态用地同时具有环境保护、生态稳定及满足人类休闲游憩需要的功能。鉴于台湾地区全岛尺度生态网络对生态保护的重要性，为方便未来的区域发展与行政管辖工作进行，以下基于各行政单元内的生态环境特征，确立网络节点的功能等级及功能网络结构。

完整的生态网络结构，须在景观生态单元的基础上，整合自然、半自然及人为景观中所有具有生态功能的景观单元。但以景观指数为主的生态网络指标在很大程度上仅能反映生态景观的空间格局特征，无法体现生态功能对人类生存发展的重要性。在此，本研究拟结合生态经济学与景观生态学观点，以能值分析方法、生态系统服务功能评价方法及景观生态学的空间结构指标，对生态资源的输入、输出效益与生态格局加以整合。在行政单元的基础上，确立各区未来的生态定位，在全岛尺度上确立生态功能等级。同时结合各类生态斑块的空间特征，获得具体的生态网络结构。并选定基于人口与环境质量的生态需求度为评价指标，针对现况问题提出景观功能网络优化策略，构建流程如图 10-3 所示。

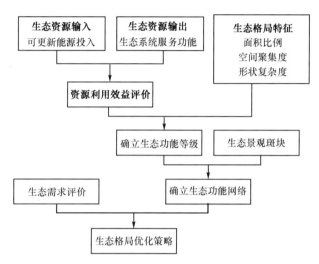

图 10-3　生态功能网络构建流程(张小飞等，2007a)

10.2.1　生态资源效益

　　生态资源利用效益的度量主要通过资源投入(风能、太阳能、雨化学能、雨位能等能量投入的总和)及产生的服务功能价值(生产、调节、支持、文化 4 项服务功能价值)的分析，获得单位面积内自然生态系统能量投入产生的生态服务功能。

1. 生态资源输入

　　由于目前经济制度是以货币来衡量人类活动和财货的价值，对于自然界提供的功能效益等无形物质，往往因为人类的生态知识不足、主观差异及资源供需量等问题，无法利用货币反映其真实价值。

　　生态系统中所有的过程都基于能量，来自太阳光及地热的能量带动植物生长、物质循环，并间接在地面上产生了风、海浪及石化能源。由于自然环境的空间差异，能量在地表上的流动与转换，塑造了不同等级阶层的景观格局(Huang et al.，2001)。因而利用能量单位，将更有效客观地建立统一的生态经济评价体系。

　　能值可用来指示资源的市场价值，系统中能量流动皆以太阳能焦耳(sej)为单位，能值的意义为一种能量流动或储存所包含的太阳能的数量，目的要使各种不同能量流动或储存对生态系统的贡献率具有可比性（赖奕铮，2003）。整合 GIS 的空间分析方法，可具体反映生态系统可更新能源的区域差异。

单位面积可更新能源的总量可视为自然生态系统对其的投入。通过对气象数据的空间插值可获得年内日照、风及降雨的空间分布差异，利用空间分析方法结合地形数据，即可分别得出太阳能、风能、雨位能及雨化学能在台湾岛的分布（表10-6）。

表 10-6　单位面积可更新能值区域差异比较　　　　　　（单位：亿 sej/km²）

行政区	风能	太阳能	雨化学能	雨位能	合计
台北市	9.89	50.99	0.06	0.04	60.98
高雄市	8.34	67.76	0.05	0.01	76.15
基隆市	10.95	51.41	0.05	0.02	62.44
新竹市	11.87	55.84	0.05	0.01	67.76
台中市	8.20	61.68	0.05	0.02	69.96
台南市	9.80	81.18	0.06	0.00	91.04
嘉义市	6.58	67.73	0.06	0.01	74.37
台北县	9.87	47.06	0.05	0.06	57.04
桃园县	10.26	43.86	0.05	0.07	54.25
新竹县	10.74	42.57	0.07	0.16	53.53
宜兰县	9.23	40.77	0.07	0.13	50.21
苗栗县	10.43	44.80	0.07	0.14	55.44
台中县	9.41	47.10	0.06	0.15	56.72
彰化县	9.29	66.78	0.05	0.00	76.13
南投县	8.45	46.10	0.06	0.18	54.79
云林县	7.88	68.99	0.05	0.00	76.92
嘉义县	7.87	67.74	0.06	0.09	75.77
台南县	8.97	74.15	0.06	0.02	83.20
高雄县	9.43	64.40	0.07	0.14	74.04
屏东县	9.68	56.14	0.06	0.07	65.95
花莲县	10.50	42.18	0.07	0.19	52.94
台东县	9.53	51.79	0.07	0.15	61.54

注：单位面积太阳能计算公式为：能量=面积×平均太阳能辐射量=__kcal/km²·年×（4186J/kcal）×0.9（直射阳光的地表反射率10%）。

单位面积风能计算公式为 能量=面积×风能密度=__km²×__Wkm²

单位面积雨位能计算公式为 能量=平均年降雨量×面积×雨水密度=径流系数×重力加速度×高度

单位面积雨水化学能计算公式为 能量=面积×降雨量×（吉布斯自由能）

资料来源：公式参考自赖奕铮，2003；张小飞等，2007a。

台湾地区以台南市单位面积内的太阳能值最高(图 10-4),其次为台南县,整体而言以南部地区的单位面积太阳能值最高,且具有由南向北递减的趋势;在风能的区域差异上,以新竹市的能值最高,其次为基隆市、新竹县等地;另外,在雨位能与雨化学能方面则皆以花莲县的能值最高。在单位面积由自然生态系统所得的能值总量上,则以台南市最高,达每年 91.04 亿 seJ/km^2,表示其区域生态系统的资源投入最大。

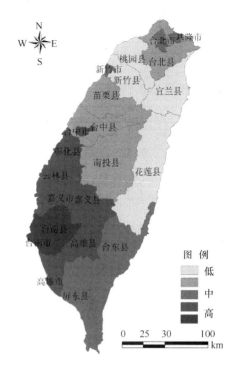

图 10-4　生态资源投入区域差异

2. 生态资源输出

地球上的生态资源来自于生态系统,其不仅创造和维持了人类生命支持系统,提供生存所需的环境,还包括生活与生产所需的相关产业原材料。从人类生存与发展的观点,由于构成生态系统的景观类型差异对人类亦具有不同的价值,海洋、森林、草原、湿地、水面、荒漠、农田、城市等景观分别对人类具有气候调节、水调控、控制水土流失、物质循环、污染净化、娱乐、文化等服务功能(宗跃光等,1999)。整合景观类型的空间格局特征分析与生态系统服务功能评价,有助于将生态资源的价值空间化,确定对人类提供生态服务的范围及其功能重要性等级。

台湾目前的自然环境以森林为主,生态系统种类包括针叶林、针阔混交林、阔叶林、竹林、草坡、草甸及其他海滨生态系统,其中又以阔叶林的种类最多,包括落叶阔叶林、常绿阔叶林、雨绿林、热带雨林、红树林等(黄威廉,1999),其森林生态系统服务功能包括林木及其他副产品生产、涵养水源、保持土壤、固定 CO_2、营养循环、净化空气等。借由单位面积各类生态系统服务功能价值的估算(表 10-7),可知在台湾岛的生态系统中以红树林的单位面积价值最高,为 124383/hm^2,其次为常绿阔叶林、落叶阔叶林。

表 10-7　单位面积各类生态系统服务功能价值　　　　　　　(单位:元/hm^2)

类型	生产功能[1]	调节功能[2]	支持功能[3]	文化功能[4]	总价值
针叶林	267	5015	4943	314	10539
混交林	348	5929	5181	628	12086

续表

类型	生产功能 [1]	调节功能 [2]	支持功能 [3]	文化功能 [4]	总价值
常绿阔叶林	430	6846	5418	942	13636
季雨常绿阔叶林	430	4890	5643	942	11905
落叶阔叶林	430	6517	5418	942	13307
热带雨林	430	4890	5643	942	11905
海岸林	430	4890	4811	942	11073
红树林	430	105745	6190	12018	124383
竹林	224	4455	4780	562	10021
灌丛	148	1892	865	33	2938
草坡	148	2099	771	33	3051
亚高山草甸	14	2307	865	33	3219

注: 1. 生产功能包括原材料、食物生产、基因资源。

2. 调节功能包括气体调节、气候调节、干扰调节、水调节、涵养水源、防侵蚀、废物处理。

3. 支持功能包括土壤形成、养分循环、释放氧气、生物多样性、生物防害。

4. 文化功能包括休闲娱乐、文化。

资料来源: Costanza et al., 1997; 李文华等, 2002; 赵同谦等, 2004。

　　不同的景观类型可代表不同的生态系统，并提供人类不同的服务内容。通过卫星影像与植被分区，可得台湾岛各县市内生态系统的类型组成，结合区域生态用地面积、比例及生态系统的类型、单位面积服务功能价值，可进一步获得生态系统服务功能在空间上的差异(表 10-8)。

表 10-8　生态系统服务功能区域差异比较

行政区	总面积/km^2	生态用地面积/km^2	生态用地所占比例/%	多样性	生态系统服务价值/(元/hm^2)
台北市	271.80	60.39	22.22	2	2864.65
花莲县	4628.57	3356.37	72.51	9	7376.11
基隆市	132.76	25.27	19.04	1	2595.75
嘉义县	1901.67	848.64	44.63	9	4159.95
苗栗县	1820.31	894.97	49.17	9	4965.78
南投县	4106.44	3015.42	73.43	10	8021.33
屏东县	2775.60	1589.87	57.28	8	5671.69
高雄县	2792.66	1691.11	60.56	9	6163.37
台北县	2052.57	732.11	35.67	5	4067.48
台东县	3515.25	2340.55	66.58	8	5885.18
台南县	2016.01	203.82	10.11	5	1192.22
台中市	163.43	4.77	2.92	1	89.03
台中县	2051.47	1038.43	50.62	10	5479.94
桃园县	1220.95	391.16	32.04	4	3372.63

续表

行政区	总面积/km²	生态用地面积/km²	生态用地所占比例/%	多样性	生态系统服务价值/(元/hm²)
新竹县	1427.59	787.04	55.13	8	6052.59
宜兰县	2143.63	1348.19	62.89	6	6739.13
云林县	1290.84	21.16	1.64	3	140.18
彰化县	1074.40	11.48	1.07	1	127.24

资料来源：张小飞等，2007a。

　　基于 2001 年 TM 影像判释可知，在各行政单元中生态用地（不包括农地）面积以花莲县最高，生态用地所占总面积的比例则以南投县最高，分别为 3356km² 及 73%。结合植被分区，可进一步获得各行政单元内生态系统的种类，其中又以南投县及台中县境内的生态系统种类最多（10 类）。利用单位面积内各生态系统服务功能所得的各行政单元平均生态系统服务功能值，可知以南投县的生态系统服务功能价值最高，为 8021 元/hm²。

　　生态系统提供人类生存发展的资源环境。通过生态系统服务功能评价方法，可基于生态系统产品与服务的类型差异，获得各类自然资源对人类的直接、间接、选择与存在价值，以解决自然资源无明确市场价值的问题。本节结合景观分类、植被分区等主题图，由资源的供给面获得资源在空间分布上对人类提供服务的价值差异。

　　基于生产、调节、支持与文化 4 方面的评价可知，台湾岛生态系统中以红树林生态系统的单位面积服务功能价值最高，达每公顷 124 383 元，其在支持与文化功能两方面皆明显高于其他种类的生态系统，其次为常绿阔叶林。整体上以阔叶林的价值较高，其次为针叶林、竹林、草甸及草坡。

　　在各行政单元中，以南投县及花莲县的生态系统种类较多且服务功能价值较高，这与其境内地形变化繁复且不利开发有关；生态用地比例偏低的城市地区生态系统服务功能价值皆较低，在空间分布上多属于西部城市带范围（图 10-5）。

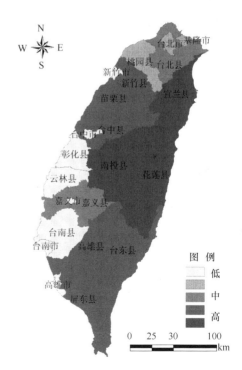

图 10-5　生态资源输出区域差异

3. 生态资源利用效益评价

为量化各行政单元的生态资源利用效益，本节整合生态系统对区域的资源投入（风能、太阳能、雨化学能、雨位能等能量投入的总和）及产生的服务功能价值（生产、调节、支持、文化 4 项服务功能价值），可进一步获得单位面积内产生的效益（表 10-9 和图 10-6）。

表 10-9　生态资源利用效益区域差异

行政区	能量投入 /(亿 sej/hm²)	服务功能产出 /(元/hm²)	效益 （元/万 sej）	效益得分 （0~10）
台北市	0.61	2865	4.70	4.10
高雄市	0.76	50	0.07	1.22
基隆市	0.62	2596	4.16	3.68
新竹市	0.68	50	0.07	1.23
台中市	0.70	89	0.13	1.25
台南市	0.91	1192	1.31	1.81
嘉义市	0.74	50	0.07	1.22
台北县	0.57	4067	7.13	6.04
桃园县	0.54	3373	6.22	5.32
新竹县	0.54	6053	11.31	8.66
宜兰县	0.50	6739	13.42	9.30
苗栗县	0.55	4966	8.96	7.37
台中县	0.57	5480	9.66	7.81
彰化县	0.76	127	0.17	1.27
南投县	0.55	8021	14.64	9.63
云林县	0.77	140	0.18	1.27
嘉义县	0.76	4160	5.49	4.73
台南县	0.83	50	0.06	1.22
高雄县	0.74	6163	8.32	6.93
屏东县	0.66	5672	8.60	7.12
花莲县	0.53	7376	13.93	9.49
台东县	0.62	5885	9.56	7.75

资料来源：张小飞等，2007a。

由表 10-9 可知台湾岛以西南部台南、高雄、云林等位于西南部的县市生态系统的能量投入较大，而宜兰、台北、桃园、新竹及南投等西北部及中部的县市所获得来自生态系统的能量相对较低。而在服务功能的产出方面，则以花莲及南投两县单位面积的生态系统服务功能最高，此与其境内自然资源完整、生态系统类型多样有关。

　　各行政单元的生态系统能量投入以台南市及台南县较高，但其所产生的生态系统服务功能价值相对偏低，故可推知其生态资源的利用效益较低；南投县的整体生态资源投入虽然相对较低，但所产生的生态系统服务功能价值最高，可知其生态资源的利用效益最高。整体而言，台湾岛的生态资源利用效益以南投县、花莲县及宜兰县较佳，其次为新竹县、台中县、台东县、苗栗县及屏东县，而生态资源利用效益偏低的为高雄市、新竹市、台中市、嘉义市、台南市、台南县、云林县及彰化县等地区。

10.2.2　生态格局特征

　　景观格局为人类和自然作用的具体空间表现（王仰麟，1998），其决定了景观的功能（Forman and Godron，1986；

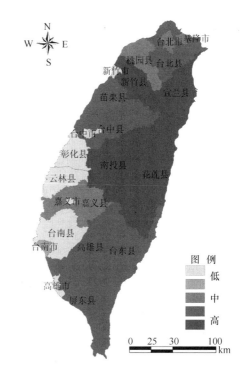

图 10-6　生态资源利用效益区域差异图

Turner，1990；Forman，1995；Huslshoff，1995；Gustafson，1998），体现各种生态过程在不同空间尺度上相互作用的结果（Krummel et al.，1987；Li，1999），并决定各种自然环境因子在景观空间的分布和组合。

　　景观格局指标（landscape indices）是景观生态学界广泛使用的定量研究方法之一，其高度浓缩了景观格局的信息，是反映景观结构组成、空间配置特征的数量化指标（邬建国，2000）。其中基于面积、周长、相对面积、斑块形状等相对简单的指数多来自数理统计，而很多较复杂的景观格局指标则来源于信息论，如多样性（Shannon-Weaver diversity）、优势度（dominance）和蔓延度（contagion）等（李秀珍等，2004）。在景观格局指标的选取上需考虑其对格局的规律性、稳定性及敏感性。

　　为量化台湾岛各县市生态格局特征，本研究首先选取景观类型比例（PLAND）、斑块密度（PD）、最大斑块指数（LPI）、景观形状指数（LSI）、周长面积分维数（PAFRAC）、相似邻接比（PLADJ）、散布与并列指数（IJI）、斑块凝聚指数（COHESION）、景观分割指数（DIVISION）、有效网眼大小（MESH）、分裂指数（SPLIT）及聚集度（AI）12 个指标，为排除因子间相关性，进一步基于因子分析，得出台湾岛生态格局特征的 3 个主因子，分别为可表示生态用地面积比例、空间结构（聚集度）及形状（复杂度）。

其中，旋转后所得知主成分 1 涵括原先 12 个指标 37%的信息量，可用以表示景观类型比例、最大斑块指数、景观分割指数、有效网眼大小等生态用地面积比例；主成分 2 则以生态用地的空间结构特征为主，涵括斑块密度、相似邻接比、散布与并列指数、斑块凝聚指数、分裂指数及聚集度；主成分 3 则主要用来指示生态用地的形状，包括景观形状指数、周长面积分维数。

由表 10-10 可知，就生态用地面积与所占的比例，台湾岛以南投县及宜兰县的值较高；在生态用地的空间聚集度上，台东县的值最高；另外，又以彰化县、云林县及台南县的生态用地边缘较为复杂，能量、物质、物种的流动扩散效果较佳。

表 10-10　生态用地空间结构区域差异

行政区	面积比例	空间结构聚集度	形状复杂度	生态格局特征
台北市	2.255	8.954	2.158	5.009
基隆市	4.607	6.859	0.941	4.973
高雄市	5.557	0.129	3.205	2.951
新竹市	1.896	1.925	1.585	1.860
台中市	3.104	1.100	4.179	2.442
台南市	1.431	2.882	1.918	2.106
嘉义市	3.119	0.460	0.537	1.622
台北县	5.699	7.653	5.415	6.463
桃园县	1.760	8.104	3.214	4.606
新竹县	8.151	6.119	5.093	6.840
宜兰县	9.358	5.163	2.511	6.570
苗栗县	8.183	6.257	7.299	7.251
台中县	5.042	6.754	6.067	5.907
彰化县	2.161	1.713	9.572	3.117
南投县	9.987	3.047	6.847	6.635
云林县	2.733	1.512	9.772	3.313
嘉义县	4.971	6.794	7.865	6.170
台南县	2.194	6.089	9.808	4.977
高雄县	3.792	8.180	6.381	6.004
屏东县	6.087	7.308	5.235	6.460
花莲县	8.840	7.312	2.277	7.198
台东县	1.716	9.587	3.638	5.265

资料来源：张小飞等，2007a。

通过因子得分可得 3 个主成分权重及各行政单元生态景观格局综合得分，进一步推知台湾岛以花莲县、苗栗县的生态格局整体质量较高。

景观格局指数是目前常用以量化景观空间特征的方式，其值的范围与大小皆在景观生态学中有特殊的指示意义，合理地整合不同的景观格局指数，有助于说明空间格局在不同层面上的特征。在此，本节结合因子分析方法可解决目前用于量化生态格局的景观指数过于繁杂且主要指示性不易明确的缺点。

本研究将 12 项具有复杂相关性的景观格局指数，简化为面积比例、空间聚集度及形状复杂度 3 项指标，借此评价各县市内的生态景观格局(图 10-7)。评价结果指出，台湾地区以花莲县、苗栗县整体生态结构较佳，其次为新竹县及南投县。

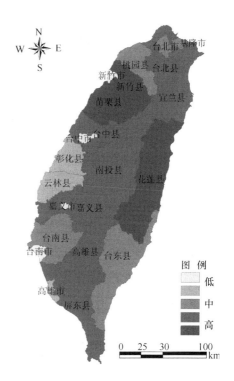

图 10-7　生态格局质量区域差异

10.2.3　生态功能网络确立

景观具有整体、相对与动态的特征。在复杂的生态系统中，无法同时考虑所有相互影响的因子，因此首先必须判断因子的影响规模与范围(Antrop，2000)。景观整体的概念使得景观研究必须具有尺度观及处理景观的等级结构。在此，为确立台湾地区完整的生态功能网络，故必须优先判定各生态用地的功能等级。

为明确台湾岛各行政区未来的发展方向，并订定具体景观优化策略，本研究以行政区为研究单元，基于各单元在全岛生态功能网络中的功能等级，结合具体的生态用地，确立台湾岛生态网络结构。

1. 生态功能网络等级

本节基于能量投入与服务功能产出，得出生态资源的利用效益；同时，利用生态用地所占的面积比例、空间聚集度及形状的复杂度可得生态格局的整体特征。综合上述二者可得各行政单元在台湾岛生态网络中所占的重要性及其在生态功能网络中的功能等级(表 10-11)。

由表 10-11 可知，台湾岛功能网络中以花莲县及南投县所占的功能等级最高，其次为新竹县、宜兰县、苗栗县及台中县、屏东县、台东县、高雄县、台北县，而高雄市、新竹市、台中市、台南市、嘉义市、云林县、彰化县则具有较低的生态功能等级。

表 10-11　资源利用效益与景观格局综合评价

行政区	效益	格局特征	综合得分
台北市	4.099	5.009	4.554
基隆市	3.681	4.973	4.327
高雄市	1.223	2.951	2.087
新竹市	1.226	1.86	1.543
台中市	1.248	2.442	1.845
台南市	1.808	2.106	1.957
嘉义市	1.224	1.622	1.423
台北县	6.04	6.463	6.2515
桃园县	5.316	4.606	4.961
新竹县	8.659	6.84	7.7495
宜兰县	9.376	6.57	7.973
苗栗县	7.365	7.251	7.308
台中县	7.808	5.907	6.8575
彰化县	1.265	3.117	2.191
南投县	9.625	6.635	8.13
云林县	1.271	3.313	2.292
嘉义县	4.730	6.170	5.450
台南县	1.221	4.977	3.099
高雄县	6.932	6.004	6.468
屏东县	7.124	6.46	6.792
花莲县	9.493	7.198	8.3455
台东县	7.750	5.265	6.5075

资料来源：张小飞等，2007a。

2. 生态功能网络结构

在全岛生态功能等级确立的基础上，结合生态用地的空间分布，判定各功能节点间相互联系强度，可得台湾岛生态网络结构(图 10-8)。

10.2.4　生态功能网络优化策略

为优化台湾岛生态功能网络的空间结构,本节以各县市人口密度及环境质量,作为各行政单元内对生态功能需求程度的评价依据，并提出全岛尺度上强化生态功能网络的优化策略。

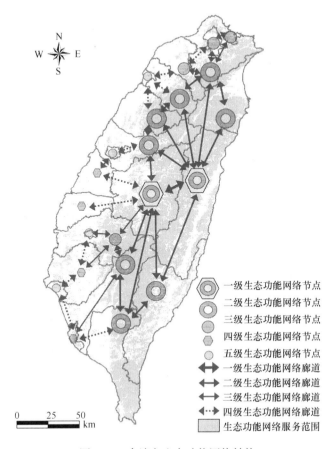

一级生态功能网络节点
二级生态功能网络节点
三级生态功能网络节点
四级生态功能网络节点
五级生态功能网络节点
一级生态功能网络廊道
二级生态功能网络廊道
三级生态功能网络廊道
四级生态功能网络廊道
生态功能网络服务范围

图 10-8　台湾岛生态功能网络结构

1. 生态需求评价

　　人类的可持续发展包括生态、经济及社会等内容，而人类的生态需求、物质需求和精神需求则可视为可持续发展的三元动力(司金銮，1996)。生态需求是一种社会需求，随着现代社会文明进步而变化，是对生态系统完善的渴求，其包括了在生态环境系统中获取物质和能量的需求，也是满足人类自身的生理、生活和精神消费的需求(曹新，2002)。

　　生态需求的来源有 4(陈南岳，2002)：一是因为经济发展造成的区域人口增加，而不受规范的人类活动强度超过了环境容量，进而造成环境恶化(蔡孝篪，1998)；二是不合理的景观布局，如生态用地以及开放空间数量不足、空间分布不连续或其他未充分利用自然资源的景观布局方式；三是污染者强加于外部的不利影响，由于空气等环境资源具有共有、不可分割的特性，同时也强化人们对污染治理的意愿；最后是生产技术的落后，许多产业的能源消耗、污染以及废弃物比例仍然偏高。

　　由于生态需求是人类的自身发展过程中,对生态平衡关系发展的一种需求(赵敏,2002),建立生态需求程度的评价,可参考世界各国社会指标体系中环境指标的设定,其中,在 OECD、美国、日本等社会发展指标体系的生态环境指标中,均提出对水体、大气、固态污染以及噪声的最大许可范围(司金銮 1996),借由生态质量评价的基础,可进一步说明生态需求评价指标的结构及其具体内容。

　　生态需求存在区域差异,气候、地形特性、自然资源分配及利用的效率、人口的密度及生态系统承载力等皆影响一个地区的生态需求。基于以上所述,本研究拟基于各行政单元内噪声、水、空气的质量与人口密度(表 10-12)等指标的标准化与正态化说明各行政单元内的生态需求(表 10-13)。其中,行政区内人口密度与噪声、水污染、空气污染的值越高,则表示其生态需求的程度越高。

表 10-12　环境质量区域差异比较

行政区	人口密度(人/km²)	噪声		水				空气	
		环境音量不合格率/%	交通音量不合格率/%	不合格率/%	自来水不合格率/%	非自来水不合格率/%	罚款金额/元	不合格率/%	罚款金额/元
平均	192	24.55	3.68	11.17	0.33	50.05	53 460	4.08	51 940
台北市	3337	40.63	10.00	7.89	0.36	100.00	972	6.87	4 993
高雄市	3382	29.55	5.00	7.04	2.91	□	1789	1.42	4 601
台北县	580	58.33	8.33	8.83	0.31	69.84	9886	10.85	5 823
宜兰县	63	0.00	0.00	10.09	0.00	□	674	2.73	1 390
桃园县	440	14.29	10.00	67.91	0.34	90.91	10422	6.60	6 244
新竹县	86	12.50	0.00	5.71	0.00	71.67	716	4.00	1 070
苗栗县	83	50.00	0.00	9.03	0.64	4.20	1894	0.78	1 513
台中县	199	50.00	0.00	20.99	0.00	46.15	2611	2.96	2 684
彰化县	305	18.75	16.67	8.21	0.00	100.00	5181	3.49	3 355
南投县	38	0.00	0.00	23.51	0.14	75.00	820	8.91	1 797
云林县	159	8.33	0.00	9.19	0.00	□	3361	2.92	1 727
嘉义县	84	5.00	0.00	5.14	0.00	100.00	700	2.30	1 132
台南县	165	20.83	0.00	11.98	0.00	□	6875	1.22	2 663
高雄县	138	8.33	0.00	19.24	0.33	30.00	3759	6.81	4 919
屏东县	91	37.50	0.00	4.58	0.00	7.41	964	5.93	2 227
台东县	21	50.00	0.00	10.19	0.00	62.94	158	3.20	547
花莲县	24	37.50	0.00	1.07	0.00	61.70	127	3.03	868
基隆市	1013	50.00	0.00	4.08	0.00	□	69	0.78	108
新竹市	1139	0.00	0.00	4.81	0.00	□	244	1.73	473
台中市	1988	12.50	0.00	10.78	0.17	□	966	5.42	473
嘉义市	1373	41.67	0.00	2.93	0.50	□	1020	4.55	1805
台南市	1352	0.00	8.33	1.75	0.00	□	115	7.49	538

　　资料来源:台湾"内政部统计处",2003。

表 10-13　生态需求区域差异比较

行政区	人口密度	噪声	水污染	空气污染	生态需求
台北市	9.965	8.699	6.671	6.795	8.033
高雄市	9.970	6.449	5.289	3.225	6.233
台北县	4.484	9.248	6.537	7.730	7.000
宜兰县	2.547	1.882	3.674	3.311	2.853
桃园县	3.923	6.175	9.718	6.905	6.680
新竹县	2.623	2.696	3.042	4.152	3.128
苗栗县	2.613	5.928	3.516	2.398	3.614
台中县	3.014	5.928	5.202	3.705	4.462
彰化县	3.403	6.874	6.994	4.205	5.369
南投县	2.465	1.882	5.476	6.792	4.154
云林县	2.873	2.369	3.540	3.498	3.070
嘉义县	2.617	2.147	2.965	3.002	2.683
台南县	2.894	3.485	3.957	2.769	3.276
高雄县	2.800	2.369	4.989	6.753	4.227
屏东县	2.640	5.130	2.891	5.750	4.103
台东县	2.411	5.928	3.689	3.471	3.875
花莲县	2.420	5.130	2.467	3.413	3.357
基隆市	6.233	5.928	2.826	2.142	4.282
新竹市	6.712	1.882	2.921	2.582	3.524
台中市	9.055	2.696	3.777	5.091	5.155
嘉义市	7.527	5.453	2.682	4.704	5.092
台南市	7.459	4.933	5.594	6.203	6.047

资料来源：张小飞等，2007a。

2. 优化策略

目前生态网络建设，主要采用生态点、生态线及生态面相互结合的结构（廖福霖等，2001），加强生态网络的点、线、面结构，可稳定生态环境、提升网络功能，由于具体优化策略仍需依据各县市内的自然环境特征与生态资源分布进行确立，故以下仅就生态网络中点、线、面优化的策略加以说明。

首先，针对城市内部需增加生态点的构建，所谓的生态点是指具有一定面积的以乔木为主的植物群落分布且具有科学结构和合理功能的网络点，包括公园、绿地及其他开放空间等。在城市与自然生态环境的过渡地区，需增加生态线的设置，即具有一定结构和功能并联系各个生态点的植物群落或河流廊道。生态面的建设则是针对城市郊区一定面积的水域或林地等生态用地的设置及大型森林斑块的保护。

结合生态功能等级及生态需求程度，可将台湾岛行政单元分为 3 类，一为生态功能等级相对高于生态需求程度，此类行政单元以宜兰县、花莲县为主，另包括新竹县、苗栗县、台中县、南投县、嘉义县、高雄县、屏东县及台东县，其生态资源再利用效益和格局特征决定其具有相对较高的生态功能等级，且在人口和环境质量上的生态需求度较低，属台湾岛内生态功能较佳且资源相对较为富足的区域。

二为基隆市、嘉义市、台北县、云林县及台南县，生态功能虽不相同，但与生态需求程度能相对匹配，其景观格局优化的迫切性较低。三为台北市、高雄市、新竹市、台中市、台南市、桃园县、彰化县等生态功能等级明显较低，但在生态需求程度上却相对较高，故急需就其相关景观格局加以优化。

10.3　城市与生态功能网络整合策略

台湾岛位于亚热带与热带过渡地区，受海洋气候调节的缘故，夏季与冬季之间温差较小，由水分和热量组合差异造成的自然景观差异主要体现在垂直高度上，配合地形特性，高海拔地区多属自然或半开发状态，景观异质性高，生物多样性保护意义较大，更强调自然景观的保护与开发行为的控制；在低海拔地区，开发与建设工作多已完成，城市规模业已相当完整，景观优化的目的便多强调环境维护与生活品质提升。

在功能整合上，由于台湾地区的土地资源有限，建成区的发展已近于饱和，人类主导的农业或城市景观成为各景观类型中优势类型，并威胁着支持生态稳定与环境质量的森林、湿地以及草原等自然景观，造成大范围景观的单一化，也使得自然景观出现破碎、消失等现象，故于当前的景观功能网络构建，应着重通过生态功能网络维护生态稳定及制衡建成区的无序蔓延。

本研究将台湾岛理想的景观格局定义为，在生态格局稳定的基础上，大城市区或天然林带等地区城市及生态功能景观稳定发展，而在城市与生态交错的区域亦可达到协调发展甚至互利共生的状态。因此，在构建理想景观的过程中，本研究拟通过景观格局，从而强化及提升景观功能。针对台湾地区可持续发展的重要限制在于生态功能联系受城市发展阻隔，在景观结构的连通度影响景观功能的前提上，通过构建景观功能网络，加强景观结构联系提升景观功能，以朝向理想的景观格局。

10.3.1　台湾岛景观功能网络特征

台湾多数地区城市化的空间需求已趋于稳定，相对于受自身及周边区域社会经济影响所产生的初级城市化过程，在全球化的驱动下，台湾岛主要城市对资源及空间产生更大的需求，由于更多的人口被纳入城市地区，交通基础设施不断扩张，直接或间接加剧能源损耗、生态破坏、空气污染、热岛效应、噪声振动、交通阻塞和都市废弃物处理等环境问题。

　　为此，相应出现的景观格局优化理论与方法，结合相关法规，利用强制性的生态用地保护策略，确保城市区域内的生态用地数量与品质，以限制城市的无序蔓延或土地资源的浪费。因而，面对景观功能抵触形成的空间冲突，利用生态城市、生态工程方法等理论，考虑人类对自然资源的需求，构建以生态功能与城市功能为核心的景观功能网络，对建成区与生态区进行重组以提升景观功能。

1. 功能抵触造成的空间消长

　　由于人类的直接需求，城市功能景观相对于生态功能景观受到更多的重视，特别是在城市区域及其城市近郊。由于生态用地包括绿地与水体的存在会对城市发展造成阻碍，从安全及投入成本的角度考虑，住宅及交通用地需要耗费较大的金钱及资源，才得以跨越河流或山体界线。

　　虽然城市功能网络受限于生态功能网络，但由于人类的维护与投入，城市已突破一定的生态限制，并对生态网络带来冲击，交错的铁路、公路建设联系着分散的乡镇节点，进而带动外围区域的发展，形成新的社会经济中心，进一步扩展城市功能网络的影响范围。

　　城市用地会对生态用地造成一定的负面影响，横越的交通路线会分隔区域生态系统，成为水平生态流动过程的障碍，造成生态用地空间破碎化及生态功能衰减，进而对野生动物的生存繁衍造成破坏。此外，道路系统对于景观水平自然过程的截断作用，将根本性地改变景观原有的生态流，包括地下水流动、地表径流、生物迁徙、土壤冲蚀及沉积作用等（Forman and Alexander，1998）。

　　城市化会改变该都市所在集水区的水文循环过程。由于都市不透水面积的增加、人工化排水系统的延伸、地表植被减少以及人口增加等因素，降低了入渗率、土壤保水能力、森林植被截流能力，加速地表径流、加大洪峰流量以及缩短到达尖峰时间、加大径流系数并增强土壤冲蚀程度等。同时，由于地下水补给的减少，基流量预期将会减低，且洪水频率可能随之增加，暴雨来临时将会有更大的洪水流量（Brun and Band，2000；杨沛儒，2001）。许多城市化水文变迁的研究均得出上述的论点。

2. 资源需求衍生的空间重组

　　在土地资源有限的前提下，为了强化土地的经济利用强度，早期的城市发展倾向于排斥既有的生态用地，将城市内部的森林、农地等皆转换为支持经济发展的建筑及交通用地，都市河流也仅保留用作防洪排污，而河岸则被不透水层所替代。随着环境保护意识的觉醒及人们对休闲生活的重视，绿色开放空间的价值开始体现，其净化、美化环境及隔绝喧嚣的功能使得公园绿地甚至成为左右房地产价格的主要因素。

生活在城市中的人们期望能感受乡村的景观，因此对生态资源的需求影响着近来的环境规划。基于自然引入城市、生态与城市协调发展的理念，人均绿地面积、绿覆率等指标限制了新兴城市区的发展，不仅提高了土地资源的利用效益，更改变了未来的景观结构。

在上述理念作用下，在不同的尺度中亦有相应的评价与规划理念，全岛尺度上由于空间数据不易落实，多基于统计资料进行能值、生态占用分析评价各地区的可持续力；流域尺度则针对城市本身结构强调构建符合生态和谐、资源可持续利用的生态城市；斑块尺度则落实至细微的斑块，注重斑块间理想的接合方式以及符合生态的施工方式。

10.3.2　功能强化与冲突协调策略

特定的景观类型可同时具有不同的景观功能。例如，河流景观便可同时起着生态稳定、物质交流及休闲娱乐等功能，但相邻的景观结构及其功能在空间上发生的相互作用却并非永远和谐并存，亦有可能发生相互抵触的情形，因此需要设置缓解冲突的过渡带或缓冲区。

另外，为强化景观功能，在经济发展中需强调系统分工，进而构建研究、生产、营销网络；在生态保护上则希望建立生态绿地联系网络。因此在实际的环境规划中，网络亦是常被讨论及应用的对象。

1. 过渡与缓冲单元确立

由于景观单元大小是有限的，其交界处体现着不同性质系统间的相互联系和作用，具有较为独特的边缘性质。过渡带是景观格局的特殊组分，其间的生态过程与斑块内部不同，物质、能量以及物种流等在过渡带上发生明显变化(傅伯杰等，2001)。景观生态学的众多研究表明，过渡带具有较高的生物多样性和景观多样性价值，而其特征则是由相邻系统相互作用的时间、空间强度决定(Holland, 1988)。由于处于系统间竞争或协同的状态，其组成、空间结构、时空分布范围对外界变化反应较为明显，其内部除了偏爱边缘生境的物种外，亦会由于环境的特殊性演化出独特的种类，故具有较高的物种数量与生产力。过渡带可作为物质、能量、物种流通的渠道，亦是屏蔽、过滤特定物质、能量及物种的屏障，并同时扮演源与汇的角色，是景观中不可被忽视的重要区域(高洪文，1994)。

由台湾岛景观格局特征分析可知，其西部为主要的城市区域，城市间无明显的分界，形成带状的城市区；东部受南北向的山脉影响，地势变化复杂，平地有限不利于人为开发，且受地质与气候制约成为重要的水土保持区，其景观组成以森林为主。在西部平原区，城市用地外围及生态用地之间，存在着大量农地构成城市与自然环境间主要过渡区域。农业用地作为城市生命支撑系统，农业用地的空间布局、损失与城市扩展的关系受到了极大关注。

早期农地利用着重于生产层面，但近年来，随着经济发展，农地所具有的开阔空间与绿色景观特性愈加彰显。农地的功能，亦由单纯的农业生产等经济性功能，扩充到提升生活品质与维护生态环境的公益性功能(彭作奎，2000)。因此农地在台湾地区除了具有粮食生产功能外，也需重视其提供环境景观、促进环境利益的功能，如水土保持、自然资源可持续利用与生物多样性维护及农村地区社会经济发展等(张家渊，2002；章家恩和饶卫民，2004)。例如，台湾地区水稻田所具有的水源涵养量达 35.19 亿 m^3，若按每单位原水价格 5.73 元(新台币，下同)/m^3计算，其总价值高达 201.64 亿元，为水稻生产总产值 167.45 亿元的 1.20 倍(蔡明华，1999)。

台湾地区的平原耕地多为水田，主要是通过平原地区的湿地改造而来，如台北、宜兰等地，因而水田的形式是最接近自然环境(湿地)的资源利用方式(蔡明华，1994)。水田保留部分湿地的特性，是对环境冲击较少的一种经营方式。沼泽湿地是野生生物觅食栖息的最佳场所，由河流带来的有机物质会沉积在泥滩地上，提供许多植物及鱼、虾、贝类生长所需，进而吸引较大型的次级消费者，而这些动植物的生长直接或间接为土壤提供养分，湿地的丰富营养盐则是土壤肥沃的重要原因，而湿地能自行维持一个浅水生态系统的运作，对物质循环自有其一定的功效。湿地除了提供生物的栖息场所之外，也可以作为地下水的补给水源。因此，水田转变成旱地对生态系统的影响很大，包括土壤水分的减少、湿地生态系统丧失等，而在转变成建设用地后，因地表完全无法渗水，影响程度更甚(郭城孟，1996；彭克仲，1997)。

由于目前人类主导的农业或城市景观，已成为各景观类型中的优势类型，威胁着支持生态稳定与环境质量的森林、湿地、草原等自然生态系统。其不仅造成大范围人为景观的单一化，也使得自然景观出现破碎、消失的现象，降低景观功能网络的实际作用。针对台湾地区农业用地具有城市与生态过渡区的特征，为解决生态功能网络联系的问题，在此建议结合农地格局，在农地中构建以水体、绿带为主的生态联系廊道。从环境与经济观点，农田林带可作为改善景观的一种方式(Franco et al.，2001)，其作为森林网络的延伸，具有景观美学、水土保护、氧的释放与二氧化碳的吸收(降低温室效应)、工业区及道路污染的降低与遮蔽、防风并改善农业区的小气候等功能。

2. 景观功能网络空间结构的强化

在目前的社会经济发展状态下，人们希望居住在分散的区域以获得更好的生活品质，但从环境保护政策观点，景观破碎化通常是影响景观空间机能的负面因素。例如，自然区域的破碎化会导致生物多样性降低，都市无秩序的蔓延也会对农业区、自然保护区等开放空间有负面影响。

因此，具有相同功能的景观空间联系便显得尤为重要。若将城市视为一个生态系统，就能产生一个包含斑块、廊道等组分并可产生联系的网络；开放空间系统如河川流域、林带系统亦成为城市生态系统的重要组成，以提供生物的栖息地（颜文震，2003）。

在当前空间规划中广泛应用了网络概念，其中常见的包括水系网络、生态网络、交通网络及经济网络4类（Hidding and Teunissen，2002），皆被用以强化景观功能。

1）水系网络：水资源的经营一直被视为面向农业发展需要而对自然现象进行控制或利用的一种形式，包括农地灌溉及河流渠道设置。地理学上的水系统包括地表水、地下水、土壤水等与自然环境相关的内容，而在空间规划的概念下则被视作一种流动的网络，水系网络对环境品质与野生动物的影响至关重要。

2）生态网络：在景观生态领域和相关规划领域中网络指的是生态廊道或是设施，包括已经存在的自然区域、自然开发区及城市绿带等生态廊道。

3）交通网络：公共交通不仅是物资交流，其节点亦是商业与居住发展的重心，是城市发展的基础和城市功能运作的载体。

4）经济网络：空间经济亦是一种网络概念，其来源于经济部门和雇主组织，指的是经济影响者相互的交流，其空间上的联系主要凭借基础设施，相关研究主要有利用廊道聚集度或通达性来探讨商业区位优势。

第11章　流域景观功能网络

在不同的等级尺度下，不同的景观空间格局皆有独特的关系网络并决定景观功能，通过景观功能网络的构建，可将无形的景观功能落实于实际的空间中，进一步系统整合不同等级尺度的景观格局与功能。

在案例选择上，主要以台湾岛为主，并在流域尺度对照深圳生态功能网络现况，以提供两岸城市在进行城市格局优化的参考。台湾岛具有地理位置独立、土地资源有限、生态脆弱及城市发展稳定等特点。相对于更强调经济效益的快速城市化区域，台湾岛则着重生态与经济二者在功能和空间上的协调。乌溪流域位于台湾岛中部，境内包括全岛尺度的一级生态及城市功能节点，未来的发展需强调生态与城市并重，区内除景观功能网络结构相对复杂外，更迫切就生态与城市功能的冲突、功能节点的孤立、联系廊道的重合与交错等问题进行景观结构的调整。

利用耗费距离模型，探讨在不同景观格局对景观功能空间作用差异，以确定景观功能在空间中流通的最佳路径及各功能点的服务范围。在景观生态学格局研究的基础上，整合上述分析结果，分析城市功能网络与生态功能网络在空间上的相互作用，进而判断冲突空间的范围及强度。

为提供流域尺度明确的优化依据，在此选择生态及城市功能并重的乌溪流域为研究区，在次级行政单元(乡、镇与市)的基础上，延续台湾岛的功能定位，将景观功能网络落实于实际的空间单元。为探讨在景观格局的影响下，景观功能空间作用的差异，方法上采用耗费距离模型，以获得景观功能在空间中传播的最佳路径，及各功能点的服务范围。在景观功能网络的评价上，则利用空间联系特征进行分析。

由于受自然环境与社会经济因素影响，景观的区域差异造就了景观的特殊性。在此，为探讨流域尺度的功能网络结构特征，将功能网络落实于实际的空间单元，并确定景观格局优化策略。本研究基于生态与社会经济单元的完整性及功能结构的典型性，选定台湾岛乌溪流域为研究区，范围涵括全岛尺度一级生态节点南投县及一级城市节点台中市，共23个乡镇，进行景观功能的空间差异分析。

操作上首先基于全岛的功能定位以及各个乡镇的自然与社会经济现状，细化乌溪流域内部生态与城市功能网络节点，进而依据环境特性确立生态与城市功能影响的空间范围，及功能网络的点、线、面结构具体的空间位置。其次结合景观结构与环境特征，以最小累积耗费距离计算方法，得出空间上功能联系的最佳路径模式。

为提供斑块尺度明确的优化依据，景观尺度的功能网络必须结合具体的空间单元，确立次一级的功能网络结构，并明确功能服务（影响）范围及土地利用分区，针对流域现况土地利用问题及功能网络配置的空间作用，提出景观组成与功能联系的具体优化策略。

11.1　功能定位与现状分析

图 11-1　乌溪流域区位图

乌溪位于台湾岛中部（图 11-1），为台湾第四大河流。发源于中央山脉合欢山西麓，流域范围东以中央山脉为界，北邻大甲溪流域，南毗浊水溪流域，西至台中县龙井乡，注入台湾海峡，流域东西长约 84km，南北宽约 52km，主流全长 116.7km，流域面积达 2025.6km²，平均海拔 651m。其内部主要水系可划分为北港溪、南港溪、大里溪、旱溪、猫罗溪、筏仔溪及乌溪主流。

乌溪流域横跨台湾中部主要县市，对中部地区未来区域发展扮演相当重要的角色，其范围涵盖台中市全部及台中县、彰化县与南投县部分地区，流域中、下游工商业发达，社会经济活动密集，随着人口增加及城市化加剧，流域生态环境面临巨大冲击。

11.1.1　全岛尺度的功能定位

乌溪流域经过南投县埔里镇、国姓乡、草屯镇，过了土城之后，开始进入台中县域，沿雾峰乡与南投县界，到乌溪桥进入台中盆地，形成了广阔的泛滥平原以及网格状的水系。途经台中县雾峰乡、乌日乡、大肚乡、龙井乡，吸纳头汴坑溪、旱溪、草湖溪和筏仔溪等，并汇集彰化县伸港乡、和美镇、彰化市和芬园乡等地的大小支流，最后由台中县龙井乡丽水村与彰化县伸港乡之间流入台湾海峡。在行政单元的基础上，流域主要涉及台中县市、南投县及彰化县，其中又以台中县市及南投县占乌溪流域大部（图 11-2），故以下就流域内台中县市及南投县所管辖的乡、镇、市进行功能定位分析。

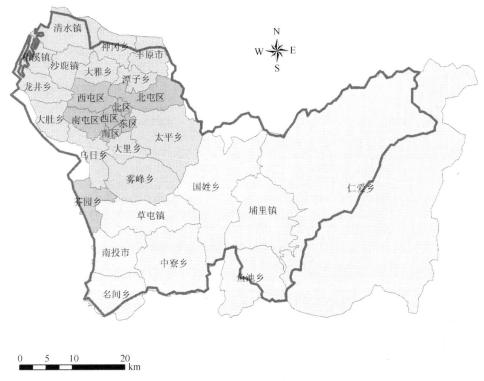

图 11-2　乌溪流域行政单元区划

以县市为单元的全岛尺度景观功能网络等级划分结果表明，南投县、台中县和台中市分别属于生态功能网络中的一级生态功能节点、二级生态功能节点和五级生态功能节点(共分为五级)以及城市功能网络中的五级城市功能节点、三级城市功能节点和一级城市功能节点。在上述的定位下，可将乌溪流域按其未来发展概括分为 3 部分，分别是以城市功能为主的台中市、以生态功能为主的南投县及处于其间起协调城市与生态功能的台中县。其中，又以台中县由于区位及功能的重要性迫切需要进行空间优化。

11.1.2　乌溪流域生态环境分析

乌溪流域位于台湾中部，中央山脉以西，气候适宜(图 11-3～图 11-6)。每年 10 月至翌年 5 月为东北季风期，雨量多以季风及台风为主，年平均雨量约为 2100mm。由乌溪直接或间接形成的地貌单元有台中盆地、乌溪冲积扇、太平合成冲积扇、猫罗溪河谷平原及大肚溪口湿地等。其中，台中盆地呈南北长方形状，是台中市所在地，也是社会经济活动主要区域；而大肚溪口湿地由于坡度平缓，拥有宽达 4km 左右的潮间带和丰富的河口生态环境，为台湾地区沿海重要湿地之一。

　　乌溪水系划分为乌溪(含上游南港溪)、支流筏子溪、大里溪、猫罗溪、北港溪及眉溪。流域土地利用以耕地及山林为主,约1212.1km²,占全流域面积的59.8%,其他如建筑用地交通水利用地及原野、公园、堤防用地约占全流域面积的7.5%,而其他用地约661.52 km²,约占全流域面积的32.7%,大部分为造林地,少部分为河川地。

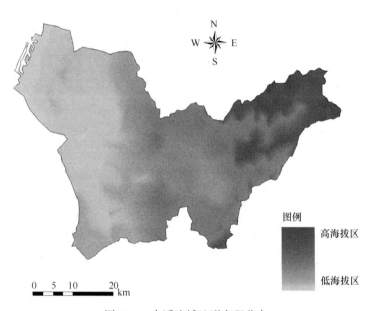

图 11-3　乌溪流域地形高程分布

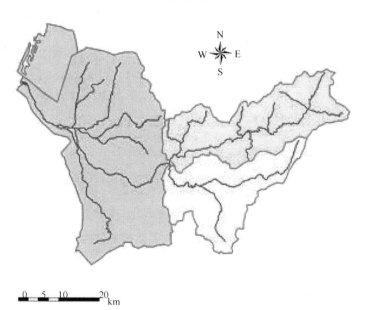

图 11-4　乌溪流域水系及子流域划分

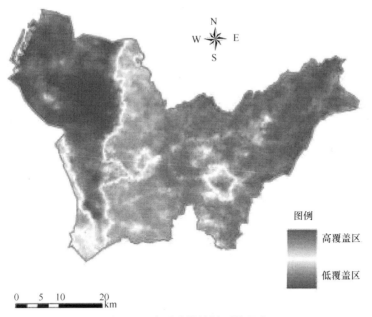

图 11-5　乌溪流域植被覆盖程度

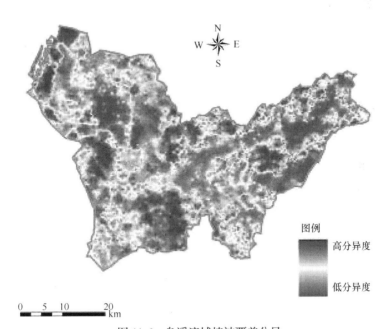

图 11-6　乌溪流域植被覆盖分异

11.1.3　乌溪流域经济状态分析

乌溪流域内人口较集中的城镇包括上游的埔里，中游的草屯、南投、鱼池、中寮及下游的雾峰、大里、太平、台中市，其中台中市连同邻近的丰原、潭子、大里、太平、乌日等乡镇已发展出较完善的城市形态图 11-7 和图 11-8。

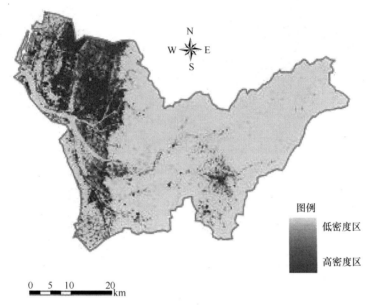

图 11-7　乌溪流域建成区密度

根据台湾"内政部"人口统计资料可知(表 11-1)，各地区的最大人口承载上限以台中县的 150 万人为最多，而南投县约 54 万人为最少；从人口密度来看，以台中市 6099 人/km² 居首位，而南投县仅 132 人/km² 为最低，可知各县市人口之分布极不均衡。对人口增长加以分析，台中市为社会经济中心，因此人口成长率历年皆维持一定的比例，相较之下，邻近的台中县对人口的吸引力则较低，而离台中市更远的南投县甚至出现负增长的现象，至 2000 年达到了–0.46%。以各县市社会增加率统计资料来看，人口呈负增长的原因主要为人口外移所致。可知研究区域社会经济发展极不平衡，导致各县市人口增长变化差异较大。

表 11-1　乌溪流域各县市人口密度及其变化(1994～2002 年)

年份	人口密度/(人/km²)			人口成长/%		
	台中市	台中县	南投县	台中市	台中县	南投县
1994	5095.00	672.66	132.98	1.97	2.12	0.27
1995	5220.85	684.74	133.09	2.47	1.80	0.08
1996	5362.59	695.78	132.88	2.72	1.61	−0.16
1997	5519.09	705.72	133.13	2.92	1.43	0.19
1998	5615.94	715.38	132.93	1.76	1.37	−0.15
1999	5755.46	722.12	132.48	2.48	0.94	−0.34
2000	5909.66	728.41	131.86	2.68	0.87	−0.46
2001	6019.22	732.29	131.94	1.85	0.53	0.05
2002	6098.84	736.93	131.82	1.32	0.63	−0.10

资料来源：台湾"内政部统计处"，2003。

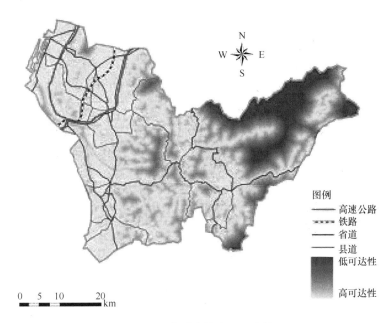

图 11-8　乌溪流域交通通达性

　　交通建设是区域联系的基础。至 2000 年年底，在乌溪流域的台中市、台中县及南投县 3 个主要县市中，省道、市道、县道、乡道及专用公路的总长度分别为 168.93 km、1289.2 km 及 1400.8 km，通过历年总长度变化分析可知，台中市的交通建设在 2000年有明显的增加，台中县则逐年缓慢增长；3 个县市的主要道路比例皆逐年增加，其中以台中市境内的主要道路比例最高，占总道路长度的 54.94%，其次为南投县，其主要道路占总长度的 44.22%，而台中县的主要道路仅占总长度的 34.04%，可知台中县以境内交通联系为主；在道路密度上，亦以台中市最高而南投县最低（表 11-2）。

表 11-2　乌溪流域各县市交通建设及其变化（1994～2002 年）

年份	总长度/km			主要道路[1] 比例/%			道路密度/(km/km²)		
	台中市	台中县	南投县	台中市	台中县	南投县	台中市	台中县	南投县
1994	158.1	1252.5	1378	45.67	31.24	38.36	0.97	0.61	0.33
1995	157.15	1255.5	1392.88	45.38	31.41	38.92	0.96	0.61	0.34
1996	157.15	1257.9	1392.88	45.38	31.54	38.92	0.96	0.61	0.34
1997	157.15	1257.9	1392.37	45.38	31.54	38.90	0.96	0.61	0.34
1998	157.15	1257.8	1391.86	45.38	31.53	38.88	0.96	0.61	0.34
1999	157.15	1279.5	1401.11	45.38	32.69	39.28	0.96	0.62	0.34
2000	157.15	1279.5	1400.04	45.38	32.69	38.60	0.96	0.62	0.34
2001	168.93	1283	1400.98	54.94	33.72	44.22	1.03	0.63	0.34
2002	168.93	1289.2	1400.8	54.94	34.04	44.22	1.03	0.63	0.34

1.主要道路为省道及县道。

　　基于上述可知，台中市境内与境外的交通联系程度均较高，台中县则偏重于境内的联系，而南投县，除主要的向外联系交通路线外，境内交通并不发达。

　　乌溪流域各县市家庭收支(表 11-3)，可反映区域内社会经济状态，通过家庭年收入的比较可知，以台中市的家庭年收入最高，其收入结构半数来自薪资，少量来自产业(农业、商业等)及财产收入(利息、租金等)；其次为台中县，细分农户与非农户的收入可知，2002 年非农户的年收入为 103.23 万新台币，农户则为79.70 万新台币，二者间有较大差距，收入结构亦不相同；而南投县不论于农户或非农户收入皆明显较前二者低。

表 11-3　乌溪流域家庭平均年收支变化(1993～2002 年)

年份	经常性年收入/新台币/户			消费年支出 [1](新台币/户)			消费/收入比例/%		
	台中市	台中县	南投县	台中市	台中县	南投县	台中市	台中县	南投县
1993	974 619	887 088	751 443	570 056	486 477	444 573	58.49	54.84	59.16
1994	998 236	915 465	787 253	581 207	514 526	452 446	58.22	56.20	57.47
1995	1 201 922	952 473	891 479	668 120	514 146	499 240	55.59	53.98	56.00
1996	1 083 048	971 188	914 818	648 070	571 790	496 598	59.84	58.88	54.28
1997	1 195 049	966 910	921 347	720 122	576 707	508 464	60.26	59.64	55.19
1998	1 293 874	1 045 800	906 808	727 579	594 628	506 247	56.23	56.86	55.86
1999	1 279 167	1 101 298	1 035 096	703 491	628 938	531 000	54.99	57.11	51.30
2000	1 162 161	1 025 926	900 459	669 146	611 859	557 775	57.58	59.64	61.94
2001	1 314 412	946 405	867 103	737 772	602 026	498 200	56.13	63.61	57.46
2002	1 125 638	1 014 212	863 293	690 313	649 854	509 828	61.33	64.08	59.06

1. 消费支出包括食衣住行及教育、娱乐等花费，不包括赋税或保险上的支出。

　　在生活消费支出上，虽有年际变化，但台中市明显高于台中县及南投县。在消费组成比例上食品占 22.2%、住房 22.0%、娱乐 14.12%、医疗保健 11.7%、交通运输 11.0%及银行利息支出 5.8%；台中县的生活消费结构食品占 21.34%、住房18.25%、医疗保健 14.91%、交通运输 13.10%、娱乐 14.36%；南投县的生活消费结构亦以食品最高占 23.65%，其他住房为 18.59%、医疗保健 15.55%、交通运输14.40%、娱乐 14.12%。

　　通过消费/收入比例可进一步得知，3 县市的居民在衣食住行及教育、娱乐等方面的支出约占总收入的六成左右，从 1993～1997 年一直维持着台中市最高、台中县次之，但 1998 年以来台中县的消费占总收入的比例已明显高于台中市，结合上述消费结构，台中县居民消费主要在交通、医疗保健和娱乐等方面的比例高于台中市居民。此外，由于南投县对外交通不便，故交通支出比例最高。

11.2　景观功能网络构建

　　景观尺度的景观功能网络是区域尺度功能与结构的延续。其支持并联系着上一尺度景观功能，并可提供斑块尺度的景观格局发展及优化的指导，强调不可见的功能与景观实体的联系。

乌溪流域的景观功能网络构建，必须基于全岛的景观功能定位及流域自然、社会经济现况分析，构建具有明确的功能等级与空间位置的功能网络。相较于全岛尺度功能网络节点、联系廊道的抽象化，在此需进一步明确各节点、廊道的具体空间位置及其影响范围。此外，由于生态和城市功能的实现需要截然不同的自然与社会经济条件，二者须仰赖一定的过渡区域进行协调。

基于以上所述，在景观尺度的功能网络构建过程中，需面临功能节点与联系廊道的确立及功能影响（服务）范围与过渡区划定两个主要问题。

1）功能节点与联系廊道的确立。节点与廊道的实体是网络空间结构的基础，亦是功能服务在空间延伸与发展的根本，在生态与城市功能网络中，影响功能节点强度与联系廊道重要性的自然环境、社会经济条件，需分别审视。

2）功能影响（服务）范围与过渡区划定。由于地理隔离、基础设施建设及景观单元与格局特征的影响，功能网络的节点具有一定的服务范围，并联系着范围内部的子节点，牵动着不同尺度的景观单元，故在网络构建的过程中，必须明确功能范围。另外，基于功能网络目标的单一性和部分功能间的不兼容性，城市与生态网络间必须存在着一定的过渡区，以充当功能协调与冲突缓冲的角色。

景观功能网络构建的核心在于确定网络的节点、影响范围、方向以及联系廊道。整个网络的构建乃基于经济功能、生态功能以及景观类型分布等。

其中城市功能分析的目的一方面在于确定城市功能网络的节点影响强度，从而对其进行等级划分。结合具体景观类型分布，可以确定研究区城市功能网络节点分布。另一方面，要考虑城市功能对空间发展的影响，对城市的集聚效应，道路的连通效应等加以空间化，结合地形、河流以及自然保护区的限制作用，运用 Logistic 回归方法，对城市功能的影响因子权重加以计算，综合得出城市功能空间耗费系数的分布。生态功能分析的目的类似于经济功能，除对生态功能网络节点的等级和分布加以确定外，还可通过对研究区生态指标（如 NDVI 的均值与方差）进行采样分析，考虑到样点之间的距离和方向对插值结果的可能影响，故采用 Kriging 插值方法，得出生态功能空间耗费系数的分布。

按照最小累积耗费计算方法，通过 ARC/INFO 中 GRID 模块的耗费距离功能循环计算，可得研究区城市与生态功能最小累积耗费表面，并借此判定城市与生态功能在空间中的分布差异。然后，基于耗费分配和耗费回路功能，可由景观功能累积耗费表面分别得到景观功能分区、最小耗费方向与路径。依据上述结果，综合得出景观功能网络的空间分布、城市与生态功能间相互作用的关系（图 11-9）。

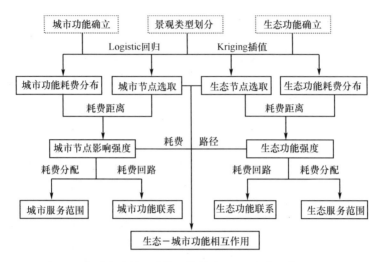

图 11-9　乌溪流域景观功能网络构建流程(张小飞等，2005c)

11.2.1　节点确立

景观功能网络的实现需要现实空间的联系廊道和服务节点两种基本元素组成。节点是物质、能量甚至功能服务的源头或汇集处，在城市或生态功能网络中，节点可以是具体的景观斑块或类似功能斑块的中心。以交通运输网络为例，物流活动是在交通线路和节点进行的，运输、配送功能主要在线路上实现，节点将通过交通线路连接成一个系统，实现物流功能(李红启等，2004)。

在乌溪流域的城市功能网络中，功能节点应为区域行政中心或主要人口集聚地，达到特定人口规模、人口密度或非农人口到达一定比例的地域，区域工业、商业或运输等主要经济活动中心；而生态网络节点可选择为防范自然灾害、维护生态环境及敏感性资源所设立的限制开发区。

景观功能网络节点的大小、形状、类型、边界或邻域特征皆会影响物质、能量流动等功能的发挥，除节点本身的功能强度外，空间上的功能联系亦必须加以考虑，整理相关研究，城市与生态功能网络节点具有一定的特征，本节基于其特征选择可空间化及定量化的指标(表 11-4)，并在空间中确立各级景观功能网络节点(表 11-5)。

表 11-4　景观功能网络节点特征与评价指标

评价指标	城市网络节点	生态网络节点
特征	社会经济活动频率高	生态系统服务功能价值高
	格局聚集度高	生态资源维护良好
	与其他城市功能节点联系紧密	与其他生态功能节点联系紧密
	人口密度较外围区域高	
数量指标	人口成长稳定	
	金融机构数量较高	环境品质良好
	第二、第三产业比例大	

续表

评价指标	城市网络节点	生态网络节点
空间指标	城市斑块聚集度高 交通网络密度较外围大 对外交通相对便利	植被覆盖度高 绿带及河流廊道连通度高

资料来源：张小飞等，2005c。

表 11-5　各级景观功能网络节点

	城市网络节点	生态网络节点
一级节点	台中市	红香
二级节点	丰原市、沙鹿镇、梧栖镇、潭子乡、大雅乡、大里市	松岭、北东眼山、顶猴洞山、大尖山、崁顶山、北坑子、高美湿地
三级节点	清水镇、神冈乡、乌日乡、大肚乡、龙井乡、雾峰乡、太平市、南投市、埔里镇、草屯镇、名间乡、中寮乡、鱼池乡、国姓乡、仁爱乡	乌来、二载山、山坪、竹坑山、下横山、亚哥花园、公老坪、大肚山、玉田山、田仔内

　　由图 11-10 和图 11-11 可知，城市功能节点分布主要是以台中市为中心向周围扩散，其中以台中市北部及西部为主，一直扩展至台中地区主要出海口梧栖，而越往西部地区，城市节点虽为行政中心，功能强度却不及西部；在生态网络方面，主要以红香地区为中心向外扩散，次级节点以山岭、河谷为主，另外包括海岸带的湿地，三级节点则主要分布于西部外围及城市内部。

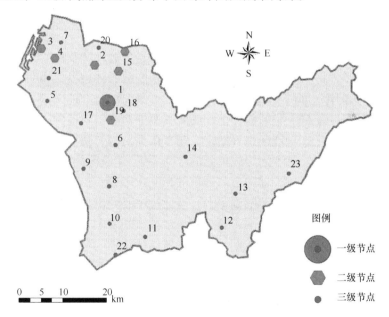

图 11-10　乌溪流域城市功能节点

1 台中；2. 大雅；3. 梧栖；4. 沙鹿；5. 大肚；6. 雾峰；7. 清水；8. 草屯；9. 芬园；10. 南投；11. 中寮；12. 鱼池；13. 埔里；14. 国姓；15. 潭子；16. 丰原；17. 乌日；18. 太平；19. 大里；20. 神冈；21. 龙井；22. 名间；23. 仁爱

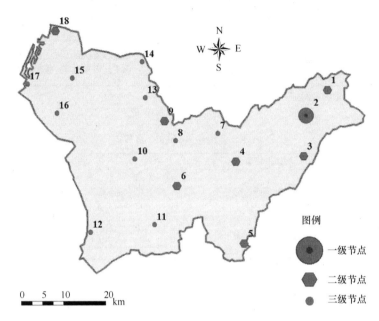

图 11-11　乌溪流域生态功能节点

1. 松岭；2. 红香；3 北东眼山；4. 顶猴洞山；5. 大尖山；6. 崁顶山；7. 乌来；8. 二载山；9 北坑子；10. 山坪；
11. 竹坑山；12. 下横山；13. 亚哥花园；14. 公老坪；15. 大肚山；16. 玉田山；17. 田仔内；18. 高美湿地

11.2.2　功能服务区

　　景观功能网络节点的服务范围不仅受限于自身自然环境及社会经济背景，亦受相邻的功能节点的影响，故不易准确判断其功能服务区边界，为明确各功能节点主要的服务范围，提供景观格局优化依据，本研究结合上述因素与耗费距离模型，在节点服务功能最大化的前提下，确立其服务功能空间范围。

　　传统的城市或生态功能区边界划定，通常依据结构与功能方法。以城市区为例，通过城市的形态及其不同构成单元的空间关系（建成区的邻接性）判定城市区的边界；或基于功能影响，即城市与环境的相互作用（消费或通勤等）确定城市区的边界（姜世国，2004）。在范围确定上，有通过中心城市探讨其对外围城市的影响，或分析单一城市的影响范围，其少就多个城市间或中心城市与子城市间的相互影响进行讨论；在生态研究方面，亦其少就景观功能的范围进行空间区划，研究上多以斑块边界作为功能影响或服务的边界，而简化或忽视外围景观类型的影响。

　　基于以上所述，本研究在功能节点确立的基础上，结合各景观类型对于城市及生态功能传播的阻力及空间特征（包括城市发生概率、平均植被覆盖及年内植被分异），进行功能耗费系数的修正，进而获得各景观类型的平均功能耗费系数，其中几乎未造成阻碍的视为 1，而阻力大到功能无法通过的视为 200（表 11-6；图

11-12 和图 11-13)，叠合功能节点进一步获得各节点的服务功能分区(图 11-14 和图 11-15)。

其中，城市发生概率模型的因子选取，考虑了与现有城市的发生关系较大的自然环境与景观格局特征，经相关分析后，最终选取距道路远近(dist_road)、距河流远近(dist_river)、高程(con_wx)、坡度(slope_wx)及道路密度(road_dens)5个因子，经逻辑回归得到的城市发生概率模型：

CITY = 1 div {1 + [exp (3.614 + 1.129 × dist_road + 0.147 × dist_river + 2.085 × con_wx + 0.392 × slope_wx – 0.183 × road_dens)]}　(11-1)

其中 RMS Error ＝ 0.305　　　　Chi-Square = 445.648

借由上述模型可得空间中各土地利用类型转变为城市的概率，进而将其作为城市功能耗费系数设定的参考。

表 11-6　景观类型耗费阻力系数

景观类型	城市功能耗费阻力	城市发展概率(均值, 0~1)	生态功能耗费阻力	植被覆盖度(均值, 0~1)
建成区	5	□	200	0.0397
道路	1	□	100	0.1214
一级产业用地	50	0.6135	50	0.6197
河流	100	0.3389	10	0.0125
森林	200	0.0412	1	0.8358

资料来源：张小飞等，2005c。

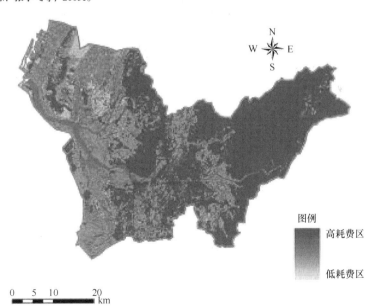

图 11-12　乌溪流域城市功能耗费值表面

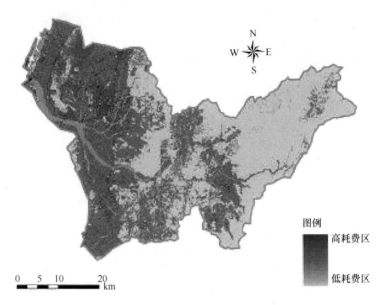

图 11-13　乌溪流域生态功能耗费值表面

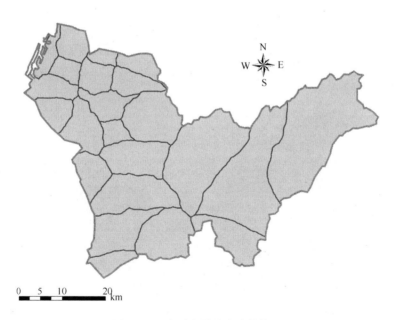

图 11-14　乌溪流域城市功能分区

11.2.3　廊道选取

　　廊道是景观结构中相当特殊的元素，可同时起着分割与联系的功能，由于廊道有无断开是确定信道与屏障功能效率的重要因素（傅伯杰等，2001），通常以连

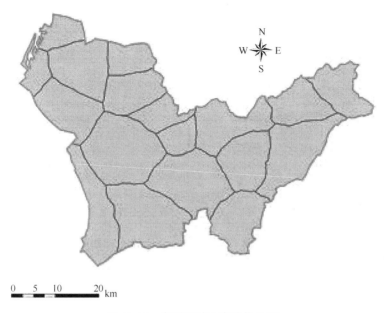

0　5　10　　20 km

图 11-15　乌溪流域生态功能分区

通性来测定廊道功能的强度。产生廊道效应的实质在于围绕廊道一定范围内存在效益梯度场，廊道效益由中心向外逐步衰减，遵循距离衰减规律(宗跃光，1999)。

　　单纯从经济角度出发，在城市中心和交通廊道共同作用下，城市景观结构是在中心与交通廊道形成的多边形实际地价梯度场向同心圆理想地价梯度场趋同的动态过程中形成的(宗跃光，1996)，城市化区域的集散主要沿交通廊道进行，建成区扩展自市中心沿交通干线呈触角式增长(宗跃光，1998)，廊道效应强度随廊道等级变化发生高低变化，廊道在很大程度上决定城市景观结构与人口空间的分布模式(Taaffe et al.，1992)，由于城市是人类社会经济活动的中心，因此城市景观的有形廊道作用，主要是起着输送人流、物流以及资金流等作用。

　　生态功能景观网络中，有形的廊道主要以河流及绿带为主，在以集水区为单元的研究区内，河流廊道的地位尤为重要，其由上至下联系并支持着流域内部各个生态系统，输送、交换营养物质，并具有一定的教育文化和休闲游憩的功能，对于维持生物多样性有着重要的作用。生态廊道依据类型不同在生态功能网络中扮演着不同的角色，其中，自然河岸廊道可以保护大量的陆生及水生生物，亦可发挥其他相应功能包括地下水源涵养及汇聚地表径流等；一些敏感性物种栖息地及迁徙廊道对于保护野生动物尤为重要；另外，生态廊道亦提供社会大众游憩的空间，增加公众与自然的接触机会(Miller et al.，1998)。

　　在城市功能网络中，其廊道主要是以交通动线为主，由图 11-16 可知，处于一、二级的节点，对其他点皆有较多的联系廊道，向西部的廊道则较为单一；在生态网络中，流域东部廊道多位于山岭和河谷等植被较佳的区域,由于河流对于生态功能具有一定的阻碍,廊道则多位于北部,西部则主要沿着台地及丘陵,一直联系至海岸带的湿地。

　　基于廊道的连通度以及功能随着与节点距离增加而衰减的特性,利用最小耗费距离模型,可获得城市与生态功能网络的廊道结构(图 11-17)。

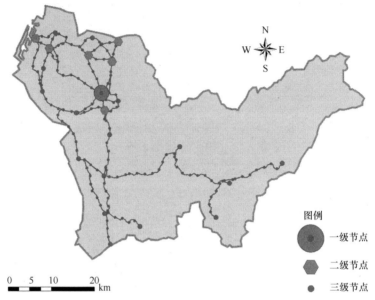

图 11-16　乌溪流域城市廊道

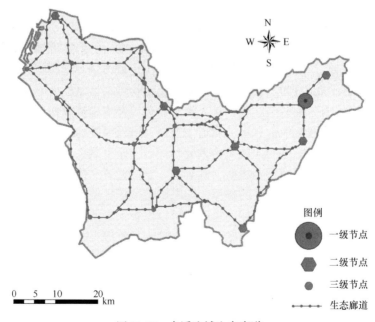

图 11-17　乌溪流域生态廊道

11.3　景观功能网络评价

景观功能网络评价主要针对景观功能网络的连接水平以及由此所决定的景观节点间联系的便捷程度。首先，基于景观功能网络拓扑图，将两节点间直接连接记为 1，两节点间不直接相连记为 0，相应地作出乌溪流域景观功能网络的连接性矩阵（刘家壮和王建方，1987；朱英明，2004）。

$$T = \left(C_{ij}\right)_{n \times n} \qquad (i, j = 1, 2, \cdots, n) \qquad (11\text{-}2)$$

最短径道矩阵是连接性矩阵经过 N 次方后，得到的没有出现 0 的矩阵。具体的方法是，连接性矩阵的平方即 $T^2 = C_{ij}$，表示从节点 i 到节点 j 通过 1 个节点，而不直接连接的全部方法，即最短径道数为 2，T^3 则表示通过两个节点，而不直接联系的方法，即最短径道数为 3，依此类推，直到 T^N，所有的节点通过直接或间接都相连，即矩阵中没有 0 出现，此时的径道数为 N。节点 i 到节点 j 需要的最短径道数所形成的矩阵为最短径道矩阵。其中城市功能网络的连接性矩阵经过 6 次方后，得到最短径道矩阵，生态功能网络的连接性矩阵也经过 6 次方后，得到最短径道矩阵。

$$T^N = \left(S_{ij}\right)_{n \times n} \qquad (i, j = 1, 2, \cdots, n) \qquad (11\text{-}3)$$

通过计算景观功能网络廊道的最小累积耗费距离 U，构建耗费距离矩阵 D，用以评价节点间联系强度。相应地作出乌溪流域景观功能网络的耗费距离矩阵。

$$D = \left(U_{ij}\right)_{n \times n} \qquad (i, j = 1, 2, \cdots, n) \qquad (11\text{-}4)$$

11.3.1　联系度评价

联系度是指网络中一个节点到其他节点最短径道所经过的线路数的总和。矩阵中每行最短径道数之和除以节点数即为联系度，即 $\sum_{j=1}^{n} S_{ij} / n$，反映了节点 i 在网络中的联系状况，其值越小，表明节点 i 在网络中的联系能力越强。反之，节点 i 在网络中的联系越差；矩阵中所有最短径道数之和除以节点数，即 $\sum_{i=1}^{n}\sum_{j=1}^{n} S_{ij} / n$，反映了整个网络的联系程度，其值越小，表明整个网络中的联系越好。反之，整个网络中的联系越差（图 11-18 和图 11-19）。

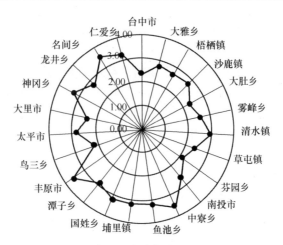

图 11-18　乌溪流域城市功能网络联系度
单位：路径数

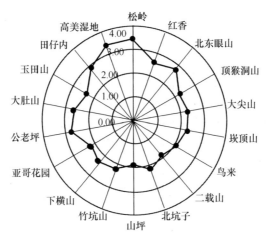

图 11-19 乌溪流域生态功能网络联系度
单位：路径数

　　由图 11-18 和图 11-19 可知在空间的拓扑关系上，乌溪流域城市网络中以乌日乡和芬园乡的网络连通性最佳，与外界的联系度较高，相应也是流域城市网络中重要的交流、转运功能中心，而城市功能中心台中市的联系度则次之，流域内台中县市各城市节点的联系度均高于南投县。在生态网络中，则以山坪及二载山联系度较高，而属生态功能网络中心的红香，联系程度属倒数第三，生态网络的联系中心与功能中心并不吻合，这与生态网络节点的空间分布较为分散有关。

11.3.2　耗费度评价

　　耗费度是指网络中一个节点到其他节点平均最小累积耗费距离。矩阵中每行矩阵中每行最小耗费距离之和除以节点数即为耗费度，即 $\sum\limits_{j=1}^{n} U_{ij}\,/\,n$，反映了从节点 i 前往其

他节点的平均耗费状况，其值越小，表明在网络中节点 i 与其他节点联系产生的耗费越低。反之，节点 i 在网络中的耗费度越高；矩阵中所有最小累积耗费距离之和除以节点

数，即 $\sum\limits_{i=1}^{n}\sum\limits_{j=1}^{n} U_{ij}\,/\,n$，反映了整个网络的耗费程度，其值越小，表明整个网络通行的耗

费越低，网络运行效率越高。反之，整个网络通行耗费越高，网络运行效率越低。

　　基于平均耗费路径长度的耗费度分析可知(图 11-20 和图 11-21)，乌溪流域城市网

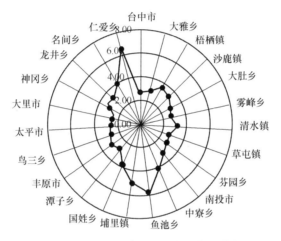

图 11-20　乌溪流域城市功能网络耗费度
单位：km

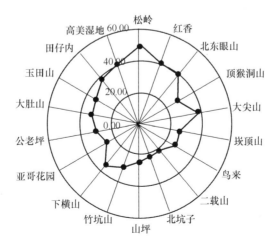

图 11-21　乌溪流域生态功能网络耗费度
单位：km

络中以大里市的耗费度最低至任一节点的平均耗费距离为 24.26km，其次为城市功能中心台中市(24.65km)，说明大里市和台中市与其他城市节点有较短的耗费距离，而南投县仁爱乡则与其他节点距离最远，达到 64.51km，耗费度最高。在生态网络中，耗费度较低的为二载山及北坑子，至其他节点的平均耗费距离分别为 21.94km 及 22.29km，而生态功能中心红香及松岭、高美湿地同属耗费度较高的节点，分别为 48.37km、41.01km 及 40.6km。整体而言，生态功能网络运行的耗费度高于城市功能网络。

11.3.3　通达性评价

最小累积耗费距离之和乘以最短径道数之和即为通达性，即 $\sum_{j=1}^{n} U_{ij} \times \sum_{j=1}^{n} S_{ij}$，综合反映了节点 i 在网络中的联系与耗费状况，其值越小，表明节点 i 在网络中的通达性越佳。反之，节点 i 在网络中的通达性越差；矩阵中所有耗费距离之和乘以最短径道数之和，即 $\sum_{i=1}^{n}\sum_{j=1}^{n} U_{ij} \times \sum_{i=1}^{n}\sum_{j=1}^{n} S_{ij}$，反映了整个网络的通达程度与网络完善程度，其值越小，表明整个网络中的通达性越好，网络越完善。反之，整个网络的通达性越差，网络完善程度越低。

整合联系度及耗费度所得的通达性，可同时反映网络节点间的拓扑关系及空间耗费距离(图 11-22、图 11-23)。在城市功能网络中，以功能中心台中市的通达性最佳、其次为大里市及乌日乡，其中大里市属二级节点，其他的二级节点丰原市、沙鹿镇、梧栖镇、潭子乡及大雅乡的通达性较差。在生态功能网络中仍以二载山及山坪两个三级生态功能节点通达性最高，而一级及二级生态节点红香、松岭、北东眼山、顶猴洞山、大尖山、崁顶山、北坑子以及高美湿地通达性均较低。

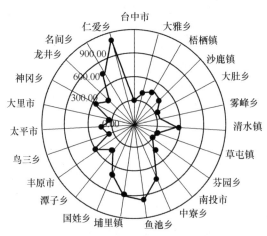

图 11-22　乌溪流域城市功能网络通达性

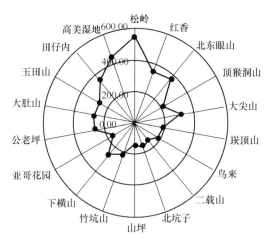

图 11-23　乌溪流域生态功能网络通达性

综合以上所述，乌溪流域的景观功能网络中以城市功能网络结构较佳，城市节点多环绕于城市功能中心，功能的输出与传递效率较高，但彼此通达性差距较大，需就南投县境内的城市节点的网络结构进行优化。而生态功能网络节点间通达性相对较为一致，只有一级及二级功能节点红香、高美湿地的通达性较差，需就其功能传输路径进行优化，或提升二载山及北坑子等通达性较佳节点的生态功能强度。

11.4　景观功能网络应用

通过功能节点和廊道的组合，可获得景观功能网络在空间的具体位置与功能等级，及其间相互依存的空间关系。通过城市与生态网络的叠合可知(图 11-24)，城市功能主要聚集在流域西部，网络间的廊道基本健全，且联系较生态网络紧密，向东部联系较为简单，亦降低对生态系统的冲击；生态网络由于受城市阻隔，东部地区与海岸带的生态用地联系中断。整体而言，乌溪流域的景观功能网络问题在于城市聚集区缺乏生态功能节点，不但阻隔了生态功能的联系，影响物种迁徙、移动，亦使得城市居民缺乏休闲游憩的开放空间，降低城市生活环境品质。

基于降低景观功能耗费的原则，通过景观功能网络的空间叠合，亦可发现乌溪流域在功能联系上存在需要加以优化的景观格局：

1）高美湿地与其他生态节点的联系。高美湿地北邻大甲溪出海口、南接清水大排，面积为 300 余 hm^2，约为大肚溪口湿地的 1/10，其间的有机质为底栖生物提供了重要的营养来源，间接提供过境候鸟的休息地，并为海岸带居民提供洪水来袭的缓冲区，因此为保护高美湿地功能的健全，除加强其与周边生态节点的联系外，亦需确立其周围缓冲区，以降低人为干扰。

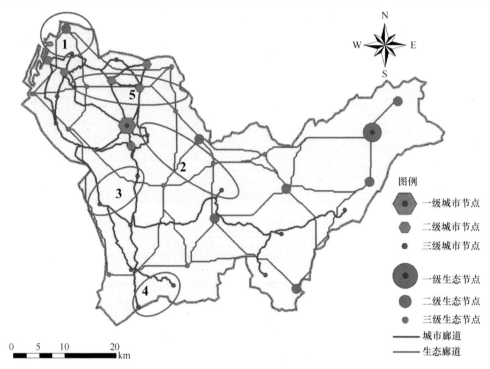

图 11-24 乌溪流域景观功能网络结构及功能冲突点(张小飞等，2005c)

2）国姓乡与雾峰、大里及太平等城市节点的联系。国姓乡受地形条件限制，城市发展一直局限于内陆地区，由于其地处流域中心，为加强与东部城市的联系，首先需就国姓乡的交通建设，进行改善。

3）雾峰与芬园的城市联系。由于乌溪在此分流为大肚溪及猫罗溪，造成雾峰与彰化芬园的空间阻隔，需绕至大里、乌日或转向南部草屯，建议可选择河岸较窄或生态冲突较小的区域建筑桥梁，以加强功能联系。

4）中寮与名间的城市联系。中寮乡与名间乡受地形影响，城市间联系不便，交通运输需依赖南投市，是流域内部城市功能联系较低的地区。

5）亚哥花园、公老坪及大肚山等主要支持城市网络中心区的生态节点，受潭子及大雅两重要城市功能联系节点影响，功能联系受阻，需加以沟通联系。

第12章　小尺度景观功能网络

在斑块尺度上，景观功能网络面临不同功能景观在各个斑块间产生的复杂关系，每个斑块皆有特殊的发生背景、存在价值、优势、困境及与相邻斑块的相互关系。工业革命以来，人类主导的农业及城市景观，已成为各景观类型中的优势类型，并威胁支持生态稳定与环境质量的森林、湿地、草原等自然景观，不仅造成大范围人为景观的单一化，也使得自然景观出现破碎、消失的现象。

生态功能与城市功能的和谐并存有利于可持续发展，生态功能网络的存在对城市发展起着环境保护、污染净化、防灾避难、休闲游憩、景观美学及文化教育等功能(易军红和郭美锋，2004)。在城市规划中亦有许多指标用以评价城市的可持续发展，例如，公共绿地定额①、绿地率②、绿视率③、绿覆率④、绿化系数⑤及园林生态绿化率⑥等(黄纯美，1999)。

生态斑块面积大小、组成物种及景观结构的空间特征等皆影响景观功能的发挥。由于景观的联系有助于功能的延续，在景观配置上尤其强调联系的重要性，假若生态空间缺乏系统的连接，不仅降低其环境净化、美学等功能，亦无法提供其他物种有效的栖息地，因而降低其生态价值(林立箎，1999)。

传统通过土地利用分区或城市范围划定的规划方式，将城市与生态两种功能视为空间相互排斥的景观类型，这样的方法明确地保护了郊区的生态用地，但同时也使得城市内部的生态效益及物种多样性受到限制。因此近来有"生态城市"概念的提出，期望通过生态斑块的引入与联系，制约及协调城市发展，在追求社会经济利益同时，提升区域综合发展水平。

小尺度景观功能网络的实现，除解决研究区所面临的现况问题外，亦可从功能联系的角度，提供景观格局优化的新视角。

12.1　研究区现况问题与景观特征

在自然环境限制与社会经济发展定位的作用下，台湾岛城市发展已进入相对缓慢阶段，加上农业用地转变亦有法律规范，土地利用变化已趋于稳定。基于城市发展与生态保护功能进行景观类型划分，具有下述空间特征：一是借由河流廊道横向联系的生态功能景观；二是纵向联系的城市功能景观。由于自然山脉阻隔，台湾岛河流以东西向为主，

---

① 都市中每个居民享有的人均绿地面积。
② 绿地面积占总面积的比例。
③ 人在地面上移动时视觉所能感受的绿量，可借由草地花卉、林木、墙面攀爬植物等组成复合多层次植栽的形式。
④ 植栽垂直投影面积占总面积的比例。
⑤ 植栽垂直投影面积、草坪花卉种植面积及垂直率化面积的总和占总面积的比例。
⑥ 以绿化生物量系数乘以绿地面积的比例，用以揭示生态能量及其循环。

横向联系了上游的天然林、中下游的河岸带及出海口湿地；而城市景观则成为西部平原上的优势景观类型，借由密布的交通廊道串联着南北复杂的社会经济活动。

　　基于流域尺度的功能网络分析可知，台湾岛的生态功能与城市功能网络冲突主要来自于横向的生态功能网络联系被纵向的城市功能网络所切断。具体表现在斑块尺度的现象包括森林绿带在进入城市区内消失、分散及破碎，而天然的河道则转变为人造沟渠等现象。探究其成因如下所述（颜文震，2003）。

　　1）一级产业发展的影响：传统农业竞争力下降，城市及对土地资源需求度日增，导致城市都会化或乡村城市化现象；长期忽视低海拔造林与都市绿地推广，缺乏专责单位执行监督；沿海养殖业无限制地抽取地下水，造成地层下陷、土壤盐碱化，渔港不断扩建，海堤扩建而造成台湾岛的渔村环境品质劣化，绿地面积减少等环境危机；城市化地区水路、水圳在改变使用后被废弃，使得自然绿地及河湖水体大量减少。

　　2）工业发展的影响：大型工业区开发不仅截断既有自然纹理，也阻隔了赖以维系的生态网络，大面积填海造陆，改变海岸湿地和农地、公园、绿地的大规模建设，使得区域绿地减少或湿地遭受严重破坏，亦使区域城乡发展因为缺乏缓冲使得冲突越演越烈；而工业产生的污染与废弃物，虽有相关法规限制，但仍对河川流域两岸绿带及农地造成一定的影响，对自然生态系统造成威胁。

　　3）城市化的影响：为便利频繁的社会经济活动，工程建设及环境污染导致河川、渠道、绿带和绿道等生态廊道受阻；土地承载量超过负荷，使低经济效益的土地利用类型被开发利用，同时为节省工程开发成本大量平整土地，山坡地开发更使得绿地迅速消失；大量的人工建筑和道路使城市区产生热岛效应，十几年来台北、台中和高雄等大城市温度皆有逐渐上升的趋势（黄世孟，1997）。

　　基于以上所述现象，本研究选定乌溪流域内的大肚溪河岸进行典型区研究（图12-1）。研究区位于台中县大肚乡，在景观尺度的城市功能网络中属城市网络的末端，两侧分别为大肚溪河岸及生态节点玉田山，研究区有明显的河岸–农地–建成区（交通）–农地–灌草–森林的西北–东南带状景观特征，受中心区建设用地及交通建设影响，水体及绿地的生态功能联系受到影响。在未来的景观格局优化中，迫切需要加强其生态功能联系，降低城市功能景观对生态系统的冲击。

图 12-1　研究区位置及景观

12.2　景观功能与结构优化理论

在可持续发展的大前提下，许多研究针对近来城市化、农业及旅游开发所造成的自然资源质量下降与生态环境影响，分别在环境规划、生态稳定及种群动态等方面结合相关理论，用以充实目前景观生态规划，具体内容说明如下：

12.2.1　环境规划

"环境"是综合的概念，包含了与物种、种群生存相关的因子，也与人类社会、自然环境息息相关。环境的保护与经营不仅包括技术层面的空气污染防治、水质净化等，也包括功能上生态系统及其空间格局的整合。个别环境因子评价并不能满足环境可持续发展的需要，以综合各派理论与方法见长的景观生态学，不仅考虑自然因子及其间的相互关系，并结合空间分析方法整合了自然资源、环境经营及空间规划，提出了人类与自然协调发展的空间架构。

近年来，跨学科应用与研究的增加显示学科整合的重要性，可持续发展、生态城市及生态网络理念的提出与发展皆是如此；而在具体的空间配置方案拟订过程中，生态规划(ecological planning)的概念与步骤亦可为景观生态规划执行提供明确的参考依据(McHarg，1992)：

1) 由于自然资源具脆弱(vulnerable)的特性，在开发无法避免的情形下，规划者需就其承载量进行了解；

2) 无法控制的增长会带来破坏，因此发展必须遵守着既定的目标；

3) 资源维护的原则在于能够避免破坏并同时确保土地经济效益的增加；

4) 计划中的增长能被区域所承受，并较之前具更高的效益与满意度；

5) 规划制定过程中，公众、私人及相关团体皆能够参与并了解计划。

总而言之，生态规划的目的，即是在开发过程中，遵循着既定的目标，提升环境整体的利益。生态规划法在环境规划实务中具有相当大的影响，在教学研究单位中更将其视为环境规划教育的特定项目与内容。

另外，Diaz 及 Apostol 亦基于景观生态学原理，发展景观生态规划，将景观视为生态系统进行分析，内容涉及结构、功能、运作过程及关联性，具体操作步骤可分为分析与规划设计两部分(Diaz and Dean，1999)：

(1) 分析阶段

1) 鉴定、确认、图绘、说明各景观单元(廊道、嵌块体、基质)及其形态；

2) 鉴定、确认、图绘重要的景观流；

3) 说明景观单元、形态与景观流间的交互作用以了解其功能；

4) 说明干扰与自然演替的过程在景观中的作用与影响；

5) 说明空间上功能的连接度。

(2) 规划设计阶段

1）确立何种景观形态或标的物已因规划执行而存在；

2）应用上述资料，针对欲达到的景观形态(规模、结构等)进行描述；

3）整合上述结果，利用空间分析及设计方法，图绘区域理想的景观形态。

12.2.2　生态稳定

俄罗斯地理学家 Rodoman 于 1974 年提出"区域系统支持景观生态稳定"的概念，建议通过景观两级化的方法(Mander et al.，1995)，以功能分区强化土地利用。这是基于城市与生态景观两者间功能相互排斥的前提所提出的，实践至今亦证明其有助于初期农业、工业和城市的发展，但不利于该区域的环境净化、水土保持及物种生存，也忽略城市与生态两种景观类型间的联系元素。

20 世纪 70 年末至 80 年代初期，生态学家与区域规划者的合作产生了 "自然结构"(nature frame)、"自然的脊梁"(natural backbone)、"生态补偿区"及"生态稳定功能"等空间配置概念，主要内容在人类主导的景观中，基于开发行为对生态环境的影响强度，决定生态补偿功能的范围，同时通过连续的土地利用方式，连接上述补偿区达到景观功能的延续(Jongman，2002)。

为加强人为景观的生态稳定，相关研究针对城市内部生态功能的影响因子进行分析，并提出绿地面积、廊道连接度、与源的距离、本地植栽比例和栖息地多样性等因子对功能的影响较大，其中又以与绿地连通性相关的绿地面积因子重要性值最高(陈彦良，2002)。

景观稳定也是生态稳定的具体特征之一。景观稳定性是一种规律波动的过程，反映了景观抵抗和适应干扰的能力(赵玉涛等，2002)。相关研究指出景观异质性与景观稳定性间具有一定的相互依存、相互影响关系。在自然生态环境中，资源斑块的内在异质性有利于抵御环境的干扰，提供抗干扰的恢复性(Forman and Godron，1986)，而使景观整体趋向动态稳定的状态(Turner，1987)。

12.2.3　种群动态

由于人类与自然环境的冲突越演越烈，许多物种由于栖息地丧失与质量降低，种群数量减少或消失(Saunders et al.，1991；Andrén，1994)。为了保护生物多样性，维持或改进当前的自然环境(Noss et al. 1997)，相关经营管理单位分别采用了维持或提升保护区质量、扩大基地面积、增加栖息地数量、利用廊道或跳岛降低边界限制及管理各栖息地间的过渡带等方式(Langevelde et al.，2002)。

生物栖息地是典型的生态用地，改变栖息地的空间配置影响了种群维系(Lamberson et al.，1994；Hof and Raphael，1997)，通过生态用地的联系，有助于降低种群所面临的外界冲击。生态网络便是其中重要的概念与手段之一，生态网络的构建与联系有助于物质与能量流动，降低景观破碎化对种群的迁徙、生存及栖息地孤立的影响，限制人口增长与土地开发，具体操作上则是以垫脚石或生态廊道的连接为基础，借由功能联系改善景观中物质与能量的交换。

针对种群的维系上，为避免由于残存生物栖息地孤立而降低种群数量(Hanski et al.，1996)，目前的生态用地规划策略主要是通过扩大现存保护区面积，以降低当地种群灭绝的可能性，其次则是以垫脚石联系现有的栖息地，以提升生物迁徙、觅食的可能性。

另外，有关岛屿生物地理学所提出的面积、边缘形状、距离等相关空间配置概念，亦可作为生态功能联系的参考(罗宏铭，2002)：

1) 面积效应(area effect)：动植物栖息的绿地岛屿面积越大，越能维持健全的动植物群落(forman，1995)。

2) 边缘效应(edge effect)：当两种生态系统接触会形成一过渡地带，汇合了两种生态群落组成及性质，称为推移带(ecotone)。推移带的组成除了相邻生态系统组成外，也常出现相邻生态系统没有的新种，故在推移带中生物族群密度或种类歧异度均较相邻生态系统高，即称为边缘效应(刘棠瑞和苏鸿杰 1983)。

3) 距离效应(distant effect)：生态用地间距离越接近，越有利于物种迁徙，对动植物群落的多样性越有利(Forman，1995)。

4) 连接效应(connective effect)：多数绿地间以带状绿廊相连时，可促进物种的网状移动，形成绿色走廊的功能(Forman and Godron，1994)。

对于物种传播和延续，景观的主要功能影响因素是连通度(connectivity)与联系度(connectedness)，其中连通度是一种景观功能参数，用以量测子种群与功能种群相互作用的过程，联系度则涉及景观空间结构的链接(Baudry and Merriam，1988)。通常，生物学上的连通度(功能格局)与景观联系(相似景观元素间的物理连接)是匹配的，如在较小森林中哺乳动物的迁移便是沿着林木较茂密的走廊(Henein and Merriam，1990)，但因物种差异所需的物理联系有所不同(Jongman et al.，2004)。

结构单元的差异来自功能参数。对有些物种而言，联系的差异反映在两地间的距离，有些则来自景观结构，如栖息地面积的减小便会影响种群数量，增加种群遭受冲击与灭亡的风险。

12.3 景观格局优化原则

城市的发展无法脱离其外围的生态系统(Huang，1998)，生态系统不仅支持城市的社会经济活动运作，也提供了生态保护及环境净化的功能。由于在台湾岛西部平原地区城市、农业景观为优势景观类型，随着南北交通的日益频繁，大面积的建成区及错综的交通建设，纵向阻隔了岛内东西向的生态联系，其结果不仅导致景观多样性降低、生物栖息地丧失，也促使城市内部建设用地的恣意蔓延，生态用地（包含天然林残存斑块、人为绿地与绿廊等）的孤立化亦降低维系生态稳定的功能。

　　景观生态学、生态学及生物学方面的相关研究皆指出，通过廊道的确立与保护可降低景观破碎化的影响并促进残存生物栖息地斑块间的迁徙与移动（Saunders and Hobbs，1991；Bennett，1999；Vos et al.，2002），进而建立景观间的功能联系（Tayler et al.，1993；Tischendorf and Fahrig，2000；Jepsen et al.，2005）。本研究基于连通度（功能格局）与景观联系（相似景观元素间的物理连接）匹配的假设，针对台湾岛城市发展妨碍生态功能联系的问题，结合规划理论与景观生态原理，在加强生态功能空间联系的目标下，制订景观格局优化目标及方法（表 12-1）。

表 12-1　景观格局优化目标、方法及指标

景观格局优化目标	景观格局优化方法	景观格局指标
提升生物多样性	扩大核心生态斑块面积 调整植被结构	最大斑块面积 植被覆盖的比例 本地植被比例 景观类型多样性
维持物质、能量流通	建立垫脚石 强化及构建联系廊道	斑块密度 周长面积比 廊道宽度、密度 连通度 蔓延度
维持景观格局的稳定	设置缓冲区 提升景观异质性	缓冲区宽度 景观类型多样性
提升生活环境品质	增加绿地覆盖面积	植被覆盖比例

资料来源：张小飞等，2005b。

　　基于以上所述，本研究整合景观格局优化理论及生态功能网络构建方法，就研究区生态功能斑块的类型、组成与空间结构特征，提出景观功能网络构建方案。为达提升生物多样性、维持物质能量流通、维持景观格局稳定及提升生活环境品质等目标，在环境规划、生态稳定及种群动态等理论的支持下，在此采用扩大核心生态斑块面积、调整植被结构和建立垫脚石等方法。由于研究区多数区域景观类型改变困难，且研究区格局问题主要在于生态功能联系受阻，故操作中乃强调建立垫脚石、强化及构建联系廊道的方式，期望借由最少的景观格局改变达到最大的生态效益。

12.4　景观格局优化步骤

　　针对景观破碎化与自然系统质量退化的问题，生态网络分析与规划是目前景观研究的新趋势（Cook，2002）。相对于传统在城市规划及土地开发时集中配置的

公园绿地或其他形式的开放空间,若能进一步结合外围田间的林带或残存的林地,便可以更好建立完善的生态功能网络。为达优化目标,针对研究区特性构建适宜的生态功能网络,除考虑自然环境及社会经济状态外,亦需就其间的结构及景观流间的相互作用加以分析,具体优化方案拟定步骤说明如下。

12.4.1　景观格局分析

为分析研究区景观特征,就研究区 1995 年航空照片进行解译,将其景观类型分为林地、灌草地、农地、水体、建成区及交通用地 6 类。

其中,森林地属大肚山与玉田山的连绵带,由于地势变化剧烈不适宜城市发展,成为台中市西南部郊区重要的生态绿地,由于面积较大且形状完整,是重要的野生动物栖息地,并为当地居民提供休闲娱乐场所;灌草地则分布于森林周围,属森林与农地、建成区的过渡带,亦散布于建成区间,是林地受人为干扰后恢复的初期景观类型;建成区则主要位于研究区中部,借由交通用地包括纵贯铁路(海线)、省道南北联系及县道、乡道东西联系;农地则主要分布于研究区西部介于水体与建成区中间,受灌溉水源及人类活动影响(图 12-2)。

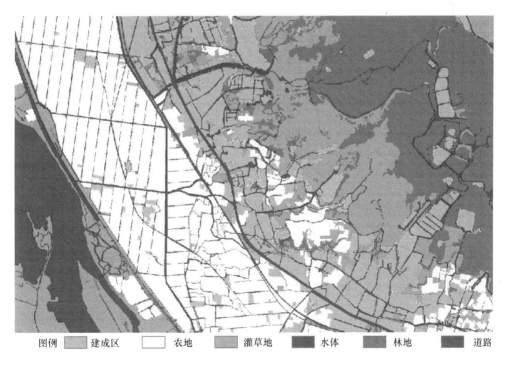

| 图例 | 建成区 | | 农地 | | 灌草地 | | 水体 | | 林地 | | 道路 |

图 12-2　研究区景观类型

在景观格局方面(表 12-2),数量上以农地所占的面积比例最大(27.16%),其次为灌草(20.86%)及森林(19.53%)。在空间分布上，单位面积内的斑块数量以道路类型最高，且明显高于其他景观类型，其形状较为破碎、复杂且空间分布均匀；在斑块的形状方面以农地的形状最为规整，且空间分布联系紧密，这与人为的管理有极大的关系；除农地外，在同类景观分布的邻接程度上，森林及建成区的联系程度亦较其他景观高，其中建成区主要仰赖交通干线串联，故紧密分布于交通路线两侧，森林则因为受人为活动影响，退至玉田山顶部。

表 12-2 研究区景观类型及其格局特征

类型	面积比 PLAND	斑块密度 PD	最大斑块指数 LPI	景观形状指数 LSI	相似邻接比例 PLADJ	散布与并列指数 IJI
建成区	16.6142	30.8507	0.6795	23.7109	98.3902	77.7964
农地	27.1568	21.2817	0.62	21.3026	98.8690	69.1696
森林	19.5258	39.5778	3.7296	23.0041	98.5592	64.8812
灌草	20.8597	72.2658	7.135	34.1575	97.9304	85.7535
水体	8.1447	27.0997	5.64	26.5095	97.4299	75.5
道路	7.6987	169.2581	7.1368	88.7732	91.1463	97.621

资料来源：张小飞等，2005b。

12.4.2 景观流分析

所谓流动的现象是指生物、物质及能量穿越或经过景观，可能经由空中，也可能经过地面或土壤(Forman and Gordon，1986)。景观流的规模不一，有些几乎全面地在景观中流动，有些则局限于特定的区域或景观类型中(Diaz and Dean，1999)，故于景观的分析和设计过程中，需依据研究区特性，考虑景观流类型包括风、水、火、动物、植物及人类等。为此，景观流分析内容首先须明确景观流的类型、方向、时间及其相应的景观类型，其次则是景观流间的相互关系。

依据协调生态及城市功能发展的需要，研究区内部的景观流类型依其功能差异可分为生态及城市两类。其中用以维系生态功能的景观流主要是由水体及绿带组成(图 12-3)，城市功能则主要靠车行和人行的交通路线来联系(图 12-4)。

研究区生态功能流可分为两部分，其中以森林为主体，具有环境绿化、栖息地提供、休闲游憩等功能的绿带功能流，在研究区东北角的分布最广且完整，主要受山体影响除零星的交通路线外大面积的建成区不易进入，向外的联系以灌草地、边缘残存的林地、城市绿化带为主，但受人为影响，实际连通性不佳；其次，起着饮用水提供、农地灌溉、休闲游憩、物质流通等功能的水体功能流则位于研究区西南部，向外的联系包括河道及灌溉水渠，但进入建成区的河道多以硬铺面为主，农地的灌溉渠道由于受作物水分需要的影响必须进行季节性的调节，除物质流通的功能外，其他的功能亦无法发挥。整体而言，研究区的生态功能流具有流通性弱及功能质量欠佳等问题。

图 12-3　生态功能流位置与方向示意

图 12-4　城市功能流位置与方向示意

研究区的城市功能流是由起着社会经济活动联系的交通功能流构成，从西北和东南向贯穿了建成区及农业区，在空间联系上仰赖公路及铁路运输，并有繁复的分支密布在空间上加强横向的交流，且没有固定的方向，不受时间影响，是研究区内最强势的功能流。

12.4.3　景观类型与景观流间的关系

不同的景观功能流需要不同的景观类型支撑，如绿带的功能实现便必须通过森林景观，因此必须就研究区内各景观类型与景观流间的关系进行分析，以作为景观格局优化的依据。以下据研究区 6 类主要景观类型及 3 种景观流间的关系相互说明如表 12-3 所示。

表 12-3　景观类型与景观流间的关系

景观类型	景观流		
	绿带功能流	水体功能流	交通功能流
林地	是绿带功能流的主体，可作为生物栖息地，提供繁衍、迁徙的场所，同时净化环境，提供居民休闲活动空间	具有涵养水源、保持土壤及净化水质的作用，有助于水体功能流的功能实现	严重阻碍人流及车流的行进，除提供居民休游憩场所外，其少发生其他社会经济活动
灌草地	通常位于林地外围，起着缓冲的作用，避免外界干扰直接冲击绿带功能区	与林地相同，有助于景观流能的实现	中度阻碍交通功能流
农地	是人为的大面积绿地具有低度的绿带功能	仰赖水体功能流，但因为生产需要，化学物质的施用对水环境的承载造成负担	是社会经济活动的基础，轻度阻碍交通功能流
建成区	迫切需要绿带功能，但通常基于短期经济效益造成绿带消失或破碎	强烈威胁水体的功能发挥，硬铺面、污染物质及人类活动皆造成功能流的干扰	为居住及商业等社会经济活动发生的主要场所，亦是交通功能流产生的驱动力
道路	阻隔、切割绿带，使其自身功能及连通性降低的主要景观类型	强烈阻碍水体的功能联系，为满足交通建设的需要，水体常被置于地下	为交通功能流的主体，联系着空间上不同的社会、政治及商业中心
水体	通常伴随绿带出现，轻度阻隔绿带在空间上的联系，但不妨碍其功能	是水体功能流的主体，具有提供农业区灌溉及城市区休闲游憩空间的功能	严重阻碍人流及车流的行进，但通过桥梁的建设已可以克服

12.4.4　功能景观在空间上的相互作用

不同的功能流需要不同的景观支持亦受其影响。例如，绿带与水体在空间上便能相互支持，森林可保护土壤涵养水源，河流亦可提供植物生长所需的水分和养分；但森林与水体的质量却会受到建成区的冲击，由于土地资源有限，建成区与道路开发所带来的车流与人流会降低植被覆盖面积，产生废弃物污染水面，故在景观的功能运作上发生冲突。因此，本研究基于上述功能流与景观类型间的关系，分析生态与城市景观功能在空间上的相互关系，并明确空间冲突点的具体位置，以作为格局优化的参考。

为了解景观功能及类型在空间中的相互关系，在此采用 100m×100m 的网格为单元进行景观类型组成分析，每个单元内 80%以上属同一景观类型，则视其不会受到 20%不同景观类型的影响；若两类景观类型总和占 80%以上则参照其组成及表 12-3 的关系。最后选出空间中存在相互制约及轻微妨害的空间位置（图 12-5）。

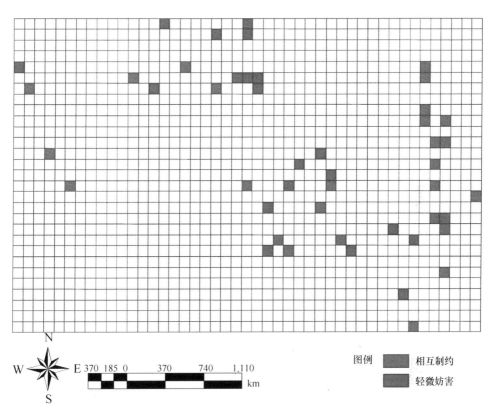

图 12-5　景观功能冲突点(张小飞等，2005b)

12.5　最适景观格局调控方案确立

在实际的空间优化时除必须考虑景观功能与类型间的相互作用、冲突点的位置，仍需就优化的迫切性及方法进行确立。

为提出景观格局调控方案，在此首先结合生态用地类型、面积及其服务功能价值以分析生态功能的空间差异，并在空间中判定位于建成区及交通用地两侧的生态功能中心单元；其次，采用耗费分析方法确立生态功能中心单元间空间联系的最短路径，即用作加强连通性的生态廊道或跳岛的位置；最后提出各个景观单元优化次序及方式。

12.5.1　生态功能的空间差异

不同的景观类型具有不同的生态系统服务功能价值（表 12-4），为整合景观类型组成及其服务功能价值特征，在此基于 100m×100m 的网格单位，依据其内部景观组成比例，计算该网格的生态功能值的空间分布（图 12-6）。

表 12-4　各景观类型生态功能差异

景观类型	生态系统服务功能/(元/hm^2)	出处
建成区	0	
农地	760	Costanza et al., 1997
森林	13 636	修改自 Costanza et al., 1997
灌草	2 995	修改自 Costanza et al., 1997
水体	33 470	修改自 Costanza et al., 1997
道路	0	

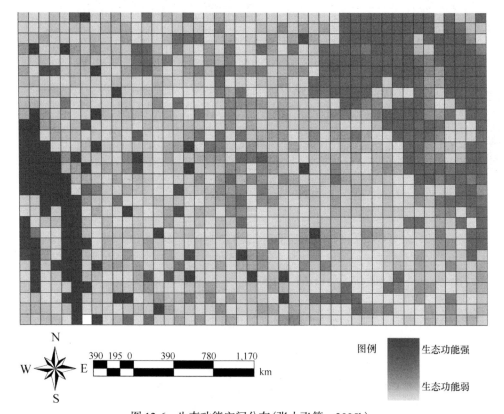

图 12-6　生态功能空间分布（张小飞等，2005b）

12.5.2　生态廊道的确立

连通度的增加有助于加强生态功能，并可提供物种迁徙、觅食更多的选择，提升营养物质及水分的流通。为提升生态功能，本研究提出构建生态廊道的方式，优化目前的景观格局。在廊道的选取上采用耗费距离模型，计算生态功能耗费表面(图 12-7)，通过选取生态功能源点，结合实际距离及最小耗费路径，确立廊道的空间位置(图 12-8)。

12.5.3　景观格局优化方案

叠合生态廊道位置及景观功能冲突点，在加强生态联系的前提下，确立迫切需要进行优化的空间单元(图 12-9)。由于景观格局的问题源于城市景观对生态景观的影响，故在此建议采用提高生态用地面积、植被覆盖的比例、本地植被比例、景观类型多样性及设置缓冲区等方法，降低单元内的景观功能冲突。

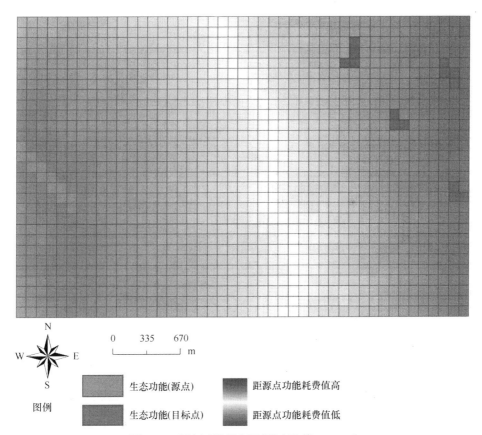

图 12-7　研究区耗费表面(张小飞等，2005b)

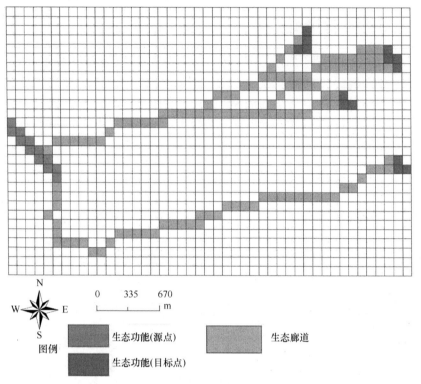

图 12-8　研究区生态廊道空间位置(张小飞等，2005b)

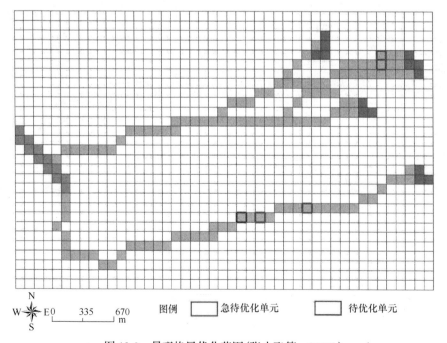

图 12-9　景观格局优化范围(张小飞等，2005b)

其次在联系廊道上亦可结合原本的水体与森林斑块，提高生态功能景观的空间联系，并适当增加廊道宽度，以巩固其功能。

景观功能受景观类型、空间结构及相对距离的影响，从而产生空间差异，传统单纯构建廊道进行生态功能联系的方法，往往忽略了周边的景观特征，因而降低了景观功能网络的实际作用。利用耗费距离模型的网络构建模式，可结合各景观类型、生态系统服务功能价值和景观格局特征等参数，修正生态网络的联系廊道，确立最小功能耗费的联系路径，并可提供具体景观生态建设的新思路。

12.6　多尺度功能网络整合

景观格局连通度与景观功能联系程度相关。生物除了需要足够数量的生境外，其生长和繁殖还往往需要景观中栖息地斑块间有一定的连续性，许多生态学过程都不同程度地受到斑块间的距离和排列格局影响；而在空间经济的关系上，城市内部经济活动运作亦是需要一定密集的建成区及交通网来支持。通过景观功能网络的构建，可加强景观结构间的联系以提升景观功能。

相对当前偏重评价景观功能(数量指标)或强化景观结构(几何构形)的景观优化方式，景观功能网络的构建过程可联系无形的景观功能及有形的景观结构，结合阶层式因子分析及耗费距离模型，使景观功能网络成为一个具有可操作性的景观优化概念。

借由全岛、流域及典型区 3 个尺度的应用，景观功能网络在功能、结构及面向的问题上展现了尺度间的联系。

由于景观功能的完整体现，需仰赖不同景观组分在空间中的相互作用，而景观功能的延续亦须涉及不同尺度的景观单元。以台湾岛的生态功能景观为例，其主要为森林生态系统，但在不同的海拔、纬度或集水区单元内，又存在不同的植被类型和植被覆盖度，从而产生相异的景观单元，而小尺度城市内部生态功能的延续则受绿地、绿带面积及植栽种类等因素影响。因此，从强化台湾岛的生态功能的角度出发，在不同尺度便有各自的保护、维系及改善的对象，而且面临不同的问题和工作重点。

通过景观功能网络的构建可明确各景观功能类型及其空间结构在同一尺度内或不同尺度间的相互关系。在台湾岛的城市网络中，整个西部城市带由台北、台中、台南及高雄等中心城市组成；其中，台中市的发展亦同时支持和仰赖丰原市、沙鹿镇、梧栖镇、潭子乡、大雅乡和大里市等外围城市，如梧栖镇境内的台中港即为台中市的主要海港，另外，在上述乡镇县市的建成区内部，亦囊括社会经济活动密集的商业、工业及居住中心。因而，每个环节皆是台湾岛城市功能网络维系的关键。

台湾岛具有地理位置独立、土地资源有限、生态脆弱及城市发展稳定等特点。

相对于更强调经济效益的快速城市化区域,台湾岛则着重生态与经济二者在功能和空间上的协调。乌溪流域位于台湾岛中部,境内包括全岛尺度的一级生态及城市功能节点,未来的发展需强调生态与城市并重,区内除景观功能网络结构相对复杂外,更迫切就生态与城市功能的冲突、功能节点的孤立、联系廊道的重合与交错等问题进行景观结构的调整。反映于小尺度上,典型区表现出生态斑块的空间联系被城市交通建设及建成区阻隔,从而破坏或降低了生态景观的环境保护及生态稳定等功能。尺度间面临的问题皆可为上一尺度订定的优化策略进行细致的修正。

本节基于目前景观生态学中多尺度景观格局和景观网络等相关研究成果,选择台湾全岛、中部乌溪流域及乌溪流域河岸典型区作为研究区,分别探讨全岛尺度、流域及斑块尺度的景观功能网络构建、应用及相互联系,说明各尺度景观功能网络的结构及功能单元,以佐证景观功能网络概念对传统景观生态学研究的补充,及其在实际应用中所提供的景观功能与结构优化策略。

从网络的角度出发,在强化景观网络结构可提升景观网络功能的前提下,各尺度的景观格局优化过程需依循下述步骤:①明确各景观组成元素的功能归属;②整合各尺度研究单元与相关评价方法,确立景观功能网络的空间结构,即该空间尺度下功能网络节点、联系廊道及功能区;③借由个别网络结构与其相互关系探讨,说明存在的问题并提出优化策略。本研究依据全岛尺度所制定的发展方向,参考流域尺度所面临的生态与城市问题,在斑块尺度进行景观格局的优化。

12.6.1　景观功能网络概念的优势

1)解决传统由结构至功能研究的局限性。目前多数的景观结构与功能研究,往往强调斑块自身或格局整体特性,而忽略功能点与周围环境间的相互关系。鉴于景观功能的空间分异往往超越斑块的边界,本研究尝试由功能的角度切入,同时考虑外围景观的类型、结构组成对功能的影响。操作上基于网络节点与廊道的空间结构特性,首先提出特定的景观功能源点,而后结合景观结构的空间变化,其结果可较好地摆脱景观斑块边界的限制。

2)解决目前跨尺度研究界定的模糊。相对于传统借由影像网格大小与行政单元细分所构建的跨尺度概念,其尺度间的联系往往基于遥感影像的分辨率,或来自于子单元与母单元的空间关系,其中涉及的尺度概念通常来自研究者的主观认定或感知,缺乏清楚的界定。本节提出景观功能网络的概念,在景观功能延续的基础上,联系不同尺度间相同功能的景观单元,以说明跨尺度景观功能单元在景观系统及子系统内的地位。

12.6.2　景观功能网络的功能与结构特征

1)跨尺度的景观功能延续。借由不同尺度中具有相同功能的景观单元,将景

观功能进行跨尺度的联系。例如，生态功能景观包括全岛尺度的生态效益高且景
观格局良好的大面积林地及保护区、流域尺度的具有生态环境质量高且植被覆盖
度高等特征的沟谷林地及斑块尺度的城市绿带、河流和公园绿地等，借由 3 个尺
度的生态功能节点及廊道的空间整合，可明确景观功能在尺度转变后的空间延续
方式。

2）明确的网络组织关系。相对于目前景观网络研究缺乏对网络组成单元间的
相互关系的探讨，借由景观功能网络构建，可依据网络节点重要性及联系廊道的
空间特征，说明各景观单元在功能网络中的功能定位及空间作用，进而了解景观
功能网络的空间结构及功能流的相互关系。

12.6.3　景观功能网络的应用

1）全岛尺度的功能定位。以县市为研究单元进行的全岛尺度城市及生态功能
网络构建，分别整合了城市发展状态、城市格局、生态效益及生态格局等指标，
目的在于明确各个县市在全岛尺度景观功能网络中的重要性，以说明其未来的发
展方向。

目前，台湾岛生态功能网络以花莲县及南投县为中心，而台北市及台北县则
迫切需要改善境内的生态环境；城市网络以各主要城市为中心，而彰化县及云林
县需就城市发展相关内容进行调整。由于城市与生态功能在空间上具有一定的冲
突，因而在功能优化上强调提升相同功能单元的网络联系并设置一定的功能缓
冲区。

2）流域尺度的优化策略拟定。以乡、镇、市为研究单元进行的乌溪流域景观
功能网络构建，目的在于延续全岛尺度的功能定位，同时整合研究区景观格局特
性，确定景观功能网络中功能流的具体路径，借由城市与生态功能网络的空间展
现，可分析同一功能的节点间相互关系及不同功能的节点间相互作用，进而通过
生态及城市网络联系路径提出景观格局优化策略。

基于景观功能网络节点间的通达性分析可知，乌溪流域的景观功能网络中以
城市功能网络结构较佳，城市节点多环绕于城市功能中心，功能的输出与传递有
较高的效益，但高低通达性间差距较大，故未来需就南投县境内城市节点的网络
结构进行优化。而生态功能网络节点间通达性较为均一，但作为一级和二级功能
节点的红香、高美湿地等位置孤立、通达性较差，需就其功能向外传输路径加以
优化，并提升二载山及北坑子等重要联系节点的生态功能强度。

3）斑块尺度的空间调控。以 100m×100m 网格为研究单元进行的斑块尺度景
观功能网络构建,是针对目前城市发展与生态环境冲突造成的生态功能联系中断、
大范围景观的单一化和自然景观破碎化等问题，提出通过生态功能源点及廊道的
确立，以及景观功能冲突单元的空间整合，对迫切需要优化的空间单元加以调整，
进而达到维护生态稳定及制衡建成区蔓延的目的。

第三篇　深圳市景观生态分析评价与优化

第13章 深圳市背景环境与景观特征

深圳市地处广东省中南部沿海(图 13-1),自然环境主要是在地貌格局控制下形成的中等尺度和小尺度分异,由此对景观生态产生深刻的影响。深圳现有的城市景观形态,是在交通和城市的区位选择和农业用地的限制下,对适宜地貌类型填充和改造的结果。地貌格局在很大程度上决定了深圳未来的城市空间形态和组团。多山地及丘陵的自然环境,一方面对城市空间拓展形成障碍与制约,另一方面错落有致的景观和林地生态系统及其环境价值成为深圳城市高品位发展的依托。

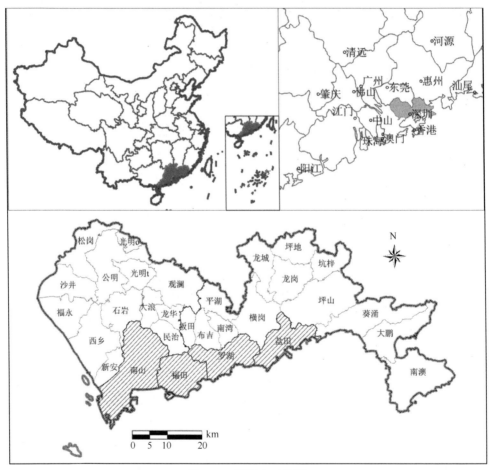

图 13-1 深圳市区位图

深圳景观生态基本问题为如何在自然环境的保存、保护与开发、利用之间确定一个合理的值域。虽然生态功能景观与城市功能景观在结构、功能等方面孑然不同，但随着可持续发展理念及研究的实践与应用，完整的城市景观除了需要涉及支持区域社会经济发展的城市区范围，更必须包括维持生态稳定的自然生态。由于景观的功能定位需基于自身格局，景观格局是各种要素综合作用的结果，也是一种动态平衡的状态，具有相对稳定性，景观功能与区域发展间存在相互制约或协同的关系。

13.1　自然环境背景

深圳市东临大亚湾，西濒珠江口，北与东莞市和惠州市接壤，南与香港特别行政区仅一河之隔。深圳市所辖范围呈狭长形，东西宽，南北窄。根据 2000 年深圳市土地利用现状变更调查，深圳市陆地总面积为 1952.8km^2（不包括内伶仃岛），其中经济特区为 395.8km^2。深圳市地势东南高、西北低，地貌类型多样，其中丘陵面积最大，平原次之。深圳属南亚热带海洋性季风气候，年平均温度 22.4℃，年降水量 1948mm，夏季常有台风出现（深圳市规划国土局，1998）。市内共有大小河流 160 多条，多数河流长度短，集水面积小，集水面积超过 10 000hm^2 的河流仅有 5 条。地表水资源相对短缺。深圳市的土壤主要分为 6 类，有山地黄壤、山地红壤、赤红壤、滨海沙土、南亚热带水稻土、滨海盐渍沼泽土。其中以赤红壤分布最广。

13.2　城市景观动态与驱动机制

城市景观与城市土地利用直接相关，不同的景观类型分别由一种以上的土地利用构成。就城市景观而言，其主要的景观生态过程表现为城市建设的扩张，所以深圳城市景观分类在考虑人的活动方式的同时，必须强调各景观类型与城市发展间的相互关系。据此，在传统自然、半自然及人为景观的分类体系之下，可初步划出建设、农业、环境、水体和城市发展五大类景观，其中城市发展景观为考虑到深圳城市景观的特殊性而新增的类型。该类景观主要由填海或推平自然山体而成，为远景城市建设备用地，目前处于闲置状态，局部地段因表土裸露而引发比较严重的水土流失。由于其既不具备城市功能，亦不宜于农业生产或旅游活动，从目前的生态环境来看，更不可能提供有效的环境服务，所以不宜划归为上述景观中的任何一个大类。

本节主要目标是收集相关资料，综合运用遥感、GIS 技术，利用景观生态学和数学统计等方法，对深圳市的自然环境及社会经济现状和演变过程进行摸底；并从驱动力分析的角度出发，研究二者之前的相互关系。

13.2.1　城市景观动态分析

研究时段内,除 1979 年未解译草地和荒地外,深圳市的景观类型并没有改变,只是构成比例发生了很大变化，各类景观组分的面积比随时间推移呈现不同程度的增减（表 13-1）。

表 13-1　1979～2004 年景观总体构成情况

年份		建设景观	城市发展景观	农业景观	环境景观	水体景观
1979	面积/km²	2.6	3.1	1096.5	810.2	44.7
	比例/%	0.13	0.16	56.03	41.40	2.28
1986	面积/km²	60.4	9.4	1006	805.7	75.5
	比例/%	3.09	0.48	51.41	41.17	3.86
1990	面积/km²	134.2	58.1	701.1	901.7	161.9
	比例/%	6.86	2.97	35.83	46.08	8.27
1995	面积/km²	334.8	213.8	348.8	900.8	158.9
	比例/%	17.11	10.92	17.82	46.03	8.12
2000	面积/km²	440.1	182.8	313.5	879.4	141.2
	比例/%	22.49	9.34	16.02	44.94	7.22
2004	面积/km²	770.2	62.4	330.1	659.9	150.6
	比例/%	39.03	3.16	16.73	33.44	7.63

深圳市近 25 年来，特别是 20 世纪 90 年代以来景观特征发生了深刻变化。从类型构成上看，90 年代以前深圳市还属于比较典型的农业景观，此后由于大规模城市开发建设的兴起，非农业用地特别是城镇建设用地的面积和比例不断增加，景观的整体特色也由农业景观类型向城市景观类型转化；到 2000 年，深圳市已基本呈现新兴快速城市化的城镇景观。深圳市的景观动态变化很大程度上是由于人类有目的地对生态系统施加影响而引起的，集中表现为耕地和城市建设用地之间的此消彼涨。

研究时段内农业景观面积呈持续下降趋势，其占全市面积的比例由 1979 年的 56.03%下降至 2004 年的 16.73%，原有耕地由于地形地貌条件较好，往往成为城市建设用地扩展的主要来源。园地面积比例及平均斑块面积的变化趋势与耕地相似，但变化的幅度较小。深圳市的园地主要集中在丘陵高台地地区，这种地形条件不利于非农建设，但因坡度较为缓和，十分有利于林果种植、管理与收采。因此，只有少量区位较好的园地被转化为城市建设用地和推平未建地，林地在整个研究时段内保持较为稳定的面积比例，并且一直是市域景观的优势组分，其面积比例超过 40%，多分布在海拔较高的低山地区，坡度较大，且交通不便，一般不会成为建设用地开发的对象。随着城市化的进程，建设景观面积迅速增大，面积比例由 0.13%上升至 39.03%；原来零碎、小面积的城建用地斑块不断扩张、合并，成为变化最显著的景观组分。在城市发展景观中，推平地景观面积则经历了一个先增后减的过程，前期推平未建地不断扩张、合并，后期逐渐消化，转化为建设景观或重新开垦为农业景观。另外，滩涂面积在 20 世纪 80 年代基本保持稳定，但 90 年代减少较快，这主要是由于随着城市化发展，深圳市可用于城建用地的空间已显不足，不得不进行围海造地。

深圳市近 25 年景观变化过程主要表现为，建设景观迅速增加，农业景观(包括耕地、园地)持续减少，环境景观(包括林地、水域、草地)面积略有波动，未利用地面积在 20 世纪 90 年代初期迅速增加，后期逐渐消化；建设景观主要靠占用农业景观来扩大。

根据景观类型水平上的格局指数计算公式，深圳市景观各类组分在研究时段的空间结构计算结果如表 13-2～表 13-4 所示。

表 13-2　各类型景观破碎度变化

年份	建设景观	城市发展景观	农业景观	环境景观	水体景观
1979	3.97	2.98	1.48	0.16	0.99
1986	1.34	2.46	0.8	0.19	0.63
1990	0.61	1.27	0.57	0.15	0.54
1995	0.49	0.74	0.94	0.19	0.51
2000	0.35	1.13	1.16	0.19	0.59
2004	1.34	0.08	0.88	1.16	1.77

表 13-3　各类型景观聚合度变化

年份	建设景观	城市发展景观	农业景观	环境景观	水体景观
1979	65.13	76.13	74.37	93.87	82.74
1986	80.83	75.95	78.91	92.91	82.54
1990	86.57	81.89	83.66	94.16	88.77
1995	85.02	82.89	81.72	93.65	88.78
2000	86.92	80.25	79.72	93.58	87.91
2004	94.04	67.03	87.44	93.18	81.99

表 13-4　各类型景观分维数变化

年份	建设景观	城市发展景观	农业景观	环境景观	水体景观
1979	1.85	1.43	1.67	1.51	1.52
1986	1.67	1.55	1.65	1.51	1.59
1990	1.56	1.48	1.61	1.49	1.45
1995	1.61	1.55	1.57	1.5	1.48
2000	1.62	1.56	1.57	1.48	1.52
2004	1.32	1.36	1.37	1.33	1.43

各类景观破碎度变化有明显区别，除耕地和城建用地外，其他各种类型的破碎度都有波动，而耕地和建设景观的破碎度则逐渐降低，这主要因为二者是各种

景观类型中变化最大的两种,而且其空间分布规律具有相似性:都趋于集中分布。但由于人类活动在城市化过程中是景观格局的主要驱动因素,因而城市用地的聚集要求占优势;而耕地受到城建用地和推平未建用地等的侵占和道路等的分割,破碎化程度加剧。农业用地的破碎化,不利于农业的集约经营,也直接减弱了农田生态系统的环境调节功能。

从分维数来看,园地的变化比较有规律,分维数持续减小,表明园地的经营受到日益加强的人类控制,其斑块形状趋于简单,朝便于管理的方向发展。其他各类景观分维数都出现波动,这主要是城市化进程阶段性发展的结果:城市建设在经历了从分散到团聚的过程之后,正在受到继续发展的内在要求驱使,转而以向外延伸和扩张为主,斑块形状从逐渐趋于简单又转向复杂性增加;与此相对应,耕地斑块的复杂性则在增加—减少的过程后又出现增加的趋势。

13.2.2　城市动态驱动机制

城市景观格局受到自然环境和人类活动两方面多种因素的影响,驱动机制极为复杂。但是在各种影响因素中,人为活动无疑处于优势地位(Nusser,2001)。各种驱动因素由于其作用机制不同,会在城市景观的整体结构、空间构型以及斑块特征等不同层次产生影响,而景观格局的宏观特征则反映了多种驱动因素的综合作用。本节着眼于城市景观格局的宏观方面,从景观整体构型和主要景观类型两方面考察影响深圳市景观格局的主要驱动因素及其作用机制。

1. 自然环境的约束作用

自然环境条件从宏观上控制着景观格局的基本构架。就城市而言,直接影响深圳市景观格局的自然环境因素是地形地貌等自然地理要素,其作用直接通过坡度和海拔体现。在海拔和坡度都较高的低山丘陵地区,林地是主要的景观类型;丘陵高台地地区的优势类型是园地;而耕地、建设用地、推平未建地等主要分布在低海拔、坡度平缓的平原地区。如果以镇为单位,则可以明显地看出林地比例与海拔呈显著正相关(图 13-2A、B),而耕地和建设用地等类型的面积比例则与海拔、坡度呈显著的负相关,尤其是海拔低于 100m、坡度小于 30%的地区,是城市建设用地的主要分布区(图 13-2C、D)。由于上述地形因素对各类景观分布的基本控制作用,表征各类景观面积比例的多样性等指数及其变化也相应地与海拔和坡度呈显著负相关。即海拔较高、坡度较大的东南部低山地区,受地形地貌条件限制,景观组分一直以林地为主,组分间的转化较少,多样性指数低且变化微弱;而海拔较低、坡度平缓的平原区,由于地形地貌因素的适宜性,随着传统的农业景观转化为城镇景观,各类景观组分的面积比例变化很大,多样性指数也发生较大变化。

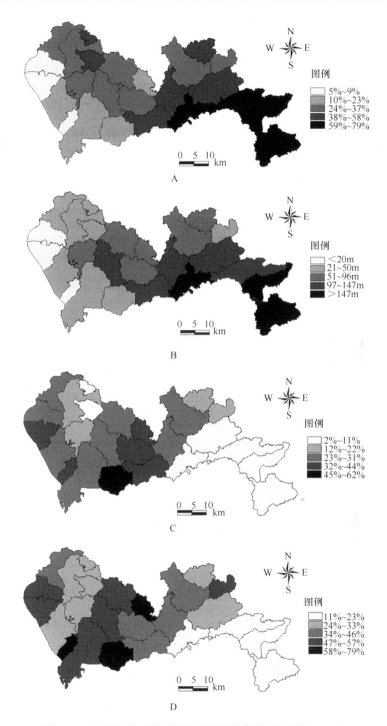

图 13-2　景观组分面积比例与地形地貌条件(李卫锋，2004)
A.林地比例；B.平均海拔；C.城市建设用地比例；D.海拔低于 100m 且坡度小于 30%土地比例

2. 社会经济驱动因子

自然环境对景观基本格局的控制作用作为背景性因素，在深圳市快速城市化过程中，各类景观分布的面积比例以及蔓延度、破碎度等景观格局特征的变化主要受到社会经济发展的影响。经济特区政策驱动下的经济高速增长和快速工业化过程，是景观整体格局在 20 多年来发生剧烈变化的根本原因。

以研究时段内深圳市域景观多样性指数为因变量（Y），从大量的社会经济统计数据中选取可能影响景观整体多样性的 11 个变量作为备选自变量集合。这些自变量包括人口因子：总人口（X_1），外来人口比例（X_2），城市化水平（X_3）；经济因子：人均收入（X_4），全社会固定资产投资（X_5），实际利用外资（X_6），国民生产总值以及第一、第二、第三产业在其中所占的比例（X_7、X_8、X_9、X_{10}）；以及政策因子（X_{11}）。其中政策因子为虚拟变量，表征 1992 年前后宏观经济政策变化的影响（1992 年之前设为 0，之后设为 1）。将因变量与自变量进行逐步回归分析，可以得到下式：

$$Y = 2.807X_3+0.727X_4+1.019X_6+0.268X_9 \quad (R^2=0.998 \quad 通过 0.01 显著性水平检验) \tag{13-1}$$

可见，城市化水平、实际利用外资、人均收入以及第二产业的发展，是深圳景观整体多样性演变的主要驱动因素。

由于研究时段内景观类型数并没有变化，景观多样性变化主要表现为各类组分面积比例的变化，其中变化最剧烈的包括城建用地、耕地和推平未建用地 3 类组分。因此，了解这 3 类组分面积变化的驱动因素，可以更深入地理解景观整体多样性演变的机制。以研究时段内城建用地、耕地以及推平未建地的面积比例为因变量（Y_1、Y_2、Y_3），与上述 11 个自变量分别进行逐步回归分析，得到下式：

$$Y_1=1.445X_1 + 0.653X_6 + 0.49X_9 + 0.268X_{10} \quad (R^2=0.996 \quad 通过 0.01 显著性水平检验) \tag{13-2}$$

$$Y_2= -2.324X_3-1.497X_5 - 0.164X_9 \quad (R^2=0.979 \quad 通过 0.01 显著性水平检验) \tag{13-3}$$

$$Y_3=0.427X_2 + 0.588X_{11} \quad (R^2=0.958 \quad 通过 0.01 显著性水平检验) \tag{13-4}$$

可见，城建用地面积比例增加的主要驱动因素是人口增长、实际利用外资以及第二、第三产业的发展。而耕地面积持续下降与城市化水平和全社会固定资产投资增加以及第二产业的发展有着密切联系。推平未建用地面积比例的变化除受外来人口比重影响外，最主要的驱动因素是政策变量，1992 年以后大规模土地开发活动的兴起，造成了大量土地的盲目开发、闲置，使得后期土地开发供应的指导思想为"消化存量、控制增量"，促使推平未建地向建设用地转化。

深圳市域景观空间构型的变化主要取决于社会经济地域分工与布局的影响。

快速工业化过程中，工业用地选址、布局受到生产方式、企业规模以及经济发展阶段等因素的影响，区域产业布局的时间变化直接导致了景观空间构型的改变。

大规模的交通路网，穿越许多大型自然植被斑块，将较大的耕地斑块切割成小斑块，使整个城市景观呈现网格化，是造成景观整体破碎化程度加深的直接驱动力。以特区外 20 个镇为样本，研究时段内景观破碎化指数变化率与交通路网密度的相关系数达到 0.856（通过 0.01 显著性水平检验），表明两者具有显著的相关性。

3. 城市规划的引导

城市形态的发展变化主要取决于社会经济组织的空间布局。在快速城市化过程中，产业布局的时间变化直接导致了城市景观空间构型的改变，而工业用地选址和规模受到生产方式、产业结构、经济发展阶段以及城市规划等因素的影响。

深圳市在城市发展建设过程中，经历了产业布局和城市发展从特区向外扩散，并逐渐趋于集中和稳定的过程(图 13-3)。在城市化初期，早期工业等城镇用地一般都集中在特区内，而特区外基本上仍以农业为主，景观整体的团聚程度较高。由于城市规划对特区内工业设定的基础门槛执行较好，深圳市工业在特区内经过短暂的聚集后，逐步向特区外发展。20 世纪 80 年代后期至 90 年代初，受到政策扶持和税收优惠的鼓励，深圳市吸引了大量国内外投资，迅速出现大量开发区。这些新开发区形成的孤立斑块使得景观整体的团聚程度降低，而破碎度增加。在

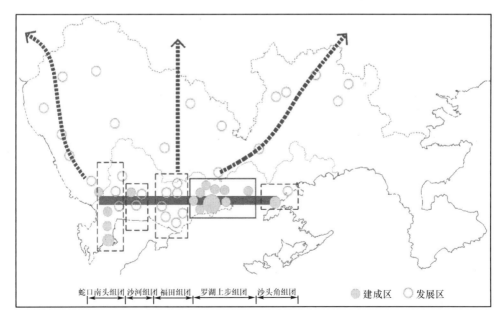

图 13-3　城市形态发展示意图(王富海，2003)

这一时期以"三来一补"为特征的产业机动性很强,对基础设施条件的要求不高,在特区外各镇迅速发展,厂房、宿舍遍地开花,进一步促使景观蔓延度下降、破碎度上升。随着工业化的进一步发展,以及 90 年代中后期大规模土地开发活动的兴起,特区外的城镇中心逐渐组合形成几个具有相对独立发展能力的卫星城镇,各开发区与城镇中心通过交通线、或者由于它们自身的快速扩展,逐渐连成一体。按地域经济分工和联系形成的城镇体系开始强化,市域景观的团聚程度增强,景观蔓延度又呈现上升的趋势。

深圳市在城市化过程中城市形态基本上是按照城市规划的要求发展的,逐渐形成了以特区为中心,向西、中、东 3 条发展轴放射延伸的带状组团式城市结构。这表明通过科学合理地制定城市发展规划,对人类活动进行有意识的管理,城市景观是完全有可能得到控制的。这也为本节试图通过了解城市景观格局动态,分析其驱动机制,并在对景观健康状况进行评价,制定合理的景观生态规划和格局优化策略,引导城市景观及整个城市系统走向可持续发展提供了背景和理论依据。

目前深圳市已经由 20 世纪末的超常规快速城市化时期进入了稳定发展阶段。在这一阶段城市发展的主要任务从大规模的城市建设转向完善城市功能,实现城市社会、经济与生态环境的协调发展。研究城市景观及其驱动机制的目的,是结合对城市景观健康状况的评价和诊断,根据景观特征,合理利用各种影响因素,通过对景观生态系统进行空间调控,引导城市向经济、社会、生态可持续的方向发展。

4. 微观层面(斑块特征变化)的驱动因素

城市景观格局演变过程具有比任何其他景观类型都更加复杂的驱动机制,自然和人为因素均可以对城市景观整体结构、空间构型以及斑块特征产生显著影响,但是人为活动无疑占据着优势地位。斑块特征变化最明显的类型包括城建用地和耕地等。景观整体的斑块数、平均斑块面积和修改分维数变化也主要是这两类斑块变化的结果。

景观斑块数目和平均斑块面积的变化,是与城市化的扩散方式密切相关的。按城镇扩展方式,可将城市化过程分为外延型和飞地型。外延型是指原有的建成区(主要是特区和特区外城镇中心)连续逐渐地向外推进和延伸,蚕食城郊农业用地;飞地型则是在城镇扩展过程中,出现了在空间上与建成区分离,但职能上与中心城保持密切联系的扩展方式,特区外的卫星城以及工业区就是这种城市化的结果。深圳市的城市发展实际上是两种类型混合发展的结果,这使得城镇斑块不仅平均斑块面积持续增长,斑块数目也逐渐增多并保持相对稳定。同时,由于城镇的扩展和道路的切割,许多面积较大的耕地斑块被分割成小斑块并被城镇用地逐渐蚕食,导致耕地斑块数目先增后减,而平均斑块面积持续下降。

20 世纪 90 年代以来景观斑块形状复杂化,主要是受个体经济单元的经济利益驱动,城建用地特别是非农建设用地斑块无序扩展所致。特区外"三来一补"(来料加工、来件加工、来样加工和补偿贸易)企业大都选择租厂房和住宅来开始其初期投资,刺激了对工业厂房、住宅的市场需求。巨大的经济利益驱动加之具体操作的简单性,使得镇、村热衷于发展非农建设,集体经济组织建厂房、建商铺,村民建房出租,特区外出现种房不种地的现象。政府对于非农建设失去控制,城市规划的约束力极弱,建设用地中未办任何手续的违法用地比例大幅上升,造成城郊建设用地斑块无序蔓延,形状渐趋复杂。建设用地无序扩展,违法用地大量出现,与当地居民的法律意识、社会意识薄弱和土地所有权的双轨制有关。由于历史原因,深圳市的集体所有土地面积超过了国有土地。尽管新土地法对集体所有土地建立了严格的用途管制制度,但在实践中无法被有效地贯彻执行。特区外大量集体所有土地直接转为非农建设用地并进入市场,出现了活跃而巨大的隐形房地产市场,严重削弱了政府对土地供应的市场调控能力,导致土地盲目开发和无序建设。

13.3 景观生态问题

当前的城市景观研究已对城市景观生态特征作出一定的定义。城市景观与自然景观间具有本质上的差异,表现在格局方面,则呈现出结构组分单一、格网化及边缘不稳定等特性;而在人类主导作用下,城市景观功能具有明确的等级、分工及空间界线。城市景观支持着区域社会经济发展,驱动城市功能的健全与结构的更新,同时也对区域生态环境造成影响。

虽同属于城市景观,深圳市特殊的发展背景与自然环境特性使其在遵循规律的同时,产生了专属于深圳市的城市景观生态特征。

13.3.1 快速城市化

城市化会造成景观格局、过程及功能的转变。深圳市为快速城市化区域,在短短20年间由默默无闻的小渔村成长为具有区域影响力的大都市,过程中高强度、大范围的开发建设,加大了对区域景观生态的影响。

(1)建成景观数量迅速增加,空间分布上沿交通轴线扩张

快速城市化带来产业的转变及人口急遽增加,由于产业发展及居住空间对基础设施及便利交通的依赖,大量新增建设景观沿主要交通轴线两侧向外扩张,而交通基础设施的空间布局与规划亦成为引导深圳市城市景观变化的主要因素。

(2)产生以散布的农村居民点开始的工业化和城市化模式

自特区成立以来,由于对经济成长的追求,城市建设在原农村居民点的基础上,在全市各区域及各个层面不断展开。全面的经济发展使得全市的城市景观功能同步提升,产生不同于传统的城市化过程,亦使得当前的城市景观生态建设更

须强化空间组织、提高利用强度，进而获得更高的城市景观生态质量。

（3）水土流失问题加重了水体污染和空气污染并导致河流、水库淤积

城市化过程不免带来拥挤、污染等一系列问题，高强度、大范围的工程建设，使得人为活动引发的水土流失问题成为深圳市主要的生态环境问题，建设过程中产生的烟尘降低了空气质量，土壤的侵蚀与流失易加重了水库淤积的程度，进而影响水质。

13.3.2　地形地貌限制

深圳市市域形状狭长，总面积 1952.84km^2，东西最长距离约为 90km，南北最宽距离约为 45km，最短距离不达 10km。丘陵、山地为地貌主体，使得可供建成景观发展的空间相当有限，加大了资源分配的困难，生态环境相对脆弱。

（1）东西部资源分配不均，均衡发展不易

深圳市低山、丘陵包括海岸山脉、大鹏半岛、龙岗河与坪山河分水岭及羊台山，主要分布于东半部不利于开发，西部滨海的冲积、海积平原及西南部台地成为建成景观发展的主体，地形、距离的限制及特区内外政策的差异，使得全市范围内的资源分布不均，形成特区内外的二元化的差异。

（2）丘陵山地错落分布，缺乏连片可供城市发展的空间

虽然深圳市地势大体上是东南高西北低，但西部仍存在许多错落的丘陵山地，阻碍了城市空间面上的扩展，限制城市空间规模，加大了交通建设成本，使得未来的建成景观更重视三维空间的开发。

（3）生态环境相对脆弱

错落的山体加大了工程开发过程中对水土保持工作的投入，而湖泊、水库保护的必要性，亦限制周边的开发行为，使得深圳市的城市景观生态建设更须重视维护生态环境。

第14章 城市景观格局与生态过程

城市景观演变的生态环境影响，主要体现在区域景观生态功能的转变。其间的生态负荷、物质循环、能量流动等也发生了显著的变化。

城市地域景观格局变化在不同尺度上对生态系统的结构与功能产生影响。随着城市扩展和景观格局的演变，区域整体生态环境状况以及生态系统物质循环与能量流动也有相应改变（邬建国，2000；Wu et al.，2000）。其对气候的影响主要通过排放温室气体（CO_2、CH_4 等）和改变下垫面性质等形式，从而引起温度、湿度、风速以及降水发生变化，导致局地与区域气候变化。由此产生的城市热岛效应是城市扩展对局地气候影响的重要例证（周红妹等，2001；Weng，2001）。城市的扩展规模与热岛效应有密切的关系，对全球温度升高有很大的影响（李晓兵，1999），并从根本上改变了城市地域下垫面的热力学特征，由于粗糙度、风速等皆不利热量扩散，造成城市的气温比郊区高的现象（汤君友等，2002）。

本章在景观动态分析的基础上，结合植被覆盖、城市热岛等生态环境效应研究，探讨深圳市城市发展对景观生态资源的综合影响。

14.1 城市植被响应

14.1.1 植被覆盖变化总体特征

根据前文所述技术路线和研究方法，分别对深圳市 1978 年、1986 年、1990 年、1995 年、2000 年和 2004 年的 LANDSAT 影像（MSS/TM/ETM+）采用 NDVI 指数转换法和三波段梯度法计算植被覆盖度，应用两种方法获取植被覆盖度空间分布。对两种方法的效果进行比较，发现两者具有很高的相关性，相关系数达到 0.933（1999 年）。其中在高植被覆盖区，两种方法计算得到的结果差别很小；而在低植被覆盖区，三波段梯度法得到的结果略低于 NDVI 指数转换法。由于像元尺度的植被覆盖度较难直接观测，加之缺少当地的植被覆盖度实测数据，本节利用两种方法计算结果的平均值作为最终的植被覆盖度计算结果，得到 1978 年、1986 年、1990 年、1995 年、2000 年和 2004 年植被覆盖度分布图。考虑到 6 个时相遥感影像获取时间均为冬季，季节差异很小，且各年份的降水量变化不大（钟保磷等，2002），因此可以作为该时期植被覆盖的平均状况，进行年际比较。深圳市的植被组分主要由自然植被、农业植被和城市人工绿化植被组成。本节分两个层面对植被覆盖变化进行分析，一是整体植被覆盖状况的变化，包括自然植被、农业植被和城市人工绿化植被整体的变化特征和趋势；二是自然植被覆盖的变化。

1. 整体植被覆盖度变化

在对各时相植被覆盖度 fg 计算的基础上，分别将各年的植被覆盖根据 fg 的高低划分为不同等级（表 14-1）。参照陈云浩等（2001）、李晓琴等（2003）的工作，将 fg > 90%，定义为全植被覆盖；90%≥fg > 50%，定义为高植被覆盖；50%≥fg > 25%，定义为中植被覆盖；25%≥fg > 0，定义为低植被覆盖；fg=0，定义为无植被覆盖。根据上述定义可以将各年份的植被覆盖度计算结果转换为植被覆盖等级图。

表 14-1　1979～2004 年各植被覆盖等级面积统计

覆盖等级	1978 年	1986 年	1990 年	1995 年	2000 年	2004 年
全植被面积（km^2）	79.15	204.01	224.54	152.37	197.97	184.41
高植被面积（km^2）	597.38	625.85	709.05	620.90	603.94	803.75
中植被面积（km^2）	576.00	633.61	576.76	464.49	439.54	590.82
低植被面积（km^2）	546.50	251.23	180.55	351.78	449.31	183.00
无植被面积（km^2）	145.87	237.74	264.54	371.70	280.64	202.08
合计	1944.90	1952.45	1955.43	1961.23	1971.40	1964.06*

*总面积受遥感影像像元大小影响，与实际情况略有差距。

从各年份的植被覆盖等级面积统计表可以看出，深圳市近 10 年来植被覆盖的动态变化较为显著，整体呈现先低后高的变化趋势。其中，中植被覆盖等级的面积于 2000 年以前下降趋势明显，2000 年与 1995 年相比，减少了近 $25km^2$，但由 2000～2004 年，则增加近 $160\ km^2$。低植被覆盖等级的面积虽于 1995～2000 年升高，但 2004 年又呈现快速下降的趋势，比 2000 年下降了近 $266km^2$。无植被覆盖区域 2000 年后明显减少，至 2004 年仅存 $202.08km^2$。而全植被覆盖等级和高植被覆盖等级的面积比例，虽然各年份有所波动，但皆维持在 $150km^2$ 以上的水平。

结合各景观组分类型的面积变化以及植被覆盖等级与景观组分类型的对应关系来看，中植被覆盖主要对应于农业用地，由于大量农业用地转变为对应于低植被覆盖和无植被覆盖的城镇建设用地与推平未建地，因此该等级的面积减少反映出城市扩展占用农业用地对植被覆盖的影响。低植被覆盖和无植被覆盖类型的面积变化，除 1978～1986 年主要是由于植树造林以及园地面积增长外，大多是城市建设用地和推平未建地的面积变化引起的。从 1990～2000 年，低植被覆盖等级的面积持续增长，这是与城镇建设用地以及城镇绿地面积的增加密切相关的；而同时期无植被覆盖等级的面积先增后减，一方面是由于推平未建地面积先增后减，另一方面也是由于部分原来无植被覆盖的推平未建地采取了一定的植被恢复和水土保持措施，从而转变为低植被覆盖等级。全植被覆盖和高植被覆盖等级的面积比例保持基本稳定，反映出深圳市城市化过程对林地的冲击不太显著，从而在高速城市化的同时保持了较好的区域生态环境。

植被覆盖度的变化，是由各景观组分类型本身植被覆盖状况的变化和景观组分类型间的转变共同决定的。为了区分这两种因素对植被覆盖度变化的影响，有必要对各景观组分的植被覆盖度变化进行统计(表 14-2)。

表 14-2　各景观组分植被覆盖度变化

景观类型	1978 年		1986 年		1990 年		1995 年		2000 年		2004 年	
	均值	标准差	均值	标准差	均值	标准差	均值	标准差	均值	标准差	均值	标准差
耕地	27.26	0.17	36.28	0.18	40.41	0.21	43.42	0.18	32.99	0.20	33.12	0.2
园地	27.41	0.11	39.84	0.15	43.08	0.17	34.02	0.18	32.54	0.18	32.23	0.18
林地	50.51	0.18	60.19	0.18	67.99	0.16	57.50	0.24	58.03	0.24	57.85	0.24
城建用地	5.33	0.12	3.26	0.06	9.47	0.18	9.05	0.14	12.05	0.14	12.11	0.14
水域	0.91	0.02	0.52	0.03	1.59	0.02	0.81	0.02	0.66	0.01	2.05	0.02
滩涂	2.53	0.04	0.80	0.02	1.52	0.02	5.17	0.04	2.35	0.03	3.16	0.03
推平未建地	19.15	0.15	5.97	0.07	7.12	0.19	6.05	0.10	10.34	0.13	10.09	0.13
草地	□	□	54.24	0.13	55.91	0.16	46.90	0.24	44.67	0.24	45.34	0.24
荒地	□	□	49.32	0.00	50.13	0.15	44.71	0.21	36.18	0.21	41.21	0.25

就总体而言，各景观组分类型本身的植被覆盖度变化很小，反映出各景观组分内部植被覆盖状况的相对稳定性。因此，深圳市域植被覆盖度的变化，主要是由景观组分类型间的转变引起的。

深圳市景观组分类型间的转变，主要表现为城市建设用地和推平未建地占用农业用地和少量的环境用地，这些区域的植被覆盖度有较明显的变化。本节分别统计了 1986～2004 年新增推平未建地、新增建设用地的植被覆盖度变化，这些区域代表了深圳市城市化过程中主要的景观变化类型：农业用地转变为建设用地和待建设用地。

1990～1995 年达到了–33%，与农业植被的平均覆盖度基本相当，表明这些地区原有的农业植被全部消失，转变为无植被覆盖的土壤裸露区。新增建设用地的植被覆盖度变化幅度稍小于推平未建地，主要是由于这些地区在原有农业植被消失的同时，新增一些城市绿地，弥补了部分植被覆盖度变化。1995～2000 年，建设用地的植被覆盖度变化仅–0.42 左右，这主要是由于该时段内新增建设用地的主要来源已经从农业用地转变成推平未建地和少量的农业用地，因此从推平未建地变为城市建设用地引起的植被覆盖上升和由农业用地转变成建设用地引起的植被覆盖下降已经基本抵消(表 14-3)。

表 14-3 景观组分变化区的植被覆盖度变化

	1986~1990 年	1990~1995 年	1995~2000 年	2000~2004 年
推平未建地	-0.15	-0.33	-1.07	4.29
建设用地	-0.10	-0.21	-0.42	3.00

2. 自然植被覆盖度变化

由于自然植被组分在区域生态系统中占据重要的功能位置,特别是在维持区域生态系统稳定性、涵养水源和控制水土流失方面具有重要的作用,所以城市化过程中景观组分类型转变与景观空间格局变化对自然植被覆盖的影响,需要给予重点关注。

山地丘陵区是深圳市主要的自然植被生长地区,由于多年来的人为影响,深圳市的自然植被已经不是典型意义上的天然植被,地带性的季雨林和常绿阔叶林在长期的人为活动影响下,基本上已经全部消失,较大面积的天然植被多为马尾松疏林,一些立地条件好的地区则被人工栽培的马尾松、杉木林和桉树、台湾相思林所占据,立地条件差的生境生长有一定面积的灌丛等。因此,深圳市的林地植被已不是确切意义上的自然植被,但是为了与果园、耕地这种半人工半自然的农业植被、城市绿地等人工植被区别开来,本节仍然将林地植被称为自然植被。

在计算 1986~1990 年、1990~1995 年、1995~2000 年、2000~2004 年植被覆盖度变化图的基础上,利用 1986 年、1990 年、1995 年的林地组分分布图,分别提取 1986~1990 年、1990~1995 年、1995~2000 年、2000~2004 年原自然植被的植被覆盖度变化分布图。将覆盖度变化图以 0.10 为单位等距分成 20 级,4 个时段各级别的面积变化统计如图 14-1 所示。

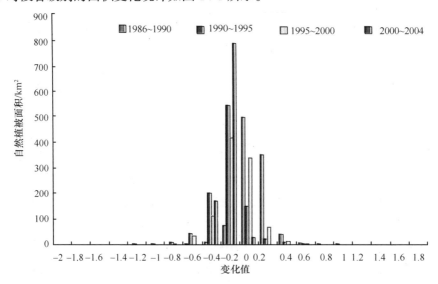

图 14-1 深圳市自然植被覆盖度变化

从图 14-1 可以看出，各时段自然植被覆盖度变化幅度在 20%以内的（植被覆盖度变化在–0.20～0.20），这部分自然植被可以认为总体质量基本保持稳定占原有植被总面积的比例约为 70%,这也证实了深圳市自然植被总体覆盖度变动不大。其中以 1986～1990 年的比例最高，而 1990～1995 年的比例相对较低，表明该时段自然植被覆盖变化较大。植被覆盖度变化超过–50%的区间，可以认为该部分自然植被已经消失,景观组分转变为低植被覆盖或者无植被覆盖的类型。1990～1995年该区间的面积明显大于其他两个时段，自然植被消失面积相对较多，占原自然植被总面积的 7%左右。

统计自然植被覆盖度变化的平均值可以发现，1986～1990 年原有自然植被平均覆盖度有所增加，林地植被质量上升；1990～1995 年自然植被覆盖度变化的平均值达到–14%，总体质量下降幅度较大，这是部分自然植被消失以及部分自然植被覆盖度下降的共同结果。

1999～2004 年，植被覆盖变化稳定，且整体覆盖度上升，表示这期间城市建设对自然植被不产生影响，而之前受损植被恢复状态稳定且良好。统计自然植被覆盖度变化的平均值可以发现，1999～2004 年植被覆盖度状态则明显回升，表明近年水土流失防治、采矿地治理等针对城市建设环境影响的措施已产生显著成效（表 14-4）。

表 14-4　自然植被覆盖度变化

特征统计	1986～1990 年	1990～1995 年	1995～2000 年	2000～2004 年
覆盖度变化	0.171	–0.106	–0.034	0.094
标准差	0.159	0.189	0.185	0.099

14.1.2　植被覆盖动态的空间差异

1. 整体植被覆盖度变化的空间分异

以深圳市 24 个镇区（特区外分镇、特区内分区）为单位，分别统计 1986～1990年、1990～1995 年、1995～2000 年以及 2000～2004 年植被覆盖度的平均变化量，以反映各时期植被覆盖变化的空间差异（图 14-2）。

1995～1999 年，研究区植被覆盖变化较为平稳，大部分镇区的植被覆盖水平略有下降。相对而言，特区内的南山、宝安区的光明、公明以及龙岗区的龙岗镇，植被覆盖下降趋势较为明显。光明作为全市重要的农业基地，景观组分以农业类型为主，因此其发展对农业植被的影响非常显著。

2000～2004 年，研究区植被覆盖程度呈现显著回升，平均升幅为 18.12%,其中又以宝安区植被覆盖程度上升幅度最高，其次为特区和龙岗，反映出宝安区

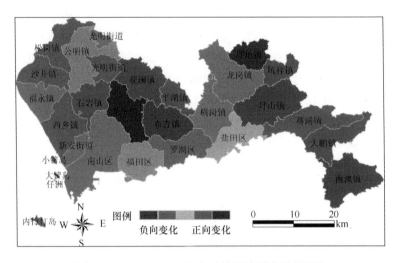

图 14-2 1986～2004 年各区镇植被覆盖程度差异

近年来的生态建设以显现成效。特区内的植被覆盖增长源于新增建设用地中公共绿地的增加，特区中又以盐田区植被覆盖程度增加相对较高，而龙岗区由于自然植被维护良好，变化稳定，故升幅有限。

为了定量分析各时期土地开发规模对植被覆盖变化的影响程度，分别将 3 个时期各镇区植被覆盖度平均变化量与新增建设用地量、新增推平未建地量和新开发土地总量进行相关分析。结果表明，1990～1995 年植被覆盖变化与土地开发量的相关关系最为显著，植被覆盖变化与 3 个变量的相关系数均通过 0.01 显著性水平检验，其中与新开发土地总量的相关系数最高(图 14-3)。

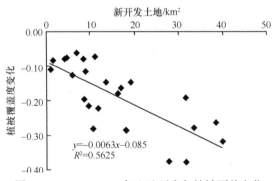

图 14-3 1990～1995 年土地开发与植被覆盖变化

1986～1990 年，植被覆盖变化与新增推平未建地总量的相关关系较为显著，该时期新增建设用地对植被覆盖的影响尚不明显。而 1995～1999 年，植被覆盖变化与土地开发规模的相关系数均较低，该时期的植被覆盖变化较为复杂，城镇发展对植被覆盖变化的正负影响均显现出来。相对而言，随着近年相关绿化政策的出台与落实，2000 年以来，新增建设用地及新增推平建设用地对于植被覆盖度均呈现正面影响，城市发展对环境影响已转向正面（表 14-5）。

表 14-5　植被覆盖变化与土地开发量的相关分析

	新增建设用地	新增推平未建地	新开发土地总量
1986~1990 年 植被覆盖度变化	−0.2444	−0.5490**	−0.4377*
	0.2391	*0.0045*	*0.0286*
1990~1995 年 植被覆盖度变化	−0.5704**	−0.5809**	−0.6420**
	0.0029	*0.0023*	*0.0005*
1995~2000 年 植被覆盖度变化	−0.2276	−0.4950	−0.2955
	0.2740	*0.0120*	*0.1516*
2000~2004 年 植被覆盖度变化	0.3226	0.0630	0.1812
	0.0240	*0.0230*	*0.0824*

注：表中黑体数字为相关系数；斜体数字为显著性水平；

***著着性水平 $p<0.05$；著着性水平 $p<0.01$。

2. 自然植被覆盖变化的空间分异

城市化过程对自然植被覆盖的影响，比农业植被要复杂得多。因此自然植被覆盖变化的空间分异，虽然和城镇扩展呈现一定程度的响应特征，整体上表现为城镇扩展过程强烈的地区自然植被覆盖变化也较为显著，但是这种相互对应关系明显被其他因素影响弱化。

以 1990~1995 年为例，自然植被覆盖度下降较大的镇区包括中部的龙华、平湖、观澜、石岩、布吉、龙岗以及东部的南澳等。特区内的罗湖、南山、盐田和西部的新安、光明等植被覆盖变化较小。自然植被覆盖变化的空间分布格局，与整体植被覆盖度变化的特征虽然有一定的吻合，但差别也是明显的。龙华、观澜、布吉、平湖等镇整体植被覆盖变化趋势显著，自然植被覆盖度下降程度也较为明显。石岩、南澳等镇，整体的植被覆盖状况并无明显变化，但自然植被覆盖度却有较显著的下降趋势。而总体植被覆盖有较大下降的南山和福田，自然植被变化并不突出。由此可见，自然植被覆盖变化的影响因素，除城镇扩展引起的土地开发占用部分自然植被外，更多的在于城镇发展过程中人为干扰对自然植被覆盖质量的影响。

为了揭示不同城镇对自然植被覆盖影响的差异，通过观察不同城镇自然植被覆盖变化特征和城市化过程的联系，来寻找两者之间的关系。已有研究表明，除城镇扩展的面积和速率会对自然植被覆盖变化产生较大影响外，城镇与自然植被交界面的复杂程度，对自然植被覆盖质量变化也有显著影响。此外，交通水平的提高不仅意味着城市与外界的物流能流交换量大，对自然环境包括植被的干扰强度也可能较强。因此，本节分别选取城市扩展量、城镇形状特征以及交通这 3 方面的度量指标，与自然植被覆盖变化进行相关分析。选取的指标包括：新增城镇建设用地、新增推平未建地和新开发土地总量，表征城市扩展量；城镇景观斑块修改分维数变化率，表征城镇扩展过程中形状变化特征；道路总里程(包括高速公路、国道等)增长量，表征交通的发展。

1986～1990 年、1990～1995 年、1995～2000 年、2000～2004 年各镇区城市化过程度量指标与自然植被覆盖变化量的相关分析(表 14-6)表明，3 个时段城镇景观形状变化和交通发展两个度量指标与自然植被覆盖变化均呈现较显著的负相关关系，除 1995～2000 年外，相关系数都通过 0.05 显著性水平检验。城镇扩展量与自然植被覆盖变化的相关关系不甚显著，除 1986～1990 年新增推平未建地面积与自然植被覆盖变化的负相关关系较显著外，其余均未通过 0.05 显著性水平检验。由此可见，对于深圳市自然植被覆盖变化，城镇景观的空间格局特征发挥了更大的影响力。城镇景观斑块形状的复杂化，道路廊道的增长，引起自然植被覆盖度下降，生态环境质量有所恶化。

表 14-6　自然植被覆盖变化的影响因素

	新增城镇用地	新增推平未建地	新开发土地总量	景观形状变化	交通发展
1986～1990 年 植被覆盖度变化	**-0.3710** *0.0678*	**-0.4625*** *0.0199*	**-0.3933** *0.0516*	— —	**-0.4095*** *0.0421*
1990～1995 年 植被覆盖度变化	**-0.1795** *0.3907*	**-0.3738** *0.0657*	**-0.3229** *0.1154*	**-0.6814**** *0.0002*	**-0.6168**** *0.0010*
1995～2000 年 植被覆盖度变化	**0.1876** *0.3691*	**-0.0503** *0.8112*	**0.0981** *0.6409*	**-0.461592*** *0.0192*	**-0.0417** *0.8430*
2000～2004 年 植被覆盖度变化	**0.1636** *0.1531*	**-0.0421** *0.6202*	**0.0625** *0.2402*	**-0.2622*** *0.0162*	**-0.0325** *0.6210*

注：表中黑体数字为相关系数；斜体数字为显著性水平；

**显著性水平<0.01；*显著性水平<0.05。

14.2　城市气候响应

14.2.1　城市热场分布特征

1. 1995 年

同理对 1995 年 11 月 TM 影像进行亮温标定和下垫面温度计算，该时段下垫面最高温为 26.15℃，最低温为 13.90℃，高低温差为 12.25℃，研究区平均温度为 20.49℃。

观察该时段热场的分布特征，城乡之间的温度差异已经变得明显。特区内自福田往西包括南山以及宝安区的新安，高温区沿道路交通系统延展连成一片。原有的蛇口港高温区向外围有所扩展，沙头角高温区不复存在。新建成的深圳机场由于下垫面的高反射以及升降活动，形成高温区；盐田港则由于港口建设，与蛇口港类似，形成新的高温区。

该时段建设用地区与农业植被覆盖区的温差已经较为明显，建成区下垫面平均温度比耕地的下垫面温度约高出 1℃。城市呈现出明显的热岛效应，但特区外城镇中心与郊区的下垫面温度并没有呈现出显著的差别，城市热岛效应还主要集中在特区内。

2. 2000 年

2000 年 1 月初的 ETM+影像，第六波段分辨率为 60m，能够更精确地反映出下垫面温度的差异。进行地理配准后，可计算下垫面温度。

计算结果表明，该时段研究区下垫面最高温为 26.82℃，最低温为 15.79℃，高低温度相差 11.03℃，区域平均温度为 21.88℃。

热场分布图显示，特区内的高温区略有扩展，但总体格局没有显著的变化；蛇口港和盐田港仍然呈现高温中心的特征。该时段热场的显著变化表现在宝安区西部沿海地区的高温区已经沿广深高速公路连成一片，西北部的沙井、福永出现明显的高温中心。沿着机荷高速公路，石岩和龙华部分地区出现高温区，平湖由于铁路货运编组站的发展也出现局部的高温区。

总体而言，该时期城市热岛效应已经由特区内向外扩散，西部沿海区和高速公路两侧、铁路枢纽附近出现明显的高温区。该时期建成区下垫面的平均温度比耕地约高出 1.8℃。

3. 2004 年

2004 年 12 月初的 TM 影像，进行亮温标定和下垫面温度计算，该时段下垫面最高温为 23.04℃，最低温为 11.77℃，高低温差为 11.27℃，研究区平均温度为 17.51℃。

热场分布图显示，深圳市的高温区范围略有下降，但总体格局没有显著的变化；低值区仍集中于大鹏半岛排牙山、未木岭、七娘山及大燕顶等山区；而南山区蛇口港仍属于高值区，同时沿着广深高速形成连片的高温区域主要集中于西北部的沙井、福永及松岗，其中又以沙井镇的平均温度较高，另外机荷高速及梅观高速沿线亦出现大面积的高值区域，以平湖、布吉两镇平均气温较高。

整体而言，2004 年全区温度值皆明显下降，表明城市热岛效应已逐步降低，龙岗区由于自然条件优越，受热岛效应影响最低，特区内在城市绿化方面成效显著，其中又以盐田区已属于全市温度相对较低的区域（图 14-4）。

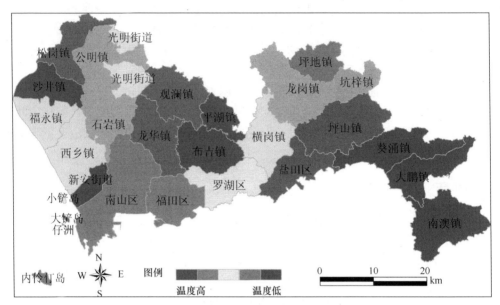

图 14-4　2004 年各行政区平均温度差异

14.2.2　土地利用类型与温度

1. 各时期土地利用类型与温度

从 1995～2004 年，系统下垫面平均温度下降了近 2.99℃，下垫面最低温下降了 2.13℃，最高温下降了 3.11℃。可见虽然下垫面最高温和最低温都在下降，又以最高温下降的幅度更大。即深圳市的城市发展，使得区域温差有缩小的趋势。这主要是深圳市的低温环境如林地、水域等，热力性质相对稳定，其温度变化较小，且高温环境的建设用地的绿化增加的缘故。

区域下垫面温度的上升，与下垫面类型与性质的变化密不可分。由此，城镇扩展强度的差异，可能引起下垫面温度的不同趋势。本节统计了 1995～2004 年各镇中心区下垫面平均温度的变化趋势与该镇城镇用地扩展面积的关系。可见，各镇中心区平均温度的上升幅度，基本上与城市扩展的总量成正比。但扩展量超过某一定水平后，这种正比关系不再成立，如南山、布吉、观澜、龙华等扩展总量最为显著的镇区，其下垫面温度增幅幅度并非最高。而龙岗镇由于城镇发展中心的转移，老城区下垫面温度呈现下降的趋势（表 14-7）。

表 14-7　各时期土地利用类型温度值

土地利用类型	1995 年		2000 年		2004 年	
	平均值	标准差	平均值	标准差	平均值	标准差
耕地	21.1000	0.8432	21.6870	1.2082	17.6354	0.8782
园地	20.5020	0.8931	21.9850	1.1650	17.2751	0.9281
林地	20.0430	1.0843	20.6260	1.5131	16.3772	1.0783
建设用地	22.1820	1.1623	23.40301	1.3770	18.3819	1.2794
水域	18.1650	1.5491	19.8060	1.4215	16.9122	1.3795
滩涂	17.5100	1.3103	19.3140	0.9787	16.0996	0.8326
推平未建地	21.6890	1.0443	23.3020	1.3620	18.6932	1.0215
未利用地	20.2130	1.0083	20.7500	1.3477	16.9691	0.9524

2. 建设用地类型与温度

而建设用地内部，由于下垫面性质的差异，不同土地利用性质下垫面的温度仍然有较大差别。利用 2004 年的建设用地详查图，分别统计各种土地利用性质下垫面的平均温度。城市水利设施用地、公共设施用地等是深圳市建成区的低温区所在，其次为商业用地，住宅用地、对外交通(港口、机场、高速公路等)、广场以及仓储用地和工业用地是城市的热岛中心所在地。与其他城市略有差别的是，深圳市的居住用地和商业用地区，下垫面温度相对较低，这主要是城市绿化较好的缘故(表 14-8)。

表 14-8　不同土地利用性质下垫面的温度

下垫面土地利用性质	最低温	最高温	平均温度	标准差
商服用地	13.428	21.426	17.922	1.282
工矿仓储用地	12.547	22.699	18.688	0.932
公共设施用地	13.346	20.943	18.043	0.994
公共建筑用地	13.321	21.134	18.344	1.147
住宅用地	13.463	21.518	18.796	0.881
交通运输用地	13.841	21.512	18.737	0.888
水利设施用地	13.988	21.872	16.742	1.243
特殊用地	14.113	20.627	18.206	0.961
瞻仰景观休闲用地	14.356	20.943	17.777	1.005
公园、绿化带	13.771	20.495	17.955	0.924

14.2.3　温度与植被覆盖的关系

由于植被光合作用能够将大量光能富集转换为潜能，从而减弱太阳辐射热效应，因此植被覆盖能够有效降低下垫面温度(杨士弘等，2003)。热环境遥感研究表明，下垫面温度与植被覆盖度存在着负相关关系。

本节将 2004 年研究区植被覆盖度分布图以 5% 为间隔等分为 20 级，分别统计每个级别内地表温度的平均值。结果表明，植被覆盖度高的地区，地表温度明显低于植被覆盖度低的区域。但由于全市域地形地貌条件差异较大，海拔和坡向影响了地表温度与植被覆盖度的联系。为了降低地形地貌所造成的差异,进一步选取海拔50m以下的城市建成区作为研究范围，分析地表温度与植被覆盖度的定量关系。

建成区植被覆盖度与地表温度的曲线图呈现明显的分段函数特征，即在不同的植被覆盖水平下，植被的降温效果是有显著差别的。在植被覆盖度为 0～50%时，植被覆盖度与地表温度呈现一定的线性关系。为此，将建成区植被覆盖图继续细分，以 1%为间隔等距分为 100 级，分别统计每级别内的地表平均温度。结果表明，植被覆盖度在 0～25%(图 14-5B)、25%～50%(图 14-5C)时，植被覆盖度与地表温度呈现不同的线性特征。两条拟合直线的 R^2 均很高，表明植被覆盖度与地表温度的线性关系非常显著。前者的斜率为–0.06 左右，即植被覆盖度上升10%，可以降低地表温度 0.6℃；后者的斜率为–0.03，即植被覆盖度上升 10%，能够有效降低地表温度 0.3℃。这一定量关系表明，在较低植被覆盖水平下，提高植被覆盖度所起到的降温效果比较高植被覆盖区域要显著。例如，无植被覆盖区如果能够将植被覆盖水平提高到 25%，其降温效果可达 1.5℃以上。

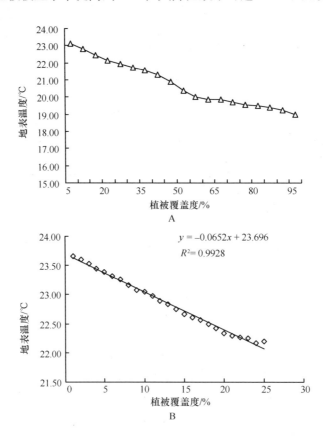

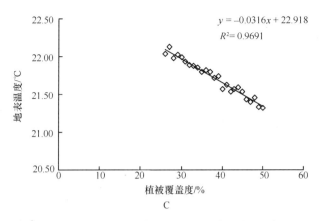

图 14-5　植被覆盖度与地表温度的线性关系(续)

14.2.4　土地利用类型对温度-植被覆盖的影响

为了进一步分析植被覆盖与地表温度的内在关系,将下垫面类型分别与植被覆盖和地表温度进行叠加分析。比较各下垫面类型的地表温度和植被覆盖度均值、标准差,结果显示,除水域以外,地表温度均值最低为林地(16.38℃),其标准差也较小(1.10),建设用地和推平地的地表温度最高(18.39℃和18.69℃),两者中建设用地的标准差较大,而推平地标准差较小。而从植被覆盖度的比较可见,林地具有最高的植被覆盖度(57.85%),其标准差也较大(0.24),而建设用地和推平地的植被覆盖度仅高于水体(12.11%和10.09%)。该结果意味着水体由于其自身的热容量大,降温效果最为明显;林地具有较高的植被覆盖度,相应地表温度最低,而城市开发形成的推平地由于对植被覆盖的铲除,这种极端的下垫面类型变化导致的地表平均温度上升 2.0℃以上,而城市建设用地由于内部具有绿化带,温度总体上虽然偏高,但内部的变异显著加大。

表 14-9　2004 年各下垫面类型的地表温度及植被覆盖度

下垫面 类型	地表温度/℃		植被覆盖度/%	
	平均值	标准差	平均值	标准差
耕地	17.6354	0.8782	33.12	0.20
园地	17.2751	0.9281	32.23	0.18
林地	16.3772	1.0783	57.85	0.24
建设用地	18.3819	1.2794	12.11	0.14
水域	16.9122	1.3795	2.05	0.02
草地	16.9701	1.6149	45.34	0.24
推平地	18.6932	1.0215	10.09	0.13

14.3　城市景观破碎化

　　景观组分类型间的转变，特别是农业用地向建设用地、推平未建地的变化，引起植被覆盖度的显著改变。植被覆盖变化的过程，除了表现为有植被覆盖（主要是中植被覆盖等级）面积的不断减小，植被覆盖度的空间分布特征也会相应发生改变。这种变化，是与景观整体格局的空间演变密切相关的。已有研究表明，景观破碎化是生物多样性丧失的一个最主要原因（傅伯杰等，2001）。景观的碎裂化过程的发生将首先改变组分边界特征，进而由于边缘效应问题改变生境特征，最终影响到生物多样性的区域分布格局（曾辉等，2002）。

　　为了清楚地了解景观破碎化过程与植被覆盖变化的关系，本节采用景观碎裂化指数值来表现整体景观格局的破碎化程度。通过分析碎裂化水平与植被覆盖变化的空间分异特征，探讨景观破碎化与植被覆盖变化之间的空间关系。

　　为了得到碎裂化水平在空间上的分布格局及其动态变化，首先要进行碎裂化指数的变量空间化。本节采用以一定大小的滑箱进行系统采样，将滑箱内的碎裂化指数值赋予其中心点的方法。滑箱大小的确定必须能够充分反映研究区内景观结构信息。在研究区周围东莞常平镇景观格局信息与空间分辨率的研究中，曾辉等（1999）对于滑箱采样的尺度效应已有充分的研究。本节采用了其研究结论，选择 30×30 的正方形样方进行变量空间化。在系统采样计算中心点破碎度指数的基础上，在 SURFER 7.0 软件中采用克里格插值法对研究区全图插值，生成各时段破碎化指数的空间分布图。植被覆盖度变化直接利用相邻时期的植被覆盖度分布图相减而得，与 1990 年、1995 年和 2000 年的破碎化指数分布图（图 14-6A、图 14-7A、图 14-8A）相对应，生成了 1986～1990 年、1990～1995 年、1995～2000 年的植被覆盖度变化图（图 14-6B、图 14-7B、图 14-8B）。

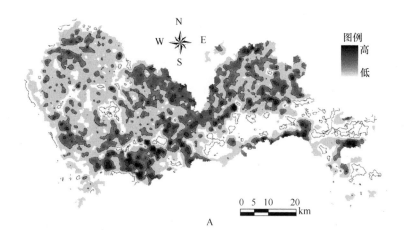

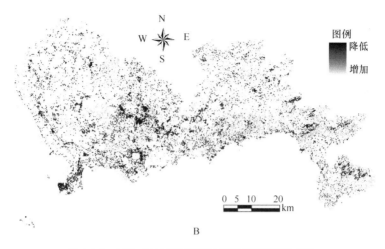

图 14-6　1990 年景观破碎度与植被覆盖变化(续)

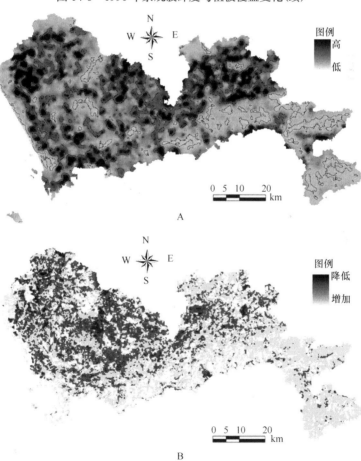

图 14-7　1995 年景观破碎度与植被覆盖变化

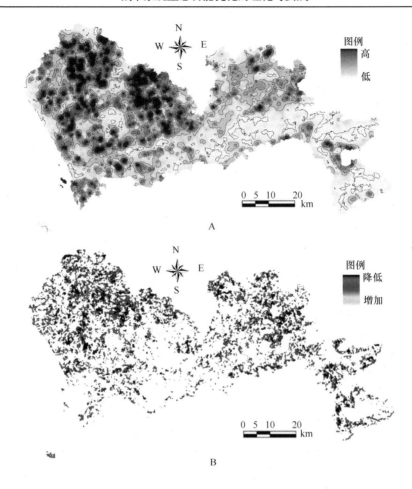

图 14-8　2000 年景观破碎度与植被覆盖变化

从各时段的破碎度分布图和植被覆盖变化图的对比可以发现，尽管各时期景观破碎化指数反映出不同的破碎化水平分布，但各时期破碎化指数峰值的分布和植被覆盖度下降的峰值区间基本上是耦合的。即前一时段植被覆盖度下降最显著的区域(大多表现为植被消失带或者自然植被质量的急剧下降)，在随后的年份表现出高的碎裂化指数值，说明景观碎裂化是其受到冲击的一个标志。由于中国东南沿海地区的城市化过程，大多表现为农业景观和自然景观组分向城镇景观组分的转变，因此这一现象在城乡交错带是普遍存在的。这也从另外一方面反映了景观格局体现着各种生态过程在不同空间尺度上相互作用的结果，景观结构的数量化指标从不同方面反映了生态系统的过程与功能的改变。

植被消失带与破碎化峰值在空间上的基本吻合，证实了在人为改造活动中，受冲击地带的破碎化是一个变化趋势。破碎化水平峰值带也就是外力的强干扰带。

就观测的时间尺度而言，在深圳这样的快速城市化地区，四五年的时间间隔显得稍长，某些农业植被消失带与破碎化峰值不再显示出空间吻合关系，这主要是由于人为干扰活动对破碎化过程影响的阶段性。人为改造活动初期，随机的人为干扰，使景观组分由连续、均质的整体变为不连续、复杂的斑块镶嵌体；而后期的人为干扰又使已破碎的景观规整化，破碎度减小。因此，就破碎化过程与植被覆盖的关系而言，如提高观测的时间分辨率，观察到的两者的空间吻合性就会更显著。

景观破碎度和植被覆盖变化在空间上的分布特征和规律为寻找影响自然植被覆盖变化的动因提供了很好的依据。通过了解碎裂化过程的空间特征，建立碎裂化水平和城市化景观其他过程在空间上的耦合关系，可以发现与植被覆盖变化显著相关的因素，而这些因素很可能就是造成植被退缩的最终驱动力。

景观破碎化过程对农业植被和自然植被覆盖变化的影响，就研究区而言，是有明显区别的。在原有农业植被区，景观破碎化水平高的区域，大多是农业植被完全消失，景观组分类型转变成城镇建设用地和推平未建地；而在自然植被区，景观破碎化水平高的区域，除了少量自然植被消失外，大多表现为自然植被覆盖度下降，即主要体现为植被覆盖质量的变化。

将3个时期的破碎化指数以0.10为间隔等间距分级，分别统计各级别植被覆盖度的平均变化量和自然植被覆盖度的平均变化量，以分析不同破碎化水平下对应的植被覆盖状况变化。

图14-9表现了3个时期总体植被覆盖度变化水平与景观破碎度的对应关系。随着景观破碎度的增加，植被覆盖度变化均呈现下降的趋势。整体植被覆盖变化趋势表明，深圳市城市化过程中农业植被的变化数量远大于自然植被，因此景观整体植被覆盖度的变化也主要体现了农业植被覆盖的变化，即农业植被的消失过程。因此，农业植被的消失带峰值主要位于景观破碎度最大的区域，逐渐向破碎度较小的区域发展。

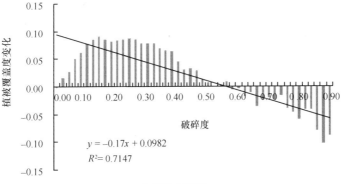

A.1986~1990年

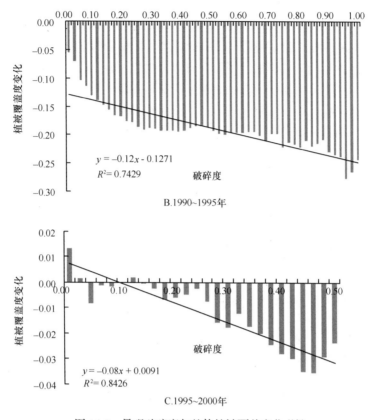

图 14-9　景观破碎度与整体植被覆盖变化(续)

　　破碎度与植被覆盖变化量的拟和直线的斜率,代表了破碎度上升一个单位下,植被平均覆盖度的变化程度。因此该斜率也可以作为植被抗干扰能力的表征。斜率越大,表明植被抗干扰能力越弱,轻微的人为干扰,破碎度小幅增加,就会引起强烈的植被覆盖变化;反之,斜率越小,则表明植被的抗干扰能力越强。3 个时期拟和直线的斜率逐年递减,表明植被整体的抗干扰能力有所增强。这一方面是由于人类有目的对原有植被进行改造,用抗干扰能力较强的物种替代一些抗干扰能力差的物种造成的;但更主要的原因是深圳市原有农业植被大量减少,现有植被多分布在农田保护区和山地丘陵区。

　　自然植被区景观破碎化与自然植被覆盖度变化关系如图 14-10 所示。与图 14-9 相比,自然植被覆盖度与景观破碎度之间呈现明显的两极分布,景观破碎化程度较小的区间,自然植被覆盖度变化微弱;在景观破碎化程度较高的区间,自然植被覆盖度的变化强烈,而且随着景观破碎度的增强,自然植被覆盖度下降的幅度大于整体植被覆盖度的变动幅度。这表明,人为干扰对自然植被覆盖的影响范围主要集中于自然植被与人为景观组分交界区,交界线周围自然植被的扰动非常显著，但自然植被内部的覆盖状况受人为影响较小。从图上可以看出，自然植被变动幅度在破碎度大于 0.5 以后显著增强。

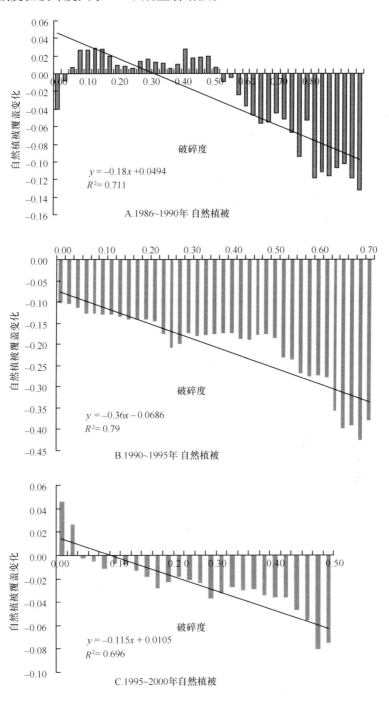

图 14-10　景观破碎化与植被覆盖度变化关系

　　从自然植被覆盖变化与破碎度关系的时间演变来看，1990～1995 年由于大规模的土地开发与基础设施建设高潮，人为干扰对自然植被覆盖的影响非常显著，此后，由于低海拔区的自然植被已经基本消失，现有自然植被多分布于海拔较高、开发条件较差的丘陵山地区，因此自然植被与城市景观组分之间已经变得相对稳定，自然植被覆盖的变化趋势也渐趋减小。

　　利用景观结构和动态变化特征，揭示综合性生态影响的程度和分布范围。半定量地描述不同区域的相对生态风险程度，阐明生态风险内在动力学机制方面的一些空间细节信息，提供生态资源问题可能发生的综合性概率度量。同时根据上述生态资源环境的景观生态响应机制，建立起景观结构与具体区域生态资源问题之间的直接关系。

第15章　城市景观生态优化

鉴于都市化带来的生态环境影响与自然景观的快速减少，为了保障城市基本生态安全，维护生态系统完整性，防止城市建设无序蔓延，在考虑自然生态系统和合理环境承载力的前提下，深圳市于 2005 年通过市政府审批，确定 974km² 控制线范围，占市域总面积的 49.88%。套叠国土资源局土地利用现状调查数据后可知，在景观类型组成上以林地(54.99%)及农地(22.46%)景观为主体，但农地中耕地的比例偏低，经济作物荔枝为农地景观的主要构成元素，另外尚包括 7.68%的水体及少量草地、湿地及城市绿地。

15.1　生态功能网络构建

依据对网络节点的评价可知，深圳市的生态网络功能中心位于马峦山，其在控制范围与植被覆盖方面，与其他节点相比具有相对优势，在空间分布上次要节点主要环绕于马峦山周围，且主要分布于东部，西部地区仅羊台山，其余生态节点与上述地点皆具有功能上明显的差距。通过单元间的联系路径为基础的生态功能网络结构评价可知，深圳市的生态功能网络具有明显的东西部差异，以塘朗山、银湖、铁岗及光明等西部生态功能节点的联系度较高，但生态功能相对较高的东部生态功能节点，联系度则相对较差，存在生态网络的联系中心与功能中心并不吻合的现象。生态功能网络的实现需要现实空间的联系廊道和服务节点 2 种基本元素组成。其中，生态功能节点是物质、能量甚至功能服务的源头或汇集处，基于城市生态功能特征选择可空间化及定量化的指标(表 15-1)，并由空间中确立各级景观功能网络节点。

表 15-1　生态功能网络节点特征与评价

	生态功能网络节点评价指标
特征	① 生态系统服务功能价值高 ② 生态资源维护良好 ③ 与其他生态功能节点联系紧密
数量指标	① 生态环境质量 ② 控制范围
空间指标	① 植被覆盖度 ② 森林景观格局(面积、聚集度、形状)

资料来源：张小飞等，2007b。

深圳市的生态功能中心位于马峦山，其在控制范围与植被覆盖方面，与其他节点相比具有相对优势，在空间分布上二级节点主要环绕于马峦山周围，且主要分布于东部，西部地区仅羊台山为二级节点，其余皆为三级(图 15-1)。

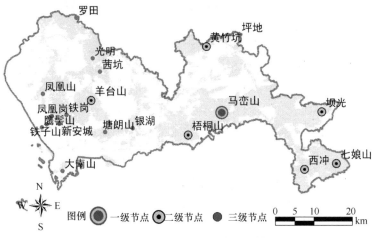

图 15-1　深圳市生态功能节点(张小飞等，2007b)

基于廊道的连通度以及功能随着与节点距离增加而衰减的特性，利用最小耗费距离模型，可获得城市与生态功能网络的廊道结构(图 15-2)。

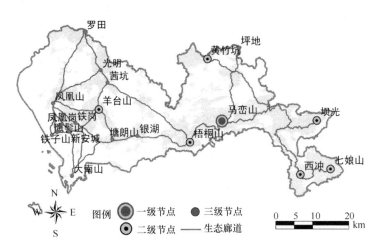

图 15-2　深圳市生态功能网络结构(张小飞等，2007b)

基于平均耗费路径数(图 15-3)的耗费度(图 15-4)分析可知，受东西狭长的形状影响，深圳市生态网络耗费度相对较高，耗费度较低的为银湖及坪地，至其他节点的平均耗费距离分别为 35.67km 及 36.48km，而七娘山、罗田、坝光同属耗费度较高的节点，分别为 97.69km、84.58km 及 76.89km。整合联系度及耗费度所得的通达性，可同时反映网络节点间的拓扑关系及空间耗费距离(图 15-5)。在深圳市生态功能网络中以银湖、羊台山的通达性最佳，而生态功能中心马峦山的通达性居中，而东部二级节点七娘山、坝光通达性较差。

　　受城市发展影响，深圳市生态功能中心处于城市边缘区域，使得生态功能中心与功能联系中心不吻合，不利于生态功能的输出与传递。在空间分布上由于多山地及丘陵的自然环境与水库、森林郊野公园与建成区交错，对城市空间扩展形成障碍与制约，使得城市生态廊道穿梭于市区。由于形状狭长，深圳市的生态联系度相对较差，节点间的平均距离为 50.52km，因而未来城市发展上需加强东西部的生态联系。西部须强化以羊台山为中心，银湖、塘朗山为主要联系廊道的网络结构；东部则需在现在的生态环境优势上，增加多个以联系功能为主的生态节点，以优化整体网络结构。

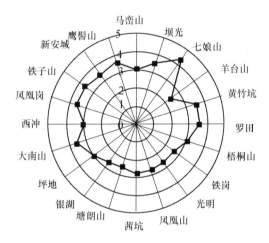

图 15-3　深圳市生态功能网络联系度
单位：路径数

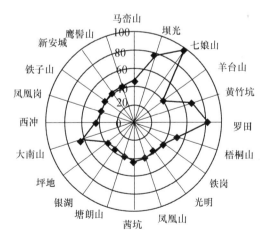

图 15-4　深圳市生态功能网络耗费度
单位：km

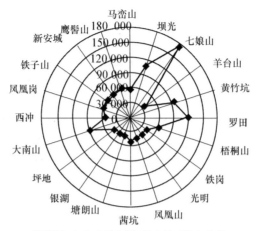

图 15-5　深圳市生态功能网络通达性(张小飞等，2007b)

15.2　两岸城市生态功能网络比较

　　虽然两岸城市发展具有地域、行政体制等差异，但基于城市化过程的规律性，及同样面临全球化及市场经济竞争的背景，通过两岸城市景观的比较，可为解决当前城市问题提供多重思路。鉴于此，本研究分别选择台湾岛乌溪流域(台中)及深圳市为研究区，探讨两岸典型城市生态功能网络的景观类型组成和空间结构，比较其间的差异(图 15-6)。

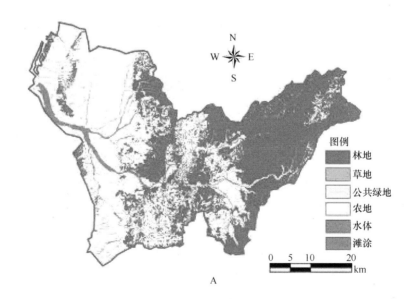

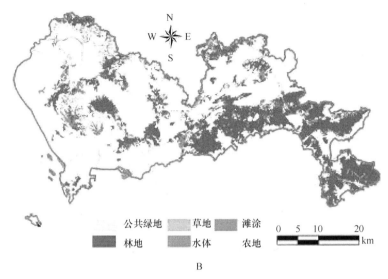

图 15-6　生态功能区景观结构差异(张小飞等，2007b)

A.乌溪流域；B.深圳市

15.2.1　生态功能区范围与结构

　　生态功能网络具有一定的服务范围，其主要由具有生态功能的景观类型组成，结合对研究区景观分析及对生态系统服务功能的认识，本研究将林地、草地、农地、水体、湿地、城市绿地定义生态景观类型，由于地理隔离、基础设施建设及景观类型、格局特征的影响，生态功能亦具有空间差异，依据生态功能的高低，范围包括了重要的生态功能节点及起着功能联系作用的生态廊道。

　　乌溪流域的生态功能区占流域总面积的 87.40%，在景观类型组成上主要由林地景观构成，其次为农地，其中林地几乎属于国有林地，由于具有涵养水源、保护土壤的作用，对于台湾中部地区生态环境保护及天然灾害防治至关重要，在国有土地约束及林业相关部门管理机制下，森林质量良好；乌溪流域农地是由耕地及园地组成，受流域地形东高西低影响，西半部台地、平原地区为耕地，部分的丘陵地及山地则以经济作物为主。

　　深圳市不同于乌溪流域之处在于其生态功能区并不是单纯由生态用地类型组成，而是于 2005 年通过市政府审批，整合了①一级水源保护区、风景名胜区、自然保护区、集中成片的基本农田保护区、森林及郊野公园；②坡度 > 25%的山地以及特区内海拔超过 50m、特区外海拔超过 80m 的高地；③主干河流、水库及湿地；④维护生态及城市结构完整性的生态廊道和绿地等地区，确定 974 km² 控制线范围，占市域总面积的 49.88%。在景观类型组成上，同样以林地及农地景观为主体，但农地中耕地的比例偏低，经济作物荔枝为农地景观的主要构成元素。

15.2.2　生态功能网络结构

　　在乌溪流域中生态网络节点为防范自然灾害、维护生态环境及敏感性资源所设立的限制开发区。主要以红香地区为中心向外扩散，次级节点以山岭、河谷为主，另外包括海岸带的湿地，三级节点则主要分布于西部城市外围。深圳市的生态结构则以森林郊野公园为主，功能中心位于马峦山，其在控制范围与植被覆盖方面，与其他节点相比具有相对优势，在空间分布上二级节点主要环绕于马峦山周围，且主要分布于东部，西部地区仅羊台山为二级节点，其余皆为三级。

　　廊道是景观结构中相当特殊的元素，可同时起着分割与联系的功能，由于廊道有无断开是确定信道与屏障功能效率的重要因素（傅伯杰等，2001），廊道效益由中心向外逐步衰减，遵循距离衰减规律（宗跃光，1999）。生态廊道依据类型不同在生态功能网络中扮演着不同的角色。其中，自然河岸廊道可以保护大量的陆生及水生生物，亦可发挥其他相应功能包括地下水源涵养及汇聚地表径流等；一些敏感性物种栖息地及迁徙廊道对于保护野生动物尤为重要；另外，生态廊道亦提供社会大众游憩的空间，增加公众与自然的接触机会（Miller et al., 1998）。基于廊道的连通度以及功能随着与节点距离增加而衰减的特性，利用最小耗费距离模型，可获得两研究区城市生态功能网络的廊道结构（图 15-7）。

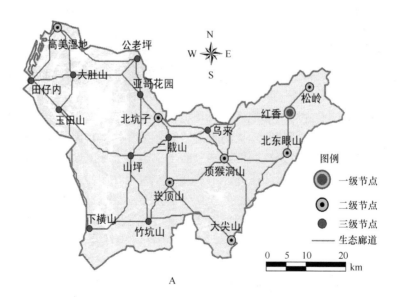

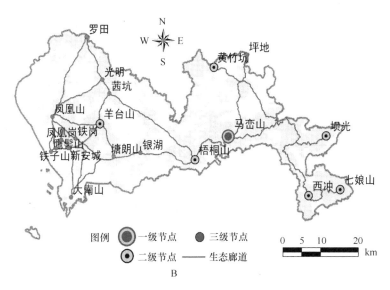

图 15-7　生态功能网络结构(续)(张小飞等，2007b)

A. 乌溪流域；B. 深圳市

15.2.3　生态功能网络评价

以节点间的联系路径为基础的网络结构评价中，在乌溪流域生态功能网络以山坪及二载山联系度较高，而属生态功能中心的红香，联系程度属倒数第三，生态网络的联系中心与功能中心并不吻合，这与生态网络节点的空间分布较为分散有关。在深圳市的生态功能网络具有明显的东西部差异，以塘朗山、银湖、铁岗及光明等西部生态功能节点的联系度较高，但生态功能相对较高的东部生态功能节点，联系度则相对较差，与乌溪流域相同，存在生态网络的联系中心与功能中心并不吻合的现象。

基于平均耗费路径长度的网络结构评价可知，乌溪流域生态网络中，耗费度较低的为二载山及北坑子，至其他节点的平均耗费距离分别为 21.94km 和 22.29km，而生态功能中心红香及松岭、高美湿地同属耗费度较高的节点，分别为 48.37km、41.01km 和 40.6km。受东西狭长的形状影响，深圳市生态网络耗费度明显高于乌溪流域，耗费度较低的为银湖及坪地，至其他节点的平均耗费距离分别为 35.67km 和 36.48km，而七娘山、罗田和坝光同属耗费度较高的节点，分别为 97.69km、84.58km 和 76.89km。

整合路径数及距离，可整体反映网络节点间的拓扑关系及空间耗费距离(图15-8)。在乌溪流域生态功能网络中以二载山及山坪 2 个三级生态功能节点通达性最高，而一级及二级生态节点红香、松岭、北东眼山、顶猴洞山、大尖山、崎顶

山、北坑子以及高美湿地通达性均较低。而在深圳市生态功能网络中以三级生态
节点银湖、二级生态节点羊台山的通达性最佳，而生态功能中心马峦山的通达性
居中，而东部二级节点七娘山和坝光通达性较差。

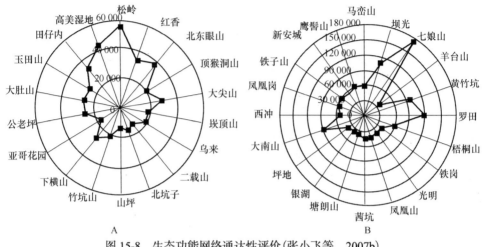

图 15-8　生态功能网络通达性评价(张小飞等，2007b)

A. 乌溪流域；B. 深圳市。取值为无量纲单位

15.2.4　城市生态功能网络特征及其优化策略

在城市范围内，反映人类需求及影响的建成景观是支持城市社会经济活动的
主体，而具有制约城市发展的生态景观在空间中则退缩至城市边缘，生态功能中
心远离建设密集的区域。而在城市规划限制及农业发展需求的影响下，生态景观
中的农业景观、水体景观可较好地存在于建成区的周边或内部，形成生态功能联
系廊道，进而结合城市区域内自然、游憩、文化、水资源与农业保护区等，则可
能产生制约城市扩张的力量。

综上所述，受城市发展影响，生态功能中心皆处于城市边缘区域，使得生态
功能中心与功能联系中心不吻合，因而不利于生态功能的输出与传递。在空间分
布上，乌溪流域的生态廊道受城市建设密集影响，明显环绕于城市外围，而深圳
市的生态廊道则穿梭于城市区，这与深圳市水库、森林郊野公园与建成区交错分
布有关。

虽然两研究区面积相似，但受形状影响，深圳市的生态功能网络整体联系度
相对较差，节点间的平均距离为 50.52km，较乌溪流域的 32.01km 高，因而未来
城市发展，总体上需加强东西部的生态联系。另外西部须强化以羊台山为中心，
银湖、塘朗山为主要联系廊道的网络结构；东部则需在现在的生态环境优势上，
增加多个以联系功能为主的生态节点，以优化整体网络结构。而乌溪流域生态功
能网络节点间通达性相对较为一致，但生态功能景观与城市功能景观空间两极化

现象明显，生态功能中心及二级功能节点红香、高美湿地的通达性较差，需就其功能传输路径进行优化，或提升二载山及北坑子等通达性较佳节点的生态功能强度。

城市生态功能网络的组成和结构与城市生态功能息息相关。在组成方面，林地、草地、农地、水体、湿地及城市绿地分别具有不同程度的固碳释氧、调节气候、保持水土、净化环境、减弱噪声等功能，通过面积比例的比较，可直接反映区域生态功能的差异；在结构方面，城市生态组分的通达性越高，不仅有利于区域生物多样性保护、约束建成区无序蔓延，更可净化空气、隔绝噪声，提高城市生活环境质量，并提供城市居民防灾避难场所，确保城市安全。因此，为提高城市整体的生态功能，须从生态景观的组分与结构两个层面进行优化。

受城市发展的人为活动影响，两岸城市均出现生态功能景观逐渐退缩至城市边缘、生态功能中心与经济中心的两极化分布、生态功能组分间通达性降低等现象，影响城市范围内的生态功能。通过生态功能网络的评价与分析，可整合城市内的生态景观单元，一方面通过生态功能耗费最小的路径的确立，可提供城市规划在进行生态廊道建设的参考，另一方面通过廊道的相互关系，为增加生态功能节点提供依据，为城市景观生态建设提供新的思路。

15.3　生态功能区划与保障措施

结合深圳的自然地域特点、生态系统类型、人类活动状况等要素，本节就深圳市提出了包括生态功能区和生态功能亚区的二级生态功能区划的初步方案，并指明每个功能区在区域可持续发展中所承担的职能。深圳市景观生态功能区划方案：包括 3 个功能区和 6 个功能亚区的二级分类系统(图 15-9)。一级功能区包括：文化支持区，以特区建成区为核心，对全市的社会、经济、文化发展起到支撑和带动的作用；生态协调区，包括宝安区和龙岗区的大部分，是全市面积的主体，功能上工农业生产与生态环境保护功能相互渗透、空间上两种功能交错分布；生态支持区，包括梧桐山、大鹏半岛及其以北的多个水源保护区，以自然生态系统为主，在全市起到生态环境的"肺"和"绿心"作用。

1. 文化支持区

该区包括深圳水库以西、西沥水库以南的特区大部，新安街办和西乡镇的南部一隅以及布吉镇的中心区。该区是全市的经济文化中心，作为生态功能区划中的一级区，最为集中地体现了人类活动强度一致性的区划原则，在强调自然区域分异的基础上，重点突出人类活动的影响(傅伯杰等，2001)。

该区地貌类型以台地、丘陵为主，面山背海，本底自然景观丰富，由于区位条件优越，经过 20 多年的开发建设，成为人口密集，经济发达，海、陆、空交通

图 15-9　深圳市景观生态功能分区示意图(宋治清等，2004)

Ⅰ：文化支持区
Ⅱ：生态协调区
Ⅱ(ⅰ)：西部沿海农工协调亚区；　　Ⅱ(ⅱ)：西部水源山体保护亚区
Ⅱ(ⅲ)：中部物流-水土保持亚区；　　Ⅱ(ⅳ)：东部产业-山水协调亚区
Ⅲ：生态支持区
Ⅲ(ⅰ)：生态脆弱型支持功能亚区；　　Ⅲ(ⅱ)：生态敏感型支持功能亚区

体系齐全的城市功能核心区。该区生态环境人工化程度极高，人口密度接近 1 万人/km²，城市建设用地面积占到全区总面积的 70%左右，导致生境单调、生物多样性降低。如此单一的生态系统结构在系统的自适应和稳定性方面显然异常脆弱，其发展上应改善物质能量循环对外部生态环境的依赖，在消纳区外提供的氧气、淡水资源、食物、燃料、原料的同时，降低向外部排放废弃的物质和能量。

2. 生态协调区

该区范围大致在大山坡水库、三洲田水库和深圳水库一线以北，包括了宝安区几乎全部和龙岗区几乎一半的面积，是全市域的主体。该区地貌以低山丘陵谷地为主，西部沿海有大片滩涂，水库湖泊众多，自然生境复杂多样，在维持生物多样性和生态系统稳定性方面具有天然的优势。区内以山体、水源为主的环境服务景观和人类活动聚集的文化支持景观在空间上相互交错，功能上互为补充，两者之间基本维持在一种平衡稳定的状态。

基于地形地貌等自然条件的空间异质性特征，该区人类活动的地域分布呈大分散、小集中的格局。根据区内自然生态系统和人工生态系统的空间交错分布特征，将生态协调区进一步细分为 4 个亚区：西部沿海农工协调亚区，西部水源山体保护亚区，中部物流-水土保持亚区，东部产业-山水协调亚区。

西部沿海工农协调亚区包括松岗镇中南部，公明镇、沙井镇和福永镇西部。景观类型以城市建设用地和园地为主，还有部分养殖水面、滩涂和耕地。在景观价值构成上以社会经济价值占优，在景观功能上以文化支持功能占优势，兼具生物生产功能，环境服务功能处于次要地位。

西部水源山体保护亚区包括松冈北部，光明街道办事处、石岩镇、西乡镇北部和观澜镇西部。景观类型以园地、林地和水域为主，还有部分城市建设用地，另外该区光明街道办事处集中了全市主要的牧草地。该区地貌以丘陵谷地为主，水库众多，包括罗田水库、鹅颈水库、石岩水库、铁岗水库和西丽湖等，其中石岩水库是城市重点水源保护区，羊台山、吊神山和大茅山等地势起伏较大的地区是林地的主要集中区。该区景观价值构成上以生态价值为主，景观功能上以环境服务和生物生产功能占优热势。需要注意的是石岩西北部，即石岩水库一带，为茅州河上游台地，属粗粒花岗岩中级台地，容易发生水土流失，而这一带植被覆盖率较小，水土流失以泄流片蚀为主，水库南部水土流失严重，局部出现光板地。另外，西乡河上游，即铁岗水库一带是粗粒强风化花岗岩台地，坡度较陡，植被覆盖率较小，水土流失现象较普遍。

中部物流水土保持亚区以观澜、龙华、平湖、布吉四镇为主。该区布吉镇和龙华镇是受特区辐射最强烈的地区，工业和居住用地密集，龙华和观澜仓储区是全市重点发展的陆路口岸和铁路物流园区，观澜南部重点发展电子信息产业等。该区以工业和物流业为主，社会经济价值是景观价值的主要方面，文化支持功能较环境服务和生物生产功能更为突出。该区观澜河上游地区为丘陵状台地，坡度较大，由于采石场及其他不适宜的建设开发活动，导致水土流失比较严重。特别是龙华与布吉交界的下油松、坂田、岗头和水径一带，切沟密度达 6.7km/km^2，必须通过控制建设容量、降低建设强度，甚至拆除或疏解以改善环境，避免景观健康受到进一步的威胁。

东部产业山水协调亚区包括横岗、龙岗、坪地、坑梓和坪山镇。景观类型以城市建设用地为主，在地势高和坡度大的地区分布着园地和林地。坪山镇和坑梓镇是全市重点发展的大工业区，龙岗镇是龙岗区政府所在地，建设用地比例较高。该区景观价值以社会经济价值为主，景观功能主要是文化支持，是未来社会经济发展潜力较大的地区。在生态保护上强调园地的水土保持工作。

3. 生态支持区

该区位于深圳水库以东，大山坡水库、三洲田水库和深圳水库一线以南，包括罗湖区东部、坪山镇的部分地区和盐田区、葵涌镇、大鹏镇、南澳镇。区内地貌类型以低山丘陵为主，自梧桐山至东部边境的笔架山作为海岸山脉的一部分，构成了该区与其北部生态协调区之间的天然界线，全市海拔 500m 以上的山体除羊台山外都集中在该区，据统计该区高程大于 500m 的山峰有 29 座（黄镇国等，1983）。该区有全市最高的梧桐山、众多水库和漫长的海岸线，自然条件复杂，加之与城市中心区相距较远，是全市受人类活动影响最小的区域，许多自然生态环境得以保存。与另外两个生态功能区相比，该区森林覆盖率和物种多样性都显著提高，同时，人口密度、产业规模和建成区面积比例又远远小于其他两区，在区域碳氧平衡、物质能量循环等方面起到了与另外两区相互平衡的作用，因而可以说其生态功能在全市生态系统中扮演了"源"的角色。具体的生态功能包括了生物多样性的产生与维持、调节小气候、营养物质贮存与循环、土壤肥力的更新与维持、环境净化与有毒有害物质的降解、植物花粉的传播与种子的扩散、有害生物的控制、减轻自然灾害影响等诸多方面。

该区横跨特区和龙岗区两个行政单元，自然环境受人类活动影响的强度差异很大，反映在地域生态功能上也具有不同特征，据此可将特区内外划分为两个亚区：以特区为主的生态脆弱型支持功能亚区，以大鹏半岛为主的生态敏感型支持功能亚区。

生态脆弱型支持功能亚区是指罗湖区的深圳水库以东部分和盐田区。该区地貌类型为沿海山地，由于梧桐山和梅沙尖等山地高程和坡度都较大，除盐田港建设用地集中分布外，大部分地区以林地覆盖为主。该区位于经济特区内，受到城市中心区社会经济辐射强烈，同时由于自然环境优美，在旅游业等方面优势明显，这些因素既有利于增强景观活力，又有可能由于不适当的开发破坏了该区良好的生态环境，因此对该区脆弱的生态环境应格外加强保护。

生态敏感型支持功能亚区主要包括大鹏半岛上的葵涌、大鹏和南澳3镇。该区在景观格局和景观健康状况等方面具有明显一致性，区内以林地为主，建设用地比例很低，还有少量园地，景观价值和功能以生态价值和环境服务功能占明显优势。该区生态健康状况为全市最优，其生态服务功能在全市起到"绿心"和"肺"的作用。但该区地处海岸山地丘陵，以红壤和赤红壤为主，一旦天然植被破坏，会导致严重的水土流失，土壤性质改变，水热状况变化，有机质矿化和淋溶作用加强，土壤腐殖质含量迅速下降。因此，该区良好的自然生态环境条件具有敏感性的特征，在对该区进行开发建设时，必须充分考虑该区敏感的自然环境条件，把保护和适度开发放在同等重要的位置。

深圳市的3个生态功能区分别体现了城市生态系统的不同职能。经济文化密集区的人工系统占主导作用，是全市政治、经济、文化中心，向区外辐射产品、信息、技术等物质和非物质服务，同时依赖于生态支持区所提供的氧气、淡水、生活和生产资料以及防减灾等生态服务功能，是接受生态服务功能的汇区；生态支持区以自然生态系统为主，人类活动的影响较小，在维持全市的物种多样性、系统稳定性等方面发挥着重要的作用，对另外两个生态区尤其是经济文化密集区来说，生态支持区是物质能量输出的生态系统服务功能源区；生态协调区是典型的自然生态系统和人工生态系统的综合体，其内部的4个亚区分别具有自然或人文主导的特征，并通过生态服务、环境维持及经济支持、文化传输等联系互为依托、相互促进，在全市的三大生态功能区中起到平衡、稳定和协调的作用。

为实现市域可持续发展的目标，各生态功能区在彼此协调、互为支持的同时，还必须充分认识到区内的生态异质性，并努力维持异质单元的特征，充分发挥各单元的功能，改善区内功能单元的空间结构，通过异质性和多样性的维持提升区域的生态稳定性。

经济文化密集区以人工生态系统为主，承担全市经济、文化、行政中心的职能，以发展第三产业和研发型高新技术产业为主。从景观生态系统健康状况看，该区景观价值主要体现在社会经济等方面，景观活力的主要制约因素是较高的生态足迹；景观对干扰以及当需求发生变化时缺乏弹性，则是一项影响景观健康综合水平的重要因素。在城市发展的复杂系统中，从生态功能的角度，该区是全市生态功能和物质能量流的汇区，但从文化支持的角度，该区又是全市经济、文化、管理等人文信息流的源区。该区这种功能定位的二重性和人文、自然方面的特征，决定了其景观生态宏观发展策略应为继续保持并强化该区在社会经济方面的优势地位，大力发展第三产业和文化事业；对区内残存的自然生态系统和人工开敞空间，如红树林自然保护区、南山荔枝林等特征鲜明的小生境，塘朗山、默林水库、银湖等山体和水域，作为维护该区生态功能的关键性节点，加以维持和保护，并通过生态廊道与区外更广大的自然生态空间相联系，以提升其稳定性和生态价值。

生态协调区受人类活动和自然地貌特征的双重影响，在邻近的经济文化密集区的强烈辐射作用下，生态系统人工化的趋势十分明显。该区在面积上是全市的主体，在功能上则起到维持全市经济和生态环境价值协调稳定的重要作用。由于该区是平衡经济发展和环境保护的重要地带，因此在景观功能和布局上最大的矛盾是，在有限的发展空间上，社会经济快速发展的需求与生态环境用地需求之间的冲突。社会经济快速发展的需求与生态环境用地需求导致的有限发展空间之间的矛盾。受到工业发展和居住等用地需求的驱动，区内文化支持景观具有很高的扩张要求，铁岗水库、石岩水库等重要的水源保护区周围都受到城市建设侵占的威胁，因此在生态协调区，保证生态功能单元合理配置的重要任务是防止开发建设连片发展，根据对生态环境的影响方式和程度选择结构和布局，构造兼具人工廊道和自然廊道效应的复合型生态廊道，沟通各种生态单元，传输生态效益，同时阻止文化支持景观的无序蔓延。

生态支持区内自然环境条件复杂，与经济文化密集区和生态协调区之间存在着自然山体的阻隔，受城市开发建设活动的影响相对较小。但是在全市经济迅速发展的背景下，城市经济开发建设活动必将从高度密集的区域向该区蔓延、拓展，因此该区也面临着自然生态系统受到人类活动影响增大的挑战。对此，必须在保护该区生态功能完整性和景观健康关键因素不受破坏的前提下，合理选择经济发展的模式，在保持该区生态优势的基础上，适度满足社会经济的发展需求，可以选择诸如旅游业、高新技术产业等污染小，又对环境质量要求较高的产业，在维护自然景观生态系统健康的同时，变生态优势为生态、社会、经济的综合优势，在市域可持续发展中发挥更大的作用。

(1) 凭借景观生态优势，构建城市生态安全屏障

依托七娘山、求水岭、马峦山、梧桐山、塘朗山、羊台山、凤凰山等横贯东西的自然山脉，建设七娘山自然生态区(七娘山)，坝光自然生态区(求水岭)、梅沙马峦自然生态区(马峦山)、梧桐山自然生态区(梧桐山)、石岩西丽水源生态区(塘朗山、羊台山、凤凰山)，形成城市绿色生态屏障，降低狂风暴雨的影响。

(2) 配合城市发展战略和水源保护规划，保护城市生态中心

借助低山丘陵地势及水库湖泊条件，按照饮用水水源保护要求，限制部分城市组团的规模，并控制其对水源污染的建设项目，保护城市生态中心。

(3) 加强自然保护区管理，促进人与自然的和谐发展

严格依法管理自然保护区，严禁一切与自然保护区保护无关的建设活动和其他破坏自然资源的行为，保持自然保护区的景观特色和生物多样性。特别要保护自然保护区的各种动物资源，防止流动疾病致病微生物的宿主或传媒与人类的危害性接触。

(4) 加强水土保持工作，恢复自然景观

加快采石场和取土场裸露山体缺口的坑口迹地生态恢复和石壁绿化，控制水土流失，改善生态环境，恢复自然景观。

(5) 优化产业结构，提高资源使用效益

大力发展高新技术产业和物流业、旅游服务业等新兴产业，严格控制新建、改建和扩建高耗能、高耗水、高污染工业生产项目，提高土地资源、水资源、能源和其他资源的使用效益，以资源的永续利用支持经济的新一轮高速发展。

通过经济杠杆和行政措施相结合手段，促进工业企业积极采用新技术、新工艺，提高资源利用效率；加大环保投入，增加污染物无害化处理和资源化利用的科技含量，促进城市污水、生活垃圾、工业固体废弃物综合利用水平的进一步提高。

(6) 结合重点生态项目建设，拓展市民游憩空间

以生态教育、山地活动、农业观光、回归自然为主题，加快塘朗山、布心山和默林等近郊公园的建设，凤凰山、梧桐山、马峦山和三洲田等远郊公园的建设，以及西部海上田园和松(岗)公(明)光(明)陆地田园等风光带的建设，满足市民日益增长的休闲游憩需求。

(7) 依托特色景观，加强生态文化建设

利用沙田、福永西部海上田园风光带的陆海过渡区特色水产养殖基地，保护海洋渔业、渔种资源，通过"三高"农业的建设，强化区域近海海域水环境保护，并以此奠定沿海"三高"农业基地发展及近海海域水环境保护示范区的地位。

利用与福田伶仃自然保护区相关的生态公园设施条件，建设生态环境教育基地，展示红树林特色生态资源的景观风貌，宣传党和国家关于生态建设和环境保护的法律、法规和政策，进行生态环境保护国际义务和科技知识教育，培育人们

自觉保护生物多样性的生态伦理意识。

　　利用梧桐山的地貌特点、环境景观和不同高度植被群落分布的多样性特征，通过特色旅游活动，激发人们亲近地球、享受自然、了解生态、热爱环境和保护家园的热情。

参 考 文 献

北京市国土资源局. 2007. 北京市 2006 年度土地变更调查数据汇总表. http://www.bjgtj.gov.cn/tabid/201/InfoID/1890/frtid/282/Default.aspx. 2009-04-08.

北京市统计局. 2010. 北京统计年鉴 2010. http://www.bjsats.gov.cn. 2014-10-15.

薄占宇. 2002. 改革开放以来中共地级市体制行政区划发展之研究.文化大学中国大陆研究所硕士学位论文(台湾).

蔡明华. 1994. 水稻田之生态性机能及其保护对策. 农政与农情(台湾), 267: 29-36.

蔡明华. 1999. 水田灌溉之公益效能剖析研究. 台湾农业与水利研究发展论丛, (6)农业生态环境专辑: 201-231.

蔡孝箴. 1998. 城市经济学. 天津: 南开大学出版社:381-382.

蔡勋雄, 张隆盛, 陈锦赐, 等. 2001. 都市永续发展指标的建立. 台湾 "国政研究报告". http://www. npf.org.tw/PUBLICATION/SD/090/SD-R-090-013.htm. 2006-10-05.

曹新. 2002. 生态需求与生态文明. 理论前沿, 4: 19.

陈百明, 刘新卫, 杨红. 2003. LUCC 研究的最新进展评述. 地理科学进展, 22(1): 22-29.

陈百明, 周小萍. 2007.《土地利用现状分类》国家标准的解读.自然资源学报, 22(6):994-1003.

陈波, 包志毅. 2003. 整体论的景观生态学原则在景观规划设计中的应用. 规划师, 3 (19): 60-63.

陈存友, 刘厚良, 詹水芳. 2003. 世界城市网络作用力. 国外城市规划, 18(2): 47-49.

陈冠位. 2002. 城市竞争优势评量系统之研究. 成功大学都市计划研究所博士学位论文(台湾).

陈亮全, 洪鸿智, 詹士梁, 简长毅. 2003. 地震灾害风险效益分析于土地使用规划之应用. 都市与计划(台湾), 30(4): 281-299.

陈南岳. 2002. 城市生态贫困研究. 中国煤炭经济学院学报, 16(1): 9-13.

陈琦维, 孔宪法. 2000. 都市栖地调查与评估系统之研究. 台湾 " 2000 年国土规划论坛".

陈庆德. 1994. 民族经济学.昆明: 云南人民出版社.

陈秋阳, 林裕彬, 郭琼莹. 2000. 集水区保育. 台北: 中国文化大学.

陈先枢. 2002. 试论中国城市发展的动力与机制. 现代城市研究, 2: 49-51.

陈彦良. 2002. 以景观生态学观点探讨都市生态网络之研究——以台中市为例. 东海大学景观学系研究所硕士学位论文(台湾).

陈云浩, 李晓兵, 史培军, 周海丽. 2001. 北京海淀区植被覆盖的遥感动态研究. 植物生态学报, 25(5): 588-593.

陈子淳. 2000. 都会区都市生态系统演替机制之研究. 台北大学都市计划研究所博士学位论文(台湾).

成德宁. 2004. 城市化与经济发展——理论、模式与政策. 北京: 科学出版社: 24-25, 205.

程承旗, 吴宁, 郭仕德, 李树德, 刘大平. 2004. 城市热岛强度与植被覆盖关系研究的理论技术路线和北京案例分析. 水土保持研究, 11(3): 172-174.

程连生. 1998. 中国新城在城市网络中的地位分析. 地理学报, 53(6): 481-491.

大连市国土资源和房屋局. 2007. http://www.gtfwj.dl.gov.cn/topic/inner.vm?go=1&sid=2227&id=2227&did=2213. 2009-05-05.

戴雪荣, 师育新, 俞立中, 李良杰, 何小勤. 2005. 上海城市地貌环境的致灾性. 地理科学, 25(5): 636-640.

丁成日, 宋彦. 2005. 城市规划与空间结构. 北京: 中国建筑工业出版社.

丁一汇. 2008. 人类活动与全球气候变化及其对水资源的影响. 中国水利, 2: 20-27.

董全, 陈吉泉. 2002. 人类最后的宝藏——生态景观浏览. 福州: 福建教育出版社.

董宪军. 2002. 生态城市论. 北京:中国社会科学出版社: 318.

方梅萍. 2002. 台中市景观格局的变迁及其影响因素之研究. 东海大学景观学系硕士学位论文(台湾).

冯年华. 2002. 人地协调论与区域土地资源可持续利用. 南京农业大学学报（社会科学版）, 2(2): 29-34.

逢甲大学地理信息研究中心. 1999. 台中县灾害位置分析. http://www.easymap.com.tw/htm/921/po-tcs-up.htm. [2004-2-5].

傅伯杰, 陈利顶, 马克明, 王仰麟, 等. 2001. 景观生态学原理及应用. 北京: 科学出版社.

高洪文. 1994. 生态交错带理论进展. 生态学杂志, 13(1): 32-38.

高峻, 宋永昌. 2001. 上海西南城市干道两侧地带景观动态研究. 应用生态学报, 12(4): 605-609.

顾传辉, 陈桂珠. 2001. 生态城市评价指标体系研究. 环境保护, 11: 24-25, 38.

管莉婷, 李永展. 2002.台南市永续性指标之评析. 立德管理学院地区发展及管理研究所. 2002 地区发展管理研讨会论文集(台湾). 台南: 立德管理学院地区发展及管理研究所.

广州市国土资源和房屋管理局. 2007. http://www.laho.gov.cn/ywgg/tdgl/bgtj/. 2009-04-05.

桂家悌. 2002. 公园绿地系统区位分布模式之研究. 中兴大学园艺系硕士学位论文(台湾).

郭宝章.2000. 绿色廊道之意义与设置. 台湾林业(台湾), 26(3): 18-24.

郭承天.2000. 新制度论与政治经济学. 见：何思因, 吴玉山. 迈入 21 世纪的政治学, 台北：中国政治学会: 171-201.

郭城孟. 1996. 从台湾区域特色看农地释出的影响. 台湾大学全球变迁化中心. 农地释出对我国自然与人文资源之冲击及因应策略研讨会论文集(台湾). 台北：台湾大学全球变迁化中心: 98-104.

郭城孟, 李丽雪.2000. 以生态跳岛、绿手指建构生态都市之原则探讨—以台北市为例. "中华民国造园学会"和中兴大学园艺学系. 第三届造园景观与环境规划设计成果研讨会论文集(台湾). 台北："中华民国造园学会", 台中：国立中兴大学园艺学系.

郭晋平, 张芸香.2004. 城市景观及城市景观生态研究的重点. 中国园林(台湾), 2: 44-46.

郭丕斌.2006. 新型城市化与工业化道路. 北京：经济管理出版社.

郭琼莹, 江千琦.2001. 从景观生态学探讨城乡绿地系统之规划. 地景生态与永续城乡发展学术会议论文集(台湾). 台北：文化大学景观学系: 84-118.

郭琼莹, 叶佳宗.2011. 自景观生态取向之绿色基盘系统建设探讨：气候变迁回应之城市治理. 城市学学刊(台湾), 2(1): 31-63.

郭舒.2002. 城市旅游发展模式的研究框架. 北京第二外国语学院学报, 4: 16-19.

郭仲凌.1997. 台湾地区都市体系变迁之研究. 文化大学地学研究所硕士学位论文(台湾).

国家发展和改革委员会能源研究所课题组.2009. 中国 2050 年低碳发展之路:能源需求暨碳排放情景分析.北京: 科学出版社: 46-85.

国家统计局城市社会经济调查司.2008. 中国城市统计年鉴 2007. 北京：中国统计出版社

韩博平.1995. 关于生态网络分析理论的哲学思考. 自然辩证法研究, 11(7): 42-45.

韩荡.2003. 城市景观生态分类——以深圳市为例. 城市环境与城市生态, 16(2): 50-52.

韩延星, 张珂, 朱竑.2005. 城市职能研究述评. 规划师, 8(21): 68-70.

何春阳, 陈晋, 史培军.2003. 大都市区城市扩展模型——以北京城市扩展模拟为例. 地理学报, 58(2): 294-304.

何流, 崔功豪.2000. 南京城市空间扩展的特征与机制. 城市规划汇刊, 6: 56-60.

何念鹏, 周道玮, 吴泠, 张玉芬.2001. 人为干扰强度对村级景观破碎度的影响. 应用生态学报, 12(6)：897-899.

洪得娟.2000. 都市生态绿网模式建构与发展之可能性. 台湾 "国土规划实务论坛".

洪佳君.2003. 全球与在地的对话. 南华大学环境与艺术研究所硕士学位论文(台湾).

洪荣宏, 孙嘉阳, 林士裕.2004. 以空间信息观点讨论健康城市指标数据建置之初探. 健康城市学刊(台湾), 1；55-61.

洪于婷.1999. 都市永续性结构之研究. 成功大学都市计画研究所硕士学位论文(台湾).

胡淑贞, 蔡诗蕙.2004. WHO 健康城市概念.健康城市学刊(台湾), 1: 1-7.

胡兆量, 阿尔斯朗, 琼达等.2006. 中国文化地理概述（第二版）. 北京：北京大学出版社.

华国鼎.2002. 台湾地区都市体系等级变迁之研究. 文化大学建筑及都市计画研究所硕士学位论文(台湾).

黄爱东, 周精灵.2008. 我国城市新贫困人口问题探析. 科技创业, 3：77-79

黄纯美.1999. 都市绿地系统之建立. 人与地(台湾), 184: 26-35.

黄若男, 陈冠位.2003. 健康城市评量体系建构之初探. 中华大学建筑与都市计划学系. 2003 中华民国都市计划学会、区域科学学会、住宅学会、地区发展学会联合年会暨论文研讨会论文集(台湾). 新竹: 中华大学建筑与都市计划学系.

黄世孟.1997. 基地规划导论. 台北：台湾 "中华民国建筑学会".

黄书礼.1996. 台北市都市永续发展指标与策略研拟之研究. 台北大学都市计划研究所. 18-25.

黄书礼.2000. 生态土地利用规划. 台北: 詹氏书局.

黄威廉.1999. 台湾植被. 台北: 地景企业股份有限公司.

黄文樱.2000. 都市竞争力与制造业生产力关系之研究. 政治大学地政学系硕士学位论文(台湾).

黄镇国, 李平日, 张仲英, 李孔宏, 乔彭年, 宗永强.1983. 深圳地貌. 广州：广东科技出版社.

姜国杰.2002. 经济全球化与城市功能. 特区经济, 12: 34-36.

姜世国.2004. 都市区范围界定方法探讨——以杭州市为例. 地理与地理信息科学, 20(1): 67-72.

姜渝生.1993. 台南市都市发展及生活质量指标之初探.台南: 台南市政府.

蒋传和.1995. 发展城市网络是我国城市化的可行之策. 安徽农业大学学报(社科版), 8: 47-50.

金家禾.1999. 迈向世界都市之台北都会区产业结构与空间分布变迁. 都市与计划, 26(2): 95-112.

金家禾.2000. 台北迈向世界都市发展之产业用地政策检讨. 台湾土地科学学报(台湾), 1: 1-21.

金家禾.2001. 全球化与台湾都会区生产者服务业之发展. 都市与计划(特刊): 全球化与地方发展(台湾), 28 (4): 495-518.

孔宪法, 郭幸福, 李宪昆.2004. 台南市健康环境指标评析. 健康城市学刊(台湾), 1：35-43.

赖明洲, 薛怡珍, 钟林生. 2003. 以景观生态学观点探讨生态旅游之规划原则. 台湾大学农业推广学系. 休闲、文化与绿色资源论坛论文集(下) (台湾). 台北: 台湾大学农业推广学系.

赖明洲, 薛怡珍. 2003. 生态旅游之实践——以地景生态学观点探讨生态旅游之规划原则. 中华发展基金管理委员会. 两岸环境保护政策与区域经济发展研讨会论文集(台湾).台北: 中华发展基金管理委员会: 142-166.

赖奕铮. 2003. 以生态城市观点检视台湾城市发展之环境课题. 台北大学都市计划研究所硕士学位论文(台湾).

李秉仁. 2002. 关于我国城市发展方针的回顾与思考. 城市发展研究, 9(3): 325-29.

李承宗, 谢翠蓉. 2005.生态城市建设的三个误区. 城市问题, (1): 44-46.

李锋, 王如松. 2006. 论城市生态管理. 中国城市林业, 4(2):8-13.

李公哲. 1998. 永续指标. 环境工程会议, 9(4): 24-35.

李红启, 刘凯, 贺国先. 2004. 主成分分析法在物流网络节点城市等级划分中的应用. 数学的实践与认识, 34(8): 65-69.

李怀建, 刘鸿钧. 2003. 城市竞争力的结构与内涵. 城市问题, 112: 14-15, 21.

李建成. 1999. 台湾之地体构造与地震分布. http://www.earth.sinica.edu.tw/921/921chichi _ tecotonics.htm. [2004-02-12].

李晶, 孙根年, 任志远, 王秋贤, 肖兴媛. 2002. 植被对盛夏西安温度/湿度的调节作用及其生态价值实验研究. 干旱区资源与环境, 16(2): 102-106.

李敏. 1999. 城市绿地系统与人居环境规划. 北京: 中国建筑工业出版社.

李明阳. 2004. 生物入侵对城市景观生态安全的影响与对策. 南京林业大学学报(自然科学版), 28(4): 84-88.

李书娟, 曾辉. 2002. 遥感技术在景观生态学研究中的应用. 遥感学报, 6(3): 233-240.

李双成, 赵志强, 王仰麟. 2009. 中国城市化过程及其资源与生态环境效应机制. 地理科学进展, 28: 63-70.

李伟峰, 欧阳志云, 王如松, 王效科. 2005. 城市生态系统景观格局特征及形成机制. 生态学杂志, 24(4): 428-432.

李卫锋, 王仰麟, 蒋依依, 李贵才. 2003. 城市地域生态调控的空间途径——以深圳市为例. 生态学报, 23(9): 1823-1831.

李卫锋, 王仰麟, 彭建, 李贵才. 2004. 深圳市景观格局演变及其驱动因素分析. 应用生态学报, 15(8): 1403-1410.

李卫锋. 2004. 城市景观格局演变及其生态环境效应——以深圳市为例. 北京大学环境学院硕士学位论文.

李文华, 欧阳志云, 赵景柱. 2002. 生态系统服务功能研究. 北京: 气象出版社.

李相然. 1997. 沿海城市环境地质灾害的主要类型、特点与防灾川策研究. 中国地质灾害与防治学报, 8(2): 91-94.

李晓兵. 1999. 国际土地利用——土地覆盖变化的环境影响研究. 地球科学进展, 14(8): 395-400.

李晓琴, 孙丹峰, 张凤荣. 2003. 基于遥感的北京山区植被覆盖景观格局动态分析. 山地学报, 21(3): 272-280.

李晓文, 方精云, 朴世龙. 2003. 上海城市用地扩展强度、模式及其空间分异特征. 自然资源学报, 18(4): 412-422.

李秀珍, 布仁仓, 常禹, 胡远满, 问青春, 王绪高, 徐崇刚, 李月辉, 贺红仕. 2004. 景观格局指标对不同景观格局的反映. 生态学报, 24(1): 123~134.

李秀珍, 肖笃宁. 1995. 城市的景观生态学探讨. 城市环境与城市生态, 8(2): 26-30.

李延明, 郭佳, 冯久莹. 2004. 城市绿色空间及对城市热岛效应的影响. 城市环境与城市生态, 17(1): 1-4.

李耀武. 1997. 城市功能研究——以湖北大中城市为例. 武汉城市建设学院学报, 1: 5-11

李宜桦, 李鸿源, 彭成熹, 詹淑然, 颜振华, 吴文龙, 陈稳如. 2013. 工业废弃物清除处理及再利用实务辑. 台湾 "行政院环保署": 1-3.

李永展. 2000. 永续发展: 大地反扑的省思. 台北: 巨流图书公司.

李永展, 张晓婷. 1999. 都市永续性侦测工具之研究——以台中都会区永续发展指标为例, 社会文化学报, 8: 155-188.

李泽琴, 侯佳渝, 王奖臻. 2008. 矿山环境土壤重金属污染潜在生态风险评价模型探讨. 地理科学进展, 23(5): 509-516.

李正国, 王仰麟, 吴健生, 张小飞, 李莉. 2005. 城市扩展模型在土地供应空间决策中的应用┐以深圳市龙岗区为例. 资源科学, 27(2): 51-58.

理查德. 瑞吉斯特. 2002. 生态城市: 建设与自然平衡的人居环境. 王如松, 胡聃译. 北京: 社会科学文献出版社.

廖福霖, 肖胜, 倪志荣, 李泉水, 谭芳林, 叶功富, 李干振, 郭剑峰, 刘维裕, 王炳贵, 林强. 2001. 厦门市森林生态网络体系建设的研究. 林业科技管理, 1: 21-23.

廖文燕. 2004. 建国55年发展观三大转折. 科技智囊, 5: 23-35.

林超. 1991. 中国大百科全书. 地理卷. 北京: 中国大百科全书出版社: 435-436.

林德福. 2003. 全球经济中浮现的北台都会区域. 台湾大学建筑与城乡研究所博士学位论文(台湾).

林立篪. 1999. 绿地空间系统连接设计之初探. 中国工商学报(台湾), 21: 303-331.

林沛毅. 2002. 以景观生态学观点探讨栖地仿真模型—以台中市大坑地区为例. 东海大学景观学系硕士学位论文

(台湾).

林志垒, 沙晋明. 2002. 岷江下游地区景观空间格局及其变化. 水土保持研究, 9(1): 126-132.

凌德麟, 李伯贤. 2001. 从景观生态观点探讨都市绿地之栖地规划. 中华民国造园学会, 台湾大学园艺系. 第三届造园景观与环境规划设计成果研讨会论文集(台湾). 台北: 田园城市: 254-274.

刘桂芳, 黄金国, 马建华. 1996. 自组织和地貌演化. 地理科学进展, 4: 5-11.

刘慧平, 陈志军, 温良, 潘耀忠. 1999. 城市扩展的土地动态监测. 北京师范大学学报(自然科学版), 35(2): 278-282.

刘家壮, 王建方. 1987. 网络最优化. 武汉: 华中工学院出版社.

刘进庆. 1995. 台湾战后经济分析. 台北: 人间出版社.

刘克智, 董安琪. 2003. 台湾都市发展的演进——历史的回顾与展望. 人口学刊(台湾), 26: 1-25.

刘锐. 2008. 长江三角洲海岸带的环境问题和综合管理策略. 海洋地质动态, 24(1): 33-36, 41.

刘若瑜. 2000. 由生态设计观点评估都市基质的研究——以台中市东区及南屯区为例. 东海大学景观学系硕士学位论文(台湾).

刘棠瑞, 苏鸿杰. 1983. 森林植物生态学. 台北: 台湾商务印书馆.

刘耀林, 刘艳芳, 梁勤欧. 1999. 城市环境分析. 武汉: 武汉测绘科技大学出版社.

刘玉辉, 李辉, 王杰, 王升忠. 2004. 图们江流域湿地空间格局变化与保护. 吉林林业科技, 33(3): 21-24.

龙绍双. 2001. 论城市功能与结构的关系. 南方经济, 11: 49-52.

卢孟明, 陈佳正, 林昀静. 2007. 1951~2005 年台湾极端降雨事件发生频率之变化. 大气科学(台湾), 35(2): 87-104.

鲁学军, 周成虎, 张洪岩, 徐志刚. 2004. 地理空间的尺度——结构分析模式探讨. 地理科学进展, 23(2): 107-114.

罗登旭. 1999. 都市永续发展之空间策略研究——以台湾地区为例. 台北大学都市计画研究所硕士论文(台湾).

罗宏铭. 2002. 农地景观生态廊道建构之研究——以得子口溪流域平原农地为例. 台湾大学园艺学研究所硕士学位论文(台湾).

罗可. 2000. 我国当前城市化问题分析. 武汉城市建设学院学报, 17(1): 25-31.

马久惠. 2001. "国家政策与台湾战后的城乡发展". 暨南国际大学公共行政与政策学系硕士学位论文(台湾).

马世骏, 王如松. 1984. 社会—经济—自然复合生态系统. 生态学报, 4(1): 1-9.

马世骏. 1987. 中国的农业生态工程. 北京: 科学出版社.

马宗晋, 力蔚青, 高文学, 高庆华. 1992. 中国重大减灾问题研究. 北京: 地震出版社: 1-5.

毛爱华, 孙峰华, 林文杰. 2008. 发达国家与发展中国家城市化若干问题的对比研究. 人文地理, 23(4): 41-45.

毛育刚. 1998. 台湾农地变更使用政策之回顾与展望. 农业与经济(台湾), 21: 1-29.

宁波市国土资源局. 2007. http://www.nblr.gov.cn/pubpage/. [2009-04-05]

宁越敏, 唐礼智. 2001. 城市竞争力的概念和指标体系. 现代城市研究, 88: 19-22.

潘骞. 2007. 安庆石化建设循环经济工业园. 中国环境网. http://www.cenews.com.cn/historynews/06_07/200712/t20071229_35436.html. [2009-11-12].

彭建, 王仰麟, 陈燕飞, 李卫锋, 蒋依依. 2005. 城市生态系统服务功能价值评估初探——以深圳市为例. 北京大学学报(自然科学版), 41(4): 594-604.

彭克仲. 1997. 水田对生态环境功能效益评估之研究——新竹头前溪流域为例. 台湾经济(台湾), 249: 54-61.

彭作奎. 2000. 农地释出之规划与永续发展. 月旦法学(台湾), 58: 34-46.

千年生态系统评估项目概念框架工作组报告. 2003. 生态系统与人类福利: 评估框架. http://www.millenniumassessment.org/ en /products.aspx. [2009-10-25].

乔尔. 科特金. 2006. 全球城市史. 王旭等译. 北京: 社会科学文献出版社.

全斌, 朱鹤健, 孙文君. 2003. 基于遥感的厦门市景观生态环境格局定量分析研究. 集美大学学报, 8(3): 275-279.

上海市房屋土地资源管理局. 2007. http://www.shfdz.gov.cn/tdgl/tdbgdc/. [2009-04-08].

上海市统计局. 2007. 上海市统计年鉴. 北京: 中国统计出版社.

上海市统计局. 2010. 上海市统计年鉴 2010. http://www.stats-sh.gov.cn. 2014-10-15.

深圳市规划国土局. 1998. 深圳市土地资源. 北京: 中国大地出版社: 11-38.

深圳市国土资源和房产管理局. 2007. http://www.szfdc.gov.cn/xxgk/tdgl/tdbgdctj/200712/t20071203_21506.htm. [2009-04-05].

沈清基. 1998. 城市生态与城市环境. 上海: 同济大学出版社.

沈清基. 2001. 城市生态系统与城市经济系统的关系. 规划师, 17(1): 17-21.

盛连喜. 2004. 环境科学概论. 台北: 五南出版社.

盛学良, 彭补拙, 王华, 吴以中. 2001. 生态城市建设的基本思路及其指标体系的评价标准. 环境导报, 1: 5-8.

史贵涛, 陈振楼, 王利, 张菊, 李海雯, 许世远. 2006. 上海城市公园灰尘重金属污染及其潜在生态风险评价. 城市环境与城市生态, 19(4): 40-43.

史津. 1998. 当代城市研究的生态学方法. 天津城市建设学院学报, 4(4): 39-44.

史培军. 1996. 再论灾害研究的理论与实践. 自然灾害学报, 5(4): 6-17.

司金銮. 1996. 生态需要与发展的理论研究. 生态经济, 5: 6-10.

宋俭. 2000. 工业化以来传统灾害的演化趋势. 荆州师范学院学报, 6: 74-77.

宋永昌, 戚仁海, 由文辉, 王祥荣, 祝龙彪. 1999. 生态城市的指标体系与评价方法. 城市环境与城市生态, 12(5): 16-19.

宋治清. 2005. 市域景观健康评价与空间格局优化—以深圳市为例. 北京大学环境学院博士学位论文.

宋治清, 王仰麟. 2004. 城市景观及其格局的生态效应研究进展. 地理科学进展, 23(2): 97-106.

宋治清, 王仰麟, 丁艳, 李贵才. 2004. 市域生态功能区划与可持续发展研究——以深圳市为例. 资源科学, 26(5): 117-124.

孙爱华, 朱士江, 郭亚芬, 张忠学. 2012. 控灌条件下稻田田面水含氮量、土壤肥力及水氮互作效应试验研究. 土壤通报, 43(2): 362-368.

孙洪波, 杨桂山, 朱天明, 苏伟忠, 万荣荣. 2010. 经济快速发展地区土地利用生态风险评价——以昆山市为例. 资源科学, 32(3): 540-546.

孙盘寿, 杨廷秀. 1984. 西南三省城镇的职能分类. 地理研究, 3: 17-28.

孙心亮, 方创琳. 2006. 干旱区城市化过程中的生态风险评价模型及应用——以河西地区城市化过程为例. 干旱区地理, 29(5): 668-674.

孙义崇. 1988. 台湾的区域空间政策. 台湾社会研究季刊(台湾), 1(1、3): 33-96.

孙志鸿, 陶翼煌, 余政达, 林明志, 连敏芳. 2002b. 地方永续发展指标系统之研发. 2002 地区发展管理研讨会论文集. 台南: 立德管理学院地区发展与管理研究所.

孙志鸿, 林明志, 连敏芳, 余政达. 2002a. 地方永续发展推动机制之研议. 全球变迁通讯杂志, 33: 14-24.

台北市年鉴编辑工作小组. 2007. 台北市年鉴 2007. 台北: 日创社文化事业有限公司.

台北市年鉴编辑工作小组. 2010. 台北市年鉴 2010. 台北: 日创社文化事业有限公司.

台湾"经济部能源局". 2011. 运输部门能源消费表. http:www.moeaboe.gov.tw. 2013-08-15.

台湾"经济部水利署". 2005. 台湾水资源——台湾地区水资源调配及开发策略. http://www.wra.gov.tw/ct.asp?xItem= 11733& ctNode=2314&comefrom=lp. [2009-10-17].

台湾"内政部". 2001. 都市地价指数. 台湾"内政部".

台湾"内政部统计处". 2003. 台湾"中华民国统计年报". 台湾"内政部统计处".

台湾"行政院环保署". 2010 空气质量监测报告. http:www.epa.gov.tw. [2013-11-20].

台湾"行政院环保署". 2011.环境保护统计年报. http://www.epa.gov.tw/yearbook. [2013-10-19].

台湾"行政院环保署水质保护处". 废[污]水削减量 2000 年至 2010 年统计报表. http:www.epa.gov.tw. [2013-11-20].

台湾"行政院经建会". 1986. 十四项重要建设计画. 台湾"行政院经建会".

台湾"行政院经建会". 1991. 国家建设六年计画——促进区域均衡发展. 台湾"行政院经建会".

台湾"行政院经建会". 2003. 都市及区域发展统计汇编. 台湾"行政院经建会".

台湾"行政院经建会". 2007. 都市及区域发展统计汇编. 台湾"行政院经建会".

台湾"行政院经建会". 2010a. 都市及区域发展统计汇编. 台湾"行政院经建会".

台湾"行政院经建会". 2010b.台湾"国土空间发展策略计划". http://www.ndc.gov.tw/dn.aspx. [2013-11-20].

台湾"行政院经建会". 2011. 都市及区域发展统计汇编. http://www.cepd.gov.tw/yearbook. [2013-11-20].

台湾"行政院农委会". 2010. 99 年农业统计年报. http://www.coa.gov.tw. [2013-08-13].

台湾"中国农村复兴联合委员会". 1952. 中国农村复兴联合委员会工作报告书. 台湾"中国农村复兴联合委员会".

台湾发展研究院. 2005. 台南市生态城市规划. 台南: 台南市政府都市发展局.

汤君友, 杨山, 赵锐. 2002. 无锡市城镇用地变化及其环境效应研究. 国土资源遥感, 3: 16 -18.

唐荣智, 钱水娟. 2007. 海峡两岸环境基本法模式与原则比较研究. 太平洋学报, 11: 86-96.

唐荣智, 于杨曜. 2003. 循环经济法比较研究—兼评我国首部清洁生产促进法. http://www.riel.whu.edu. cn/show.asp?ID=1236. [2009-7-8].

天津市国土资源和房屋管理局. 2007. http://www2.tjfdc.gov.cn/ . [2009-4-21].

涂芳美. 1999. 都市公园生物多样性之研究——以台北市大安森林公园为例. 东海大学景观研究所硕士学位论文(台湾).

王富海. 2003. 深圳城市空间演进研究, 北京大学人文地理学博士学位论文.

王根绪, 郭晓寅, 程国栋. 2002. 黄河源区景观格局与生态功能的动态变化. 生态学报, 22(10): 1587-1598.

王鸿楷, 杨沛儒. 2001. 地景生态城市规划方法之初探——以台北市主要通盘检讨: 绿色生态城市规划案为例.台湾大学建筑与城乡研究所. 地景生态学与永续城乡发展学术会议(台湾). 台北: 台湾大学建筑与城乡研究所:

63-82.

王如松. 1991. 走向生态城——城市生态学及其发展策略. 都市与计划(台湾), 18: 1-17.

王如松, 周启星, 胡聃. 2000. 城市生态调控方法. 北京: 气象出版社.

王思远, 张增祥, 周全斌, 刘斌, 王长有. 2003. 中国土地利用格局及其影响因子分析. 生态学报, 23(4): 649-656.

王小璘, 刘若瑜. 2001. 由生态设计观点评估都市基质之研究——以台中市东区及南屯区为例. 设计学报(台湾), 6(2): 1-10.

王小璘, 曾咏宜. 2000. 由景观生态观点评估都市公园绿地区位之研究——以台中市东峰公园与丰乐公园为例. 台湾"中华民国造园学会"、中兴大学园艺学系. 第三届造园景观与环境规划设计成果研讨会论文集(台湾). 台北: 台湾"中华民国造园学会": 381-395.

王仰麟. 1998. 农业景观格局与过程研究进展. 环境科学进展, 6(2): 29-34.

王仰麟, 陈忠晓, 汪涛, 刘家明, 胡细银, 谭维宁. 1999. 城市地域的可持续发展研究——以深圳市宝安区为例. 城市环境与城市生态, 12(3): 41-44.

王振刚. 2001. 环境医学. 北京: 北京医科大学出版社: 5-7.

温州市国土资源局. 2007. http://www.wzgt.gov.cn/. [2009-04-11].

翁伯奇, 黄毅斌, 应朝阳. 1999. 中国生态农业建设的基本理论、主要成效与发展趋势. 福建农业学报, 14(增刊): 226-236.

邬建国. 2000. 景观生态学——格局、过程、尺度与等级. 北京: 高等教育出版社.

吴兵, 王铮. 2003. 城市生命周期及其理论模型. 地理与地理信息科学, 19(1): 55-58.

吴传钧. 1991. 论地理学的研究核心——人地关系地域系统. 经济地理, 11(3):1-9.

吴健生, 王仰麟, 南凌, 李正国, 李莉. 2004. 自然灾害对深圳城市建设发展的影响. 自然灾害学报, 13(2): 40-46.

吴铭志. 2000. 地质环境与土石流.http:// email.ncku.edu.tw/~em50190/ncku/196/b/b1.htm. [2003-02-14].

吴泉源. 1996. 技术变迁与工程教育: 重新思考人力资本理论. 中央研究院社会学研究所. 中央研究院社会学研究所第三回台湾劳动研究(台湾). 台北: 中央研究院社会学研究所.

吴锡市国土资源局. 2007. http://gtj.wuxi.gov.cn/MainPage.aspx. [2009-4-5].

武正军, 李义明. 2003. 生境破碎化对动物种群存活的影响. 生态学报, 23(11): 2424-2435.

夏晶, 陆根法, 王玮, 安艳玲. 2003. 生态城市动态指标体系的构建与分析. 环境保护科学, 116: 48-50.

夏丽华, 宋梦. 2002. 经济发达地区城市生态服务功能的研究. 广州大学学报(自然科学版), 1(3): 71-74.

厦门市国土资源与房产管理局. 2007. http://www.xmtfj.gov.cn/zfxxgk/zdgk/. [2009-04-05].

萧代基. 1991. 土壤环境保护政策之检讨. 农业金融论丛(台湾), 25: 299-308。

萧代基. 1998. 永续发展的意义与政策方向. 经济前瞻(台湾), 13(2): 44-49。

萧烽政. 2001. 土地价格改变机制之研究. 交通大学经营管理研究所硕士学位论文(台湾).

萧全政. 1992. "国家建设六年计划的政治经济意义". 理论与政策(台湾), 7(1): 69-81.

萧全政. 1994. 政治与经济的整合. 台北: 桂冠出版社.

萧全政. 1995. 台湾新思维: 国民主义. 台北: 时英出版社.

萧新煌. 1999. 台湾民众的环境意识的转变 1986~1999. 见: 边燕杰, 涂肇庆, 苏耀昌. 2001.华人社会的调查与研究——方法与发现. 台北: 牛津大学出版社.

肖笃宁, 布仁仓, 李秀珍. 1997. 生态空间理论与景观异质性. 生态学报, 17(5): 453-461.

肖笃宁, 陈文波, 郭福良. 2002. 论生态安全的基本概念与研究内容. 应用生态学报, 13 (3):354-358.

肖笃宁, 高峻, 石铁矛. 2001. 景观生态学在城市规划和管理中的应用. 地球科学进展, 16(6): 813-820.

肖笃宁, 李秀珍, 高峻, 常禹, 李团胜. 2003. 景观生态学. 北京: 科学出版社.

谢高地, 鲁春霞, 肖玉, 郑度. 2003. 青藏高原高寒草甸生态系统服务价值评估. 山地学报, 21(1): 50-55.

谢佩珊. 2005. 城市永续发展——台湾主要城市评估指标系统之比较研究. 东海大学景观学系硕士学位论文(台湾).

谢政勋. 2002. 都市永续发展指标适用性评估–以高雄市为例. 中山大学公共事务管理研究所硕士学位论文(台湾).

辛琨, 肖笃宁. 2002. 盘锦地区湿地生态系统服务功能价值估算. 生态学报, 22(8): 1344-1349.

徐建华, 单宝艳. 1996. 兰州市城市扩展的空间格局分析. 兰州大学学报(社会科学版), 24(4): 62-68.

徐岚, 赵羿. 1993. 利用马尔可夫过程预测东陵区土地利用格局的变化. 应用生态学报, 4(3): 272-277

徐仁辉. 2006. 经济发展与公共政策——两岸经验比较. 世新大学行政管理系. 两岸四地公共政策与管理学术研讨会(台湾).

徐淑连. 1991. 台湾都市体系变迁之研究——重商主义模型与都市等级大小规则. 东吴大学社会学研究所硕士学位论文(台湾).

徐享昆. 2000. 水资源永续发展导论. 台湾"经济部水利署".

徐新良, 刘纪远, 庄大方, 张树文. 2004. 中国林地资源时空动态特征及驱动力分析. 北京林业大学学报, 26(1):

41-46.

许芳毓. 2005. 都市植生破碎度与绿化策略之研究——以台南市为例. 成功大学都市计划学系硕士学位论文(台湾).

许学强, 周一星, 宁越敏. 1996. 城市地理学. 北京: 高等教育出版社: 36-55.

薛东前, 姚士谋. 2000. 我国城市系统的形成和演进机制. 人文地理, 15(1): 35-38.

薛东前. 2002. 城市土地扩展规律和约束机制——以西安市为例. 自然资源学报, 17(6): 729-736.

薛怡珍, 赖明洲, 张小飞, 谢佩珊. 2008. 台湾地区生态城市发展评价案例. 北大学报(自然科学版), 44(2): 243-248.

颜文震. 2003. 绿化空间发展策略之研究. 逢甲大学建筑及都市计画研究所硕士学位论文(台湾).

晏磊, 谭仲军. 1998. 论可持续发展的物质体系. 中国人口·资源与环境, 8 (4): 16-19.

杨东辉. 2005. 城市空间扩展与土地自然演进——城市发展的自然演进规划研究. 南京: 东南大学出版社.

杨冬民, 马鸿雁, 潘圆圆. 2008. 产业结构调整中的城市贫困人口致贫因素分析. 西安邮电学院学报, 13(6): 110-114, 122.

杨沛儒. 2001. 地景生态城市规划——基隆河流域 1980~2000 的都市发展、地景变迁及水文效应. 台湾大学建筑与城乡研究所博士学位论文(台湾).

杨士弘等. 2003. 城市生态环境学. 北京: 科学出版社: 75-82.

杨新军, 刘军民. 2001. 城市旅游开发中的产品类型与空间格局. 西北大学学报(自然科学版), 31(2): 179-184.

姚士谋. 1998. 中国大都市的空间扩散. 合肥: 中国科学技术大学出版社: 112.

姚士谋, 朱英明, 陈振光. 2001. 中国城市群. 合肥: 中国科学技术大学出版社: 1-2.

易军红, 郭美锋. 2004. 构建合生态廊道与非机动车绿色通道为一体的城市绿色通道网络系统. 江西农业大学学报(社会科学版), 3(3):100-102.

尹仲容. 1962. 我对台湾经济的看法三编. 台北: 美援运用委员会.

游振祥. 2002. 都市生态廊道系统评估模式建立之研究. 朝阳科技大学建筑及都市设计研究所硕士学位论文(台湾).

于洪俊, 宁越敏. 1983. 城市地理概论. 合肥: 安徽科学技术出版社: 117-157.

袁俊, 谭传凤, 常旭. 2007. 中国沿海城市带研究. 城市问题, 147: 11-17.

袁兮, 吴瑛, 武友德, 唐邦勤. 2003. 生态城市的指标体系及创建策略. 云南地理环境研究, 15(1): 63-68.

袁艺, 史培军, 刘颖慧, 谢锋. 2003. 快速城市化过程中土地覆盖格局研究——以深圳市为例. 生态学报, 23(9): 1832-1840.

袁增伟, 毕军. 2006. 生态产业共生网络运营成本及其优化模型开发研究. 系统工程理论与实践, 7: 92-97.

岳天祥, 叶庆华. 2002. 景观连通性模型及其应用. 地理学报, 57(1): 67-75.

云正明, 刘金铜. 1998. 生态工程. 北京: 气象出版社.

曾辉, 郭庆华, 喻红. 1999. 东莞市风港镇景观人为改造活动的空间分析. 生态学报, 19(3): 298-303.

曾辉, 姜传明. 2000. 深圳市龙华地区快速城市化过程中的景观结构研究——Ⅱ林地的结构和异质性特征分析. 生态学报, 20(3): 243-249.

曾辉, 孔宁宁, 李书娟. 2002. 基于边界特征的山地森林景观碎裂化研究. 生态学报, 22(11): 1803-1810.

曾辉, 夏洁, 张磊. 2003. 城市景观生态研究的现状与发展趋势. 地理科学, 23 (4): 484-492.

张凤荣, 王静, 陈百明. 2003. 土地持续利用评价指标体系与方法. 北京: 中国农业出版社.

张鸿雁. 2000. 侵入与接替–城市经济运行规律新论. 南京: 东南大学出版社: 188, 483.

张惠远, 倪晋仁. 2001. 城市景观生态调控的空间途径探讨. 城市规划, 25(7): 15-18.

张家渊. 2002. 农地利用政策变迁对台湾环境影响之研究——以水稻田为例. 东华大学环境政策研究所硕士学位论文(台湾).

张景森. 1993. 台湾的都市计画(1895-1988). 台北: 业强出版社.

张俊军, 许学强, 魏清泉. 1999. 国外城市可持续发展研究. 地理研究, 18(2): 207-213.

张俊彦. 2002. 都市生态绿网建立之意义与机能. 中兴大学园艺学系. 都市生态绿网涵构研讨会论文集(台湾). 台中: 中兴大学园艺学系: 1-30.

张坤民, 温宗国, 杜斌, 宋国君, 等. 2003. 生态城市评估与指标体系. 北京: 化学工业出版社.

张丽平, 申玉铭. 2003. 北京市建设生态城市的综合评价研究. 首都师范大学学报(自然科学版), 24(3): 79-83.

张林英, 周永章, 温春阳, 邓国军. 2005. 生态城市建设的景观生态学思考. 生态科学, 24(3): 273-277.

张乔峰. 2004. 都市竞争力指标之建构——以台北市及上海市为例. 逢甲大学建筑及都市计画研究所硕士学位论文(台湾).

张清溪. 1987. 经济学: 理论与实务. 台北: 双叶书廊有限公司

张庆隆, 沈明展. 1999. 跨世纪工业区规划理念——工业区产业生态化简介. 工业简讯(台湾), 29(11): 10-12.

张石角. 1986. 台北盆地都市化程度与其自然灾害关系之研究一. 台北: 台湾"国科会"专题研究计画成果报告.

张显峰. 2000. 基于 CA 的城市扩展动态模拟与预测. 中国科学院研究生院学报, 17(1): 70-79.

张小飞, 王如松, 李正国, 李锋, 吴健生, 黄锦楼, 于盈盈. 2011. 城市综合生态风险评价——以淮北市城区为例. 生态学报, 31(20): 6204-6214.

张小飞, 王仰麟, 李正国, 薛怡珍. 2007a. 区域尺度生态功能网络构建——以台湾岛为例. 地理科学进展, 26(3): 18-28.

张小飞, 王仰麟, 李正国. 2005a. 景观功能网络的等级与结构探讨. 地理科学进展, 24(1): 52-60.

张小飞, 王仰麟, 李正国. 2007b. 两岸典型城市生态功能网络的组成与结构. 生态学杂志, 26(3): 399-405.

张小飞, 王仰麟, 吴健生, 李卫锋, 李正国. 2006. 城市地域地表温度植被覆盖定量关系研究一以深圳市为例. 地理研究, 25(3): 369-377.

张小飞、王仰麟、李正国. 2005b. 基于景观功能网络概念的景观格局优化——以台湾地区乌溪流域典型区为例. 生态学报, 25(7): 1707-1713.

张小飞, 王仰麟, 李贵才, 吴健生, 李正国. 2005c. 流域景观功能网络构建及应用——以台湾乌溪流域为例. 地理学报, 60(6): 974-980.

张野. 2008. 从城市水资源的利用看我国水资源利用现状. http://www.lrn.cn/zjtg/academicPaper/200802/t20080219_198989.htm. [2010-05-26].

张迎新. 2002. 30 年来全球土地状况的环境变化概况. 国土资源情报, 7: 10-16.

张曾方, 张龙平. 2000. 运行与嬗变——城市经济运行规律新论. 南京: 东南大学出版社. 75.

章家恩, 饶卫民. 2004. 农业生态系统的服务功能与可持续利用对策探讨. 生态学杂志, 23(4): 99-102.

赵阿兴, 马宗晋. 1993. 自然灾害损失评估指标体系的研究. 自然灾害学报, 2(3): 1-7.

赵敏. 2002. 生态经济研究的几个新概念. 常德师范学院学报(社会科学版), 24(4): 74-76.

赵同谦, 欧阳志云, 郑华, 王效科, 苗鸿. 2004. 中国森林生态系统服务功能及其价值评价. 自然资源学报, 19(4): 480-491.

赵玉涛, 余新晓, 关文彬. 2002. 景观异质性研究评述. 应用生态学报, 13(4): 495-500.

郑度. 1994. 中国 21 世纪议程与地理学. 地理学报, 49(6): 481-489.

郑度. 2002. 21 世纪人地关系研究前瞻. 地理研究, 21(1): 9-13.

郑淑英. 2007. 应对海平面上升灾难. 瞭望(台湾), 43: 112.

中国科学院生态与环境领域战略研究组. 2009. 中国至 2050 年生态与环境科技发展路线图. 北京:科学出版社: 43-51.

中国气象局. 2009. 气候变暖与全球治理机制. http://www.ipcc.cma.gov.cn/cn/. [2009-11-7].

中国社会科学院. 2006. 城市竞争力蓝皮书. 北京: 社会科学文献出版社.

钟保磷, 张小丽, 梁碧玲. 2002. 近 50 年深圳气候特点. 广东气象, S1: 11-14

周成虎, 孙战利, 谢一春. 1999. 地理元胞自动机研究. 北京: 科学出版社.

周广胜, 王玉辉. 1999. 土地利用/覆盖变化对气候的反馈作用. 自然资源学报, 4(4): 318-322.

周红妹, 周成虎, 葛伟强, 丁金才. 2001. 基于遥感和 GIS 的城市热场分布规律研究. 地理学报, 56(2): 189-197.

周启星, 王如松. 1998. 城镇化过程生态风险评价案例研究. 生态学报, 18 (4) : 337-342.

周一星. 1999. 城市地理学. 北京: 商务印书馆: 87-88.

周振华. 2007. 全球城市区域: 全球城市发展的地域空间基础. 天津社会科学, 27(1): 67-71.

周志龙. 2000. 全球化过程中的台湾跨国信息城际网络: 国际快递流动网络分析. 运输计画季刊(台湾), 29(3): 529-556.

周金柱, 廖述良, 陈亭玉. 1999. 水土资源永续指标体系及其评量与评价方法之建立. 中央大学环境工程学刊, 6: 117-130.

朱德举. 1996. 土地评价. 北京: 中国大地出版社: 28.

朱英明. 2004. 城市群经济空间分析. 北京: 科学出版社.

朱兆良, 邢光熹. 2002. 氮循环——维系地球生命生生不息的一个自然过程. 北京: 清华大学出版社; 广州: 暨南大学出版社.

宗跃光, 陈红春, 郭瑞华, 徐宏彦. 2000. 地域生态系统服务功能的价值结构分析——以宁夏灵武市为例. 地理研究, 19 (2): 148-154.

宗跃光, 徐宏彦, 汤艳冰, 陈红春. 1999. 城市生态系统服务功能的价值结构分析. 城市环境与城市生态, 12(4): 19-22.

宗跃光. 1993. 城市景观规划的理论和方法. 北京: 中国科学技术出版社.

宗跃光. 1996. 廊道效应与城市景观结构. 城市环境与城市生态, 9(3): 21-25.

宗跃光. 1998. 大都市空间扩展的廊道效应与景观结构优化——以北京市区为例. 地理研究, 17(2): 119-124.

宗跃光. 1999. 城市景观生态规划中的廊道效应研究——以北京市区为例. 生态学报, 19(2): 145-150.

邹冬生. 1996. 农业生态学. 北京: 中国科学技术出版社.

Ahern J. 2002. Greenways as strategic landscape planning: theory and application. The Netherlands: Dissertation, Wageningen University, Wageningen.

Alberti M, Marzluff J M, Shulenberger E, et al. 2003. Integrating humans into ecology: opportunities and challenges for studying urban ecosystems. Bioscience, 52 (12): 1169 1179.

Anderson V. 1991. Alternative Economic Indicators. London: Routledge.

André n H. 1994. Effects of habitat fragmentation on birds and mammals in landscapes with different proportion of suitable habitat: a review. Oikos, 71: 355-366.

Antrop M, Eetvede V V. 2000. Holistic aspects of suburban landscapes: Visual image interpretation and landscape metrics. Landscape and Urban Planning, 50(1): 43-58.

Antrop M. 2000. Changing patterns in the urbanized countryside of Western Europe. Landscape Ecology, 15(3): 257-270.

Antrop M. 2004. Continuity and change in landscapes. In: Mander U, Antrop M (Eds.), Multifunctional Landscapes, vol. III: Continuity and Change. Advances in Ecological Sciences 16. Boston: WIT press, Southampton.

Antrop M. 2005. Why landscapes of the past are important for the future. Landscape and Urban Planning, 70: 21-34.

Antrop M. 2006. Sustainable landscapes: contradiction, fiction or utopia? Landscape and Urban Planning, 75: 187-197.

Baudry J, Merriam H G. 1988. Connectivity and connectedness: functional versus structural patterns in landscapes. In: Schreiber K F. Connectivity in Landscape Ecology. Proceedings of the Second International Seminar of the International Association for Landscape Ecology, M ü nster, 1987, M ü nsterische Geographische Arbeiten, 29: 23-28.

Beatley T. 2000. Green urbanism learning from European cities. Washington: Island Press.

Bennett A F. 1999. Linkages in the landscape: the role of corridors and connectivity in wildlife conservation. Gland: IUCN—The World Conservation Union.

Berg P, Beryl M, Seth Z. 1990. A Green City program for the San Francisco Bay Area and beyond. San Francisco: Planet Drum.

Berliant M, Konishi H. 2000. The endogenous formation of a city: population agglomeration and marketplaces in a location-specific production economy. Regional Science and Urban Economics, 30: 289-324.

Bolund P, Hunluammar S. 1999. Ecosystem services in urban areas. Ecological Economics, 29: 293-301.

Breheny M. 1995. Counter-urbanisation and sustainable urban forms, 1995. In: Brotchie J, Batty M, Blakely E, et al. Cities in competition: productive and sustainable cities for the 21st century. Melbourne: Longman.

Brink B T. 1991. The Amoeba Approach as a useful tool for establishing sustainable development. In: Kuik O, Verbruggen H. In Search of Indicators of Sustainable Development. Dordrecht: Kluwer Academic Publishers.

Brun S E, Band L E. 2000. Simulating runoff behavior in an urbanizing watershed. Computers, Environment and Urban Systems, 24: 5-22.

Bryant C, Russwurm L, McLellan A. 1982. The city's countryside: land and its management in the rural urban fringe. London: Longman.

Bunn A G, Urban D L, Keitt T H. 2000. Landscape connectivity: A conservation application of graph theory. Journal of Environmental Management, 59: 265 27

Burgess R, Carmona M, Kolstee T. 1997. The challenge of sustainable cities. London: Zed Books.

Byrne J, Wang Y D, Shen B, Wang C, Kuennen C R. 1994. Urban sustainability in an industrializing country context: The case of china. In: Wang R, Lu Y. Urban Ecological Development: Research and Application. Beijing: China Environment Science Press: 52-70.

Castells M. 1999. The culture of cities in the information age. In: Susser I. 2000. The castells reader on cities and social theory. Oxford: Blackwell: 367-389.

Chambers N, Simmons C, Wackernagel M. 2001. Sharing nature's interest, ecological footprints as an indicator of sustainability. London: Earthscan.

Champion T. 2001. Urbanisation, suburbanisation, counterurbanisation and reurbanisation. In: Paddison R. Handbook of urban studies. London: Sage Publications: 143-161.

Christensen N L, Bartuska A M, Brown J H, Carpenter S, D' Antonio C, Francis R, Franklin J F, MacMahon J A, Noss R F, Parsons D J, Peterson C H, Turner M G, Woodmansee R G. 1996. The report of the ecological society of America committee on the scientific basis for ecosystem management. Ecological Applications, 6: 665-691.

Cook E A, Lier H N. 1994. Landscape planning and ecological network. Amsterdam: Elsevier Science.

Cook E A. 2002. Landscape structure indices for assessing urban ecological networks. Landscape and Urban Planning, 58: 269-280.

Costanza R, d'Arge R, de Groot R S, Farber S, Grasso M, Hannon B, Limburg K, Naeem S, O'Neill R V, Paruelo J, Raskin R G, Sutton P, van den Belt M. 1997. The value of the world's ecosystem services and natural capital. Nature, 387: 253-260.

Cronon W. 1991. Nature's Metropolis: Chicago and the Great West. New York: W W Norton.

Cui S H, Shi Y L, Groffmanb P M, Schlesinger W H, Zhu Y G. 2013. Centennial-scale analysis of the creation and fate ofreactive nitrogen in China (1910-2010). Proceeding of the National Academy Sciences of the United States of America, 110(6): 2052-2057.

de Groot R S. 2006. Function-analysis and valuation as a tool to assess land use conflicts in planning for sustainable, multi-functional landscapes. Landscape and Urban Planning, 75: 175-186.

de Groot R S, Wilson M, Boumans R. 2002. A typology for the description, classification and valuation of ecosystem functions, goods and services. Ecological Economics, 41: 393-408.

Diaz N, Dean A. 1999. 森林地景分析及设计——地景经营的发展与实现. 刘一新译. 台北: 台湾 "行政院农委会"

林业试验所.

Dietz T, Rosa E A. 1994. Rethinking the environmental impacts of population, affluence and technology. Human Ecology Review, 1: 277-300.

Duhl L J. 1996. An ecohistory of health: the role of "Healthy Cities". American Journal of Health Promotion, 10(4): 258-261.

Environmental Systems Research Institute (ESRI). 2002. Arc/Info User's Guide. Redlands: Environmental Systems Research Institute.

Farina A. 1998. Principles and Methods in Landscape Ecology. London: Chapman &Hall Press. 79-130.

Forman R T T, Alexander L E. 1998. Roads and their major ecological effects. Annual Reviews of Ecological System, 29: 207-31.

Forman R T T, Godron M. 1986. Landscape ecology. New York: John Wiley & Sons.

Forman R T T, Godron M. 1994. 景观生态学. 张启德等译. 台北: 田园城市.

Forman R T T. 1995. Land mosaics-The ecology of landscapes and regions. Cambridge: Cambridge University Press.

Franco D, Mannino I, Zanetto G. 2001. The role of agroforestry networks in landscape socioeconomic processes: the potential and limits of the contingent valuation method. Landscape and Urban Planning, 55: 239-256.

Freedman B. 1998. Environmental science: A canadian perspective. Scarborough: Prentice Hall: 509-523.

Friedmann J. 1986. The world city hypothesis. Development and Change, 17(l): 309-344.

Funtowicz S, O'Connor M, Ravetz J. 1997. Emergent complexity and ecological economics. In: Bergh J C, van der Straaten J. Economy and ecosystems in change-analytical and historical approaches. Cheltenham: E Elgar: 75-95.

Funtowicz S, Ravetz J. 1994. Emergent complex systems. Futures, 26 (6)：568-582.

Galloway J N, Cowling E B. 2002. Reactive nitrogen and the world: 200 years of change. A Journal of the Human Environment, 31(2): 64-71.

Geneletti D. 2004. Using spatial indicators and value functions to assess ecosystem fragmentation caused by linear infrastructures. International Journal of Applied Earth Observation and Geoinformation, 5: 1-15.

Geyer H S, Kontuly T M. 1993. A theoretical foundation for the concept of differential urbanization. International Regional Science Review, 15(12): 157-177.

Gillespie A. 1992. Communications technologies and the future of the city. In: Breheny M J. Sustainable development and urban form. London: Pion Limited: 67-78.

Godschalk D R. 1977. Carrying capacity application in growth management: a reconnaisance. Washington: US Government Printing Office: 273-494.

G ó mez Sal A, Juan-Alfonso B, Jos é -Manuel N. 2003. Assessing landscape values: a proposal for a multidimensional conceptual model. Ecological Modelling, 168: 319-341.

Green P A, Vörösmarty C J, Meybeck, M, Galloway J N, Peterson B J, Boyer E W. 2004. Pre-industrial and contemporary fluxes of nitrogen through rivers: A global assessment based on typology. Biogeochemistry, 68(1): 71-105.

Grote U, Craswell E, Vlek P. 2005. Nutrient flows in international trade: Ecology and policy issues. Environmental Science & Policy, 8:439-451.

Gustafson E J. 1998. Quantifying landscape spatial pattern: what is the state of the art? Ecosystem, 1: 143-156.

Haber W. 1990. Using landscape ecology in planning and management. In: Zonneveld I S, Forman R T T. Cbaaging landscapes: An ecological perspective. New York: Springer-Verlag: 217-231.

Hall P. 1998. Cities in Civilization. New York: Pantheon.

Hall P, Pfeiffer U. 2000. Urban future 21: A global agenda for the twenty first century cities. London: E & FN Spon.

Han Y G, Li X Y, Nan Z. 2011. Net anthropogenic nitrogen accumulation in the Beijing metropolitan region. Environmental Science and Pollution Research International, 18(3): 485-496.

Hanski I, Moilanen A, Gyllenberg M. 1996. Minimum viable metapopulation size. The American Naturalist, 147(4): 527-541.

Harris N. 1992. Wastes, the environment and the international economy. Cities, 9(3): 177-185.

Harwell M A, Gentile J H, Bartuska A, Harwell C C, Myers V, Obeysekera J, Ogden J C, Tosini S C. 1999. A science-based strategy for ecological restoration in South Florida. Urban Ecosystems, 3 (3): 201-222.

Haughton G. 1999. Environmental justice and the sustainable city. Journal of Planning Education and Research, 18(3): 233-243.

Hay G, Marceau D J, Dube P, Bouchard A. 2001. A multiscale framework for landscape analysis: object-specific analysis and upscaling. Landscape Ecology, 16: 471-490.

Henein K, Merriam G. 1990. The elements of connectivity where corridor quality is variable. Landscape Ecology, 4: 157-170.

Hidding M C, Teunissen A T J. 2002. Beyond fragmentation: new concepts for urban rural development. Landscape and Urban Planning, 58: 297-308.

Hof J, Raphael M G. 1997. Optimisation of habitat placement: a case study of the Northern Spotted Owl in the Olympic Peninsula. Ecological Applications, 7 (4): 1160-1169.

Holland M M. 1988. SCOPE/MAB technical consultations on landscape boundaries: report of a SCOPE/MAB workshop on ecotones. Biology International (Special Issue), 17: 47-106.

Howard E. 1946. Garden Cities of Tomorrow. London: Faber & Faber. (first published 1898)

Huang S, Lai H, Lee C. 2001. Energy hiararchy and urban landscape system. Landscape and Urban Planning, 53: 145-161

Huang S. 1998. Urban ecosystems, energetic hierarchies, and ecological economics of Taipei metropolis. Journal of Environmental Management, 52: 38-51.

Huslshoff R M. 1995. Landscape indices describing a Dutch landscape. Landscape Ecology, 10(2): 101-111.

Ioffe G, Nefedova T. 1998. Environs of Russian cities: a case study of Moscow. Europe-Asia Studies, 50: 1325-1356.

Ioffe G, Nefedova T. 2001. Land-use changes in the environs of Moscow. Area, 33: 273-286.

Ittelson W H. 1973. Environment perception and contemporary perceptual theory. In: Ittelson W H. Environment and Cognition. New York: Seminar: 1-19.

Jala M M. 2000. Landscape ecology as a foundation for landscape architecture: application in Malta. Landscape and Urban Planning, 50: 167-177.

Jepsen J U, Baveco J M, Topping C J, Verboom J, Vos C C. 2005. Evaluating the effect of corridors and landscape heterogeneity on dispersal probability: a comparison of three spatially explicit modelling approaches. Ecological Modelling, 181: 445-459.

Johnston R J. 1991. Geography and geographers. London: Edward Arnold: 163.

Jongman R H G, K ü lvik M, Kristiansen I. 2004. European ecological networks and greenways. Landscape and Urban Planning, 68: 305-319.

Jongman R H G. 2002. Homogenisation and fragmentstion of the European landscape: ecological consequences and solutions. Landscape and Urban Planning, 58: 211-221.

Jørgensen S E. 1995. Complex ecology in the 21st century. In: Patten B C, Jørgensen S E, Auerbach S I. Complex Ecology: The Part-Whole Relation in Ecosystems. New Jersey: Prentice-Hall.

Kates R W, Clark W C, Corell R, Hall J M, Jaeger C C, Lowe I, McCarthy J J, Schellnhuber H J, Bolin B, Dickson N M, Faucheux S, Gallopin G C, Grubler A, Huntley B, J.ager J, Jodha N S, Kasperson R E, Mabogunje A, Matson P A, Mooney H A, MooreIII B, O' Riordan T, Svedin U. 2001. Sustainability science. Science, 292: 641-642.

Kline J D, Mosses A, Alig R J. 2001. Integrating urbanization into landscape-level ecological assessments. Ecosystems, 4: 3-18

Kresl P K. 1995.The Determinates of Urban Competitiveness: A Survey. North American Cities and Global Economy, 3(6): 256-268.

Krummel J R, Gardner R H, Sugihara G, O'Neill R V, Coleman P R. 1987. Landscape patterns in a disturbed environment. Oikos, 48(3): 321-324.

K ü hn M. 2003. Greenbelt and Green Heart: separating and integrating landscapes in European city regions. Landscape and Urban Planning, 64: 19-27.

Lamberson R H, Noon B R, Voss C, McKelvey K S. 1994. Reserve design for territorial species: the effects of patch size and spacing on the viability of the Northern Spotted Owl. Conservation Biology, 8: 185-195.

Langevelde F, Claassenc F, Schotman A. 2002. Two strategies for conservation planning in human-dominated landscapes. Landscape and Urban Planning, 58: 281-295.

Lever W F, Turok I. 1999. Competitive Cities Introduction to the Review. Urban Studies, 36(5-6): 791-793.

Levin S A. 1999. Fragile Dominions: Complexity and the Commons. New York: Basic Books.

Li X Z. 1999. Assessment of land use change using GIS: A case study in the Uanos de Orinoco. Wagemigen: Wageningen University Press. 54-58.

Lin B L, Sakoda A, Shibasaki R, Goto N, Suzuki M. 2000. Modelling a global biogeochemical nitrogen cyclemodel in terrestrial ecosystems. Ecological Model, 1351: 89-110.

Lin B L, Sakoda A, Shibasaki R, Suzuki M. 2001. A modelling approach to global nitrate leaching caused by anthropogenic fertilization. Water Research, 35(8): 1961-1968.

Linehan J R, Gross M. 1998. Back to the future, back to basics: the social ecology of landscapes and the future of landscape planning. Landscape Urban Planning, 42: 207-224.

Liu J G, You L Z, Amini M, Obersteiner M, Herrero M, Zehnder A J B, Hong Y. 2010. A high-resolution assessment on global nitrogen flows in cropland. Proceeding of the National Academy Sciences of the United States of America, 107(17): 8035-8040.

Liu S C, Fu C, Shiu C J, Chen J P, Wu F. 2009. Temperature dependence of global precipitation extremes. Geophysical Research Letter, 36(17): L17702, doi: 10.1029/2009GL040218.

Liu S L, Cui B S, Dong S K, Yang Z F, Yang M, Holt K. 2008. Evaluating the influence of road networks on landscape and regional ecological risk- A case study in Lancang River Valley of Southwest China. Ecological engineering, 34(3): 91-99.

Liverman D M, Hanson M E, Brown B J, Merideth R W. 1988. Global sustainability: Toward Measurement. Environment Management, 12(2): 133-143.

Lynch K. 1961. The pattern of metropolis. Daedalus, Journal of the American Academy of Arts and Sciences. Boston: American Academy of Arts and Sciences: 79-98.

Mander Ü, Kuusemets V, Ivask M. 1995. Nutrient dynamics of riparian ecotones: a case study from the Porijogi River catchment, Estonia. Landscape and Urban Planning, 31: 333-348.

Marcotullio P J. 2001. Asian urban sustainability in the era of globalization. Habitat International, 25: 577-598.

Marzluff J M, Bowman M, Donnelly R. 2001. A historical perspective on urban bird research: trends, terms, and approaches. In: Marzluff J M, Bowman M, Donnelly R. Avian Ecology and Conservation in an Urbanizing World. Boston: Kluwer Academic Publishers: 1-15.

McGee T G, Robinson I M. 1995. The mega-urban regions of Southeast Asia. Vancouver: UBC Press.

McHarg I L. 1986. Design with Nature. New York: Natural History Press.

McHarg I L. 1992. Design with Nature. 2nd. New York: John Wiley & Sons, Inc.

McQueen D, Noak H. 1988. Health Promotion Indicators: Current Status, Issues and Problems. Health Promotion, 3: 117-125.

Meeus J. 2000. How the Dutch city of Tilburg gets to the roots of the agricultural 'kampen' landscape. Landscape and Urban Planning, 48(3-4): 177-189.

Miller R B, Small C. 2003. Cities from space: potential applications of remote sensing in urban environmental research and policy. Environmental Science & Policy, 6: 129-137.

Miller W, Collins M G, Steiner F R, Cook E. 1998. An approach for greenway suitability analysis. Landscape and Urban Planning, 42: 91-105.

Nagaike T, Kamitani T. 1999. Factors affecting changes in landscape diversity in rural areas of the Fagus crenata forest region of central Japan. Landscape Urban Planning, 43: 209-216.

Najem G R, Louria D B, Lavenhar M A, Feuerman M. 1985. Clusters of cancer mortality in New Jersey municipalities; with special reference to chemical toxic waste disposal sites and per capita income. International Journal of Epidemiology, 14: 528-537.

Nijkamp P, Perrels A. 1994. Sustainable Cities in Europe. London: Earthscan.

Naveh Z. 2002. What is holistic landscape ecology? A conceptual introduction. Landscape and Urban Planning, 50：7-26

Nijkamp P. 1990. Multicriteria analysis: A decision support system for sustainable environmental managemen. In: Archibugi F, Nijkamp P. Economy and ecology: toward a sustainable development. Dordrecht: Kluwer Academic: 203-220.

Norton B G. 1992. A new paradigm for environmental management. In: Costanza R, Norton B G, Haskell B D. Ecosystem health: new goals for environmental management. Washington: Island Press.

Noss R F, O'Connell M A, Murphy D. D, 1997. The Science of conservation planning. Habitat conservation under the Endangered Species Act. Washington: Island Press.

Noss R F. 1996. Ecosystems as conservation targets. Trends in Ecology and Evolution, 11: 351-351.

Nusser M. 2001. Understanding cultural landscape transformation: are-photographic survey in Chitral, eastern Hindukush, Pakistan. Landscape and Urban Planning, 57(3-4): 241-255.

Odum E O. 1983. Basic Ecology. New York: Saunders.

Odum E P. 1969. The strategy of ecosystem development. Science, 164: 262-270.

Odum H T. 1971. Environment, Power, and Society. New York: John Wiley and Son.

ÓMeara M. 1999. Reinventing Cities for People and the Planet. Washington: Worldwatch.

Opdam P, Steingröver E, Van Rooij S. 2006. Ecological networks: A spatial concept for multi-actor planning of sustainable landscapes. Landscape and Urban Planning, 75: 322-332.

Organization for Economic Cooperation and Development (OECD). 1994. Environment Indicators: OECD Core Set. Paris: Organization for Economic Cooperation and Development.

Pacione M. 2001. Urban Geography: A Global Perspective. London: Routledge.

Pearce D, Atkinson G. 1993. Capital theory and the measurement of sustainable development. Ecological Economics, 8(2): 103-108.

Petrosillo I, Zurlini G, Grato E, Zaccarelli N. 2006. Indicating fragility of socio-ecological tourism-based systems. Ecological Indicators, 6(1): 104-113.

Potschin M, Haines-Young R. 2006. "Rio+10", sustainability science and Landscape Ecology. Landscape and Urban Planning, 75: 162-174.

Prigogine I. 1997. The end of certainty: time, chaos, and the new laws of nature. New York: Free Press.

Ravishankara A R, Daniel J S, Portmann R W. 2009. Nitrous oxide (N_2O): The dominant ozone-depleting substance emitted in the 21st century. Science, 326:123-125.

Razin R. 1998. Policies to control urban sprawl: planning regulations or changes in the "rules of the game"? Urban Studies, 35(2): 312-340.

Reganold J P, Elliottt L F, Unger Y L. 1987. Long-term effects of organic and conventional farming on soil erosion. Nature, 330: 370-372.

Reynolds J F, Wu J. 1999. Do landscape structural and functional units exist? In: Tenhunen J D, Kabat P. Integrating Hydrology, Ecosystem Dynamics, and Biogeochemistry in Complex Landscapes. Chichester: Wiley: 273-296.

Ricci P F. 1978. Policy Analysis though Carrying Capacity. Journal of Environmental Management, 6：85-97.

Richard H. 1997. Future landscapes and future of landscape ecology. Landscape and urban planning, 37: 1-9.

Richardson N. 1994. Making Our Communities Sustainable: the central issue is will. http://www.web.net/ortee/scrp/20/21making.html.[2008-12-10].

Robinson L, Newell J P, Marzluff J M. 2005. Twenty-five years of sprawl in the Seattle region: growth management responses and implications for conservation. Landscape and Urban Planning, 71: 51-72.

Ross D, Steiner F, Jackson J. 1979. Anapplied human ecological approach to regional planning. Landscape Planning, 5(4): 241-261.

Rothblatt D N. 1994. North American metropolitan planning, Canadian and US perspectives. Journal of the American Planning Association, 60(4): 501-520.

Sanderson E, Jaitheh M, Levy M, Redford K, Wannebo A, Woolmer G. 2002. The human footprint and the last of the wild. BioScience, 52: 891-904.

Saunders D A, Hobbs R J, Margules C R. 1991. Biological consequences of ecosystem fragmentation: a review. Conservation Biology, 5: 18-32.

Saunders D A, Hobbs R J. 1991. Nature conservation 2 the role of corridors. Chipping Norton: Surrey Beatty & Sons.

Schlesinger W H. 2009. On the fate of anthropogenic nitrogen. Proceeding of the National Academy Sciences of the United States of America, 106: 203-208.

Schreiber K. F. 1987. Connectivity in landscape ecology. In: Proceedings of the 2nd International Seminar of the International Association for Landscape Ecology. Munster: Munstersche Geographische Arbeiten, 29: 11-15.

Schriever C A, Liess M. 2007. Mapping ecological risk of agricultural pesticide runoff. Science of the Total Environment, 384: 264-279.

Schrijnen P J. 2000. Infrastructure networks and red-green patterns in city regions. Landscape and Urban Planning, 48: 191-204.

Scott A. 1992. Metropolis. Berkeley. CA: University of California Press.

Sheldrick W, Syers J K, Lingard J. 2003. Contribution of livestock excreta to nutrient balances. Nutrient Cycling in Agroecosystems, 66(2): 119-131.

Sorensen A. 1999. Land readjustment, urban planning, and urban sprawl in the Tokyo metropolitan area. Urban Studies, 36: 2333-2360.

Sustainable Seattle. 1993. The sustainable Seattle 1993 indicators of sustainable community: a report to citizens on long-term trends in our community. U S A: Sustainable Seattle.

Swenson J J, Franklin J. 2000. The effects of future urban development on habitat fragmentation in the Santa Monica Mountains. Landscape Ecology, 15(8): 713-730

Taaffe E J, Krakover S, Gauthier H L. 1992. Interactions between spread-and-backwash, population turnaround and corridor effects in the inter-metropolitan periphery: a case study. Urban Geography, 13(6): 503-533.

Tayler P D, Fahrig L, Henein K, Merriam G. 1993. Connectivity is a vital element of landscape structure. Oikos, 68(3): 571-573.

Taylor P J, Walker D R F, Catalano G, Hoyler M. 2002. Diversity and power in the world city network. Cities, 19(4): 231-241.

The Heinz Center. 2002. The State of the Nation's Ecosystems. Cambridge: Cambridge University Press. pp 10-12.

Thinh N X, Arlt G, Heber B, Hennersdorf J, Lehmann I. 2002. Evaluation of urban land-use structures with a view to sustainable development. Environmental Impact Assessment Review, 22: 475-492.

Tilman D, Fargione J, Wolff B, D'Antonio C, Dobson A, Howarth R, Schindler D, Schlesinger W H, Simberloff D, Swackhamer D. 2001. Forecasting agriculturally driven global environmental change. Science, 292: 281-284.

Tischendorf L, Fahrig L. 2000. On the usage and measurement of landscape connectivity. Oikos, 90(1): 7-19.

Tjallingii S P. 1996. Ecological conditions: strategies and structures in environmental planning. Wageningen: IBN Scientific Contributions 2.

Troyer M E. 2002. A spatial approach for integrating and analyzing indicators of ecological and human condition. Ecological Indicators, 2: 211-220.

Turner M G. 1987. Spatial simulation of landscape changes in Georgia: A comparison of 3 transition models. Landscape Ecology, 1: 29-36.

Turner M G. 1990. Spatial and temporal analysis of landscape patterns. Landscape Ecology, 4(1): 21-30.

UNCHS, 1995. Using Indicators in Policy. Indicators Newsletter, 3: 1-8.

United Kingdom (UK). 1996. Indicators of Sustainable Development for the United Kingdom. London: HMSO.

United Nation Department for Policy Coordination and Sustainable Development (UNDPCSD). 1996. Indicators of sustainable development framework and methodologies. New York: United Nation Department for Policy Coordination and Sustainable Development.

United Nations. 1999. Prospects for urbanization-1999 revision. United Nations (ST/ESA/SER.A/166), Sales No. E.97.XIII.3.

United Nations. 2001. The state of the world cities 2001. Centre for Human Settlements, UNCHS.

Valk van der A., 2002. The Dutch planning experience. Landscape Urban Planning, 58: 201-210.

Van Eetvelde V, Antrop M. 2001. Comparison of the landscape structure of traditional and new landscapes. Some European examples. In: Mander Ü, Printsmann A, Palang H. Development of European landscapes. Conference proceedings IALE European conference 2001. vol. 2. Tartu: Publicationes Instituti Geographici Universitatis Tartuensis: 275.

Varsanyi M W. 2000. Global cities from the ground up. Political Geography, 19: 33-38.

Vitousek P M, Mooney H A, Lubchenco J, Melillo J M. 1997. Human domination of Earth's ecosystems. Science, 277: 494-499.

Vos C C, Baveco H, Grashof-Bokdam C J. 2002. Corridors and species dispersal. In: Gutzwiller K J. Applying landscape ecology in biological conservation. New York: Springer Verlag:84-104.

Wackernagel M, Rees W. 1996. Our ecological footprint, reducing human impact on the earth. Philadelphia: New Society Publishers.

Weng Q. 2001. A remote sensing-GIS evaluation of urban expansion and its impact on surface temperature in the Zhujiang Delta, China. International Journal of Remote Sensing, 22: 1999- 2014.

Wheater C P. 1999. Urban Habitats. London: Riytkedge.

William F. S, Keith J S, John L. 2002a. A conceptual model for conducting nutrient audits at national, regional, and global scales. Nutrient Cycling in Agroecosystems, 62(1): 61-72.

William S E, Leibowitz S G, Hyman J B, Foster W E, Downing M C. 2002b. Synoptic assessment of wetland function: a planning tool for protection of wetland species biodiversity. Biodiversity and Conservation, 11(3): 379-406.

With K A, Gardner R H, Turner M G. 1997. Landscape connectivity and population distributions in heterogeneous environments. Oikos, 78: 151-169.

Wittmer H, Rauschmayer F, Klauer B. 2006. How to select instruments for the resolution of environmental conflicts? Land Use Policy, 23: 1-9.

Woldenberg M J. 1979. A periodic table of spatial hierarchies. In: Gale S, Olsson G. Philosophy in geography. Dordrecht: D. Reidel Publishing Company: 429-456.

Woodmansee R G. 1990. Biogeochemical cycles and ecological hierarchies. In: Zonneveld I S, Forman R T T. Chaninglandscapes: an ecological perspective. New York: Springer-Verlag: 57-71.

World Commission on Environment and Development. 1987. Our common future. New York: Oxford.

Wu J G, Jelinski D E, Luck M. 2000. Multiscale analysis of landscape heterogeneity: scale variance and pattern metrics. Geographic Information Sciences, 6(1): 6-19.

Wu J, David J L. 2002. A spatially explicit hierarchical approach to modeling complex ecological systems: theory and applications. Ecological Modelling, 153: 7-26.

Wu J, Jelinski D E, Luck M, Tueller P T. 2000. Multiscale Analysis of Landscape Heterogeneity: Scale Variance and Pattern Metrics. Geographic Information Sciences, 6(1): 6-19.

Xu X G, Lin H P, Fu Z Y. 2004. Probe into the method of regional ecological risk assessment-a case study of wetland in the Yellow River Delta in China. Journal of Environmental Management, 70: 253-262.

Yeung H W. 2002. The limits to globalization theory: A geographic perspective on global economic change. Economic Geography, 78(3): 285-305.

Zhou Z. 2000. Landscape changes in a rural area in China. Landscape Urban Planning, 47: 33-38.

Zonneveld I S. 李秀珍译. 2003. 地生态学. 北京: 科学出版社: 46.

Zucchetto J. 1975. Energy-economic theory and mathematical models for combining the systems of man and nature, case study: the urban region of Miami, Florida. Ecological Modelling, 1: 241-268.